3.1.1 云杉

3.1.2 雪松

3.1.3 华山松

3.1.4 白皮松

3.1.5 油松

3.1.6 樟子松

3.1.7 湿地松

3.1.8 火炬松

3.1.9 马尾松

3.1.10 黑松

3.1.11 日本五针松 (1)

3.1.11 日本五针松 (2)

3.1.12 杉木   3.1.13 柳杉   3.1.14 侧柏

3.1.15 圆柏   3.1.16 刺柏   3.1.17 日本扁柏

3.1.18 龙柏   3.1.19 杜松   3.1.20 红豆杉

3.1.21 罗汉松   3.1.22 竹柏   3.1.23 广玉兰

3.1.24 枇杷

3.1.25 冬青

3.1.26 女贞

3.1.27 桂花

3.1.28 珊瑚树

3.1.29 棕榈

3.1.30 假槟榔

3.1.31 鱼尾葵

3.1.32 蒲葵

3.1.33 海枣

3.1.34 乐昌含笑

3.1.35 深山含笑

3.1.36 樟树

3.1.37 榕树

3.1.38　杜英　　　　　3.1.39　天竺桂　　　　　3.1.40　火力楠

3.2.1　银杏　　　　　3.2.2　羊蹄甲　　　　　3.2.3　合欢

3.2.4　梅花　　　　　3.2.5　桃花　　　　　3.2.6　樱花

3.2.7　苹果　　　　　3.2.8　紫荆　　　　　3.2.9　垂丝海棠

3.2.10　紫薇　　　3.2.11　红叶李　　　3.2.12　木芙蓉　　　3.2.13　黄槐

3.2.14　红枫　　　3.2.15　木槿　　　3.2.16　石榴　　　3.2.17　杏

3.2.18　胡桃　　　3.2.19　板栗　　　3.2.20　榆树

3.2.21　榔榆　　　3.2.22　桑树　　　3.2.23　白玉兰

3.2.24 厚朴

3.2.25 凹叶厚朴

3.2.26 二球悬铃木 (1)

3.2.26 二球悬铃木 (2)

3.2.27 三球悬铃木

3.2.28 白梨

3.2.29 苦楝

3.2.30 火炬树

3.2.31 五角枫

3.2.32 三角枫

3.2.33 鸡爪槭

3.2.34 七叶树

3.2.35 栾树

3.2.36 文冠果

3.2.37 梧桐

3.2.38 珙桐

3.2.39 山茱萸

3.2.40 泡桐

3.2.41 楸树

3.2.42 金钱松

3.2.43 水杉

3.2.44 池杉

3.2.45 落羽杉

3.2.46 水松

3.2.47 紫玉兰

3.2.48 二乔玉兰

3.2.49　鹅掌楸　　　　　3.2.50　北美鹅掌楸　　　　3.2.51　檫木

3.2.52　枫香　　　　　3.2.53　杜仲　　　　　3.2.54　榉树

3.2.55　朴树　　　　　3.2.56　珊瑚朴　　　　　3.2.57　薄壳山核桃

3.2.58　枫杨　　　　　3.2.59　紫椴　　　　　3.2.60　木棉

3.2.61　旱柳　　　　　3.2.62　木瓜　　　　　3.2.63　西府海棠

3.2.64　榆叶梅

3.2.65　皂荚

3.2.66　凤凰木

3.2.67　国槐

3.2.68　刺槐

3.2.69　喜树

3.2.70　乌桕

3.2.71　重阳木

3.2.72　无患子

3.2.73　黄连木

3.2.74　南酸枣

3.2.75　香椿

3.2.76　刺楸

3.2.77　白蜡

3.2.78　梓树

3.2.79　金银忍冬

3.2.80　蓝花楹

3.3.1　香柏

3.3.2　翠柏

3.3.3　沙地柏

3.3.4　十大功劳

3.3.5　南天竹

3.3.6　棕竹

3.3.7　红千层

3.3.8 山茶花

3.3.9 金丝桃

3.3.10 金丝梅

3.3.11 红花檵木球

3.3.12 海桐球

3.3.13 火棘

3.3.14 月季

3.3.15 冬青卫矛

3.3.16 匙叶黄杨

3.3.17 小叶女贞

3.3.18 夹竹桃

3.3.19 栀子

3.3.20　凤尾丝兰

3.3.21　苏铁

3.3.22　蚊母树

3.3.23　六月雪

3.3.24　八角金盘

3.3.25　茉莉

3.3.26　千里香

3.3.27　瑞香

3.4.1　蜡梅

3.4.2　山梅花

3.4.3　绣球

3.4.4　麻叶绣线菊

3.4.5 珍珠梅

3.4.6 棣棠

3.4.7 玫瑰

3.4.8 郁李

3.4.9 黄刺玫

3.4.10 皱皮木瓜

3.4.11 紫穗槐

3.4.12 山麻杆

3.4.13 黄栌

3.4.14 结香

3.4.15 沙枣

3.4.16 沙棘

3.4.17　红瑞木　　　　3.4.18　四照花　　　　3.4.19　杜鹃花

3.4.20　连翘　　　　3.4.21　紫丁香　　　　3.4.22　金钟花

3.4.23　海州常山　　　3.4.24　接骨木　　　3.4.25　紫叶小檗

3.4.26　茶条槭　　　　3.4.27　羽毛枫　　　3.4.28　太平花

3.4.29　牡丹　　　　　　　3.5.1　木香　　　　　　　3.5.2　紫藤

3.5.3　葡萄　　　　3.5.4　中华猕猴桃　　　　3.5.5　常春藤

3.5.6　凌霄　　　　　　　3.5.7　忍冬　　　　　　　3.5.8　扶芳藤

3.5.9　南蛇藤　　　　　　3.5.10　迎春　　　　　　3.5.11　使君子

3.6.1　斑竹　　　　　　　3.6.2　早园竹　　　　　　3.6.3　紫竹

3.6.4 孝顺竹　　　　　　3.6.5 刚竹　　　　　　3.6.6 毛竹

3.6.7 菲白竹

3.6.8 凤尾竹

3.7.1 龙爪槐

3.7.2 垂枝桃　　　　　　3.7.3 垂枝梅　　　　　　3.7.4 垂枝榆

3.7.5 垂柳

200种
常用园林植物
栽培与养护技术

吕玉奎 等编著

化学工业出版社

·北京·

图书在版编目（CIP）数据

200种常用园林植物栽培与养护技术/吕玉奎等编著.
北京：化学工业出版社，2016.3（2023.6重印）
ISBN 978-7-122-26154-0

Ⅰ.①2… Ⅱ.①吕… Ⅲ.①园林植物-观赏园艺
Ⅳ.①S688

中国版本图书馆CIP数据核字（2016）第015061号

责任编辑：张林爽　　　　　　　　　　文字编辑：王新辉
责任校对：王素芹　　　　　　　　　　装帧设计：孙远博

出版发行　化学工业出版社
　　　　　（北京市东城区青年湖南街13号　邮政编码100011）
印　　装　北京机工印刷厂有限公司
850mm×1168mm　1/32　印张9　彩插8　字数252千字
2023年6月北京第1版第9次印刷

购书咨询：010-64518888
售后服务：010-64518899
网　　址：http://www.cip.com.cn
凡购买本书，如有缺损质量问题，本社销售中心负责调换。

定　　价：35.00元

《200种常用园林植物栽培与养护技术》
编著者名单

吕玉奎　王　玲　王　珍　唐　静

吕莫曦　吕玉素　邓义然　张晓敏

赵　洋　杨文英

前　言

　　城市园林绿化是现代文明城市建设的基本内容，随着社会经济和科学技术的迅猛发展，人们对物质文化生活水平的要求越来越高，对城市园林植物景观的数量与质量要求也越来越高。近年来，在国家重大生态环境建设工程以及城市化进程的拉动下，全国各地快速推进城乡绿化美化工程建设，积极创建国家山水园林城市和森林城市，作为园林绿化主体的园林植物在数量上增速迅猛，急需大量面向城镇园林建设第一线，从事园林绿化，特别是园林植物栽培养护管理等方面的应用型人才。为了解决当前园林植物数量越来越多与园林植物栽培养护管理等方面的应用型人才十分缺乏的实际矛盾，向人们普及园林植物栽植养护基本知识，我们吸收了国内外园林植物栽植养护经验的精华和近几年的最新研究成果，以及笔者多年的科研成果和实际工作经验，精心编著了《200种常用园林植物栽培与养护技术》一书。

　　园林植物生长的好坏，直接影响到园林绿化的效果。要想让园林植物持久健壮地生长，获得长期稳定的生态效益和观赏效果，必须进行科学合理的栽植设计与栽植养护。在实际生产中，设计是前提，栽植是基础，养护是保证，三者缺一不可。只有正确处理好设计、栽植、养护三者之间的关系，才能保证园林植物持久健壮的生长，从而保证园林绿化的预期效果。

　　本书图文并茂、通俗易懂、实用、可操作性强，在概述园林植物栽植基本知识与园林植物养护管理基本知识的基础上，详细介绍了7大类200种常用园林植物的栽培与养护技术，并对大树移栽技术作了简要介绍。本书可用作乡村农民学校"新型农民科技培训工程"、园林绿化龙头企业技术培训教材，也可供初中以上文化程度从事园艺、绿化、林业、园林等方面工作的技术人员、工人参考，还可供园林（林业）绿化公司、林场、园林所、苗圃场的技术工人和林业专业户以及大中专院校相关专业的师生阅读参考。

　　本书由中国林业网咨询专家、园林在线咨询专家、荣昌县林业学会理事长吕玉奎教授级高级工程师主笔编著并负责全书的统稿和审稿工作，王玲、王珍、唐静、吕莫曦、吕玉素、邓义然、张晓敏、赵洋、杨文英参加了部分章节的编写和校稿工作。由于编著者自身水平有限，书中不足之处在所难免，恳请广大读者批评指正，并提出宝贵意见。

编著者

目　录

1　园林植物栽培基本知识 ……………………………………… 1

1.1　园林植物的概念与种类 …………………………………… 1

　1.1.1　园林植物的概念 ……………………………………… 1

　1.1.2　园林植物的种类 ……………………………………… 1

1.2　园林植物栽培的意义 ……………………………………… 4

　1.2.1　调节气候 ……………………………………………… 5

　1.2.2　保护环境 ……………………………………………… 5

　1.2.3　美化环境 ……………………………………………… 7

　1.2.4　招引鸟类 ……………………………………………… 8

　1.2.5　生产产品 ……………………………………………… 8

1.3　园林植物生长发育规律 …………………………………… 8

　1.3.1　园林植物的生命周期 ………………………………… 8

　1.3.2　园林植物的年生长发育周期……………………………11

1.4　环境对园林植物生长发育的影响……………………………11

　1.4.1　气候对园林植物生长发育的影响…………………………11

　1.4.2　土壤对园林植物生长发育的影响…………………………17

　1.4.3　生物对园林植物生长发育的影响…………………………22

　1.4.4　地势对园林植物生长发育的影响…………………………23

1.5　园林植物的选择……………………………………………24

　1.5.1　园林植物的适地适树…………………………………25

　1.5.2　不同用途园林植物的选择………………………………25

　1.5.3　不同地区园林植物的选择………………………………30

　1.5.4　不同栽植地园林植物的选择……………………………33

1.6　园林植物的配置……………………………………………39

　1.6.1　园林植物配置的原则与要求……………………………39

　　　1.6.2　园林植物配置的方式与方法 ················· 44
　　　1.6.3　不同用途园林植物的配置 ··················· 46
　　　1.6.4　不同栽植地园林植物的配置 ················· 54
　　1.7　园林植物栽植技术 ······························ 61
　　　1.7.1　园林植物栽植成活原理 ····················· 61
　　　1.7.2　园林植物栽植季节 ························· 65
　　　1.7.3　园林植物栽植程序 ························· 66
　　　1.7.4　园林植物反季节栽植技术 ··················· 72
2　园林植物养护管理基本知识 ······················ 78
　2.1　园林植物养护管理的意义 ······················ 78
　2.2　园林植物养护管理的内容 ······················ 78
　　2.2.1　园林植物的土壤管理 ······················ 79
　　2.2.2　园林植物的水分管理 ······················ 81
　　2.2.3　园林植物的养分管理 ······················ 82
　　2.2.4　园林植物的树体管理 ······················ 83
　　2.2.5　园林植物的其他养护管理 ··················· 85
　　2.2.6　园林植物分季养护管理 ····················· 85
　　2.2.7　园林植物主要养护项目技术规定 ············· 85
　2.3　园林植物养护管理月历 ························ 88
　　2.3.1　1月园林植物养护管理 ····················· 88
　　2.3.2　2月园林植物养护管理 ····················· 89
　　2.3.3　3月园林植物养护管理 ····················· 89
　　2.3.4　4月园林植物养护管理 ····················· 89
　　2.3.5　5月园林植物养护管理 ····················· 89
　　2.3.6　6月园林植物养护管理 ····················· 89
　　2.3.7　7月园林植物养护管理 ····················· 89
　　2.3.8　8月园林植物养护管理 ····················· 89
　　2.3.9　9月园林植物养护管理 ····················· 89
　　2.3.10　10月园林植物养护管理 ··················· 90
　　2.3.11　11月园林植物养护管理 ··················· 90
　　2.3.12　12月园林植物养护管理 ··················· 90

3　常用园林植物的栽培与养护 ……………………… 91

　3.1　常绿乔木类园林植物的栽培与养护……………… 91

　　3.1.1　云杉…………………………………………… 91

　　3.1.2　雪松…………………………………………… 92

　　3.1.3　华山松………………………………………… 93

　　3.1.4　白皮松………………………………………… 94

　　3.1.5　油松…………………………………………… 95

　　3.1.6　樟子松………………………………………… 96

　　3.1.7　湿地松………………………………………… 97

　　3.1.8　火炬松………………………………………… 98

　　3.1.9　马尾松………………………………………… 99

　　3.1.10　黑松………………………………………… 100

　　3.1.11　日本五针松………………………………… 101

　　3.1.12　杉木………………………………………… 102

　　3.1.13　柳杉………………………………………… 103

　　3.1.14　侧柏………………………………………… 103

　　3.1.15　圆柏………………………………………… 104

　　3.1.16　刺柏………………………………………… 105

　　3.1.17　日本扁柏…………………………………… 106

　　3.1.18　龙柏………………………………………… 106

　　3.1.19　杜松………………………………………… 108

　　3.1.20　红豆杉……………………………………… 108

　　3.1.21　罗汉松……………………………………… 109

　　3.1.22　竹柏………………………………………… 110

　　3.1.23　广玉兰……………………………………… 111

　　3.1.24　枇杷………………………………………… 112

　　3.1.25　冬青………………………………………… 113

　　3.1.26　女贞………………………………………… 113

　　3.1.27　桂花………………………………………… 114

　　3.1.28　珊瑚树……………………………………… 115

　　3.1.29　棕榈………………………………………… 116

3.1.30 假槟榔 ……………………………………………… 117

3.1.31 鱼尾葵 ……………………………………………… 117

3.1.32 蒲葵 ………………………………………………… 118

3.1.33 海枣 ………………………………………………… 119

3.1.34 乐昌含笑 …………………………………………… 120

3.1.35 深山含笑 …………………………………………… 120

3.1.36 樟树 ………………………………………………… 121

3.1.37 榕树 ………………………………………………… 122

3.1.38 杜英 ………………………………………………… 123

3.1.39 天竺桂 ……………………………………………… 124

3.1.40 火力楠 ……………………………………………… 125

3.2 落叶乔木类园林植物的栽培与养护 ……………………… 126

3.2.1 银杏 ………………………………………………… 126

3.2.2 羊蹄甲 ……………………………………………… 127

3.2.3 合欢 ………………………………………………… 127

3.2.4 梅花 ………………………………………………… 128

3.2.5 桃花 ………………………………………………… 129

3.2.6 樱花 ………………………………………………… 130

3.2.7 苹果 ………………………………………………… 131

3.2.8 紫荆 ………………………………………………… 132

3.2.9 垂丝海棠 …………………………………………… 133

3.2.10 紫薇 ………………………………………………… 133

3.2.11 红叶李 ……………………………………………… 134

3.2.12 木芙蓉 ……………………………………………… 135

3.2.13 黄槐 ………………………………………………… 136

3.2.14 红枫 ………………………………………………… 136

3.2.15 木槿 ………………………………………………… 137

3.2.16 石榴 ………………………………………………… 138

3.2.17 杏 …………………………………………………… 138

3.2.18 胡桃 ………………………………………………… 139

3.2.19 板栗 ………………………………………………… 140

3.2.20　榆树······················142

3.2.21　榔榆······················142

3.2.22　桑树······················143

3.2.23　白玉兰······················144

3.2.24　厚朴······················145

3.2.25　凹叶厚朴······················145

3.2.26　二球悬铃木······················146

3.2.27　三球悬铃木······················147

3.2.28　白梨······················148

3.2.29　苦楝······················149

3.2.30　火炬树······················150

3.2.31　五角枫······················150

3.2.32　三角枫······················152

3.2.33　鸡爪槭······················152

3.2.34　七叶树······················153

3.2.35　栾树······················154

3.2.36　文冠果······················155

3.2.37　梧桐······················156

3.2.38　珙桐······················156

3.2.39　山茱萸······················157

3.2.40　泡桐······················158

3.2.41　楸树······················159

3.2.42　金钱松······················160

3.2.43　水杉······················161

3.2.44　池杉······················162

3.2.45　落羽杉······················162

3.2.46　水松······················163

3.2.47　紫玉兰······················164

3.2.48　二乔玉兰······················165

3.2.49　鹅掌楸······················165

3.2.50　北美鹅掌楸······················166

3.2.51　檫木 …………………………………………………… 167

3.2.52　枫香 …………………………………………………… 168

3.2.53　杜仲 …………………………………………………… 168

3.2.54　榉树 …………………………………………………… 169

3.2.55　朴树 …………………………………………………… 170

3.2.56　珊瑚朴 ………………………………………………… 171

3.2.57　薄壳山核桃 …………………………………………… 171

3.2.58　枫杨 …………………………………………………… 172

3.2.59　紫椴 …………………………………………………… 173

3.2.60　木棉 …………………………………………………… 174

3.2.61　旱柳 …………………………………………………… 174

3.2.62　木瓜 …………………………………………………… 175

3.2.63　西府海棠 ……………………………………………… 176

3.2.64　榆叶梅 ………………………………………………… 177

3.2.65　皂荚 …………………………………………………… 177

3.2.66　凤凰木 ………………………………………………… 178

3.2.67　国槐 …………………………………………………… 179

3.2.68　刺槐 …………………………………………………… 180

3.2.69　喜树 …………………………………………………… 181

3.2.70　乌桕 …………………………………………………… 181

3.2.71　重阳木 ………………………………………………… 182

3.2.72　无患子 ………………………………………………… 183

3.2.73　黄连木 ………………………………………………… 184

3.2.74　南酸枣 ………………………………………………… 185

3.2.75　香椿 …………………………………………………… 186

3.2.76　刺楸 …………………………………………………… 186

3.2.77　白蜡 …………………………………………………… 187

3.2.78　梓树 …………………………………………………… 188

3.2.79　金银忍冬 ……………………………………………… 189

3.2.80　蓝花楹 ………………………………………………… 189

3.3　常绿灌木类园林植物的栽培与养护 ……………………… 190

3.3.1　香柏 ··· 190

3.3.2　翠柏 ··· 191

3.3.3　沙地柏 ··· 192

3.3.4　十大功劳 ··· 192

3.3.5　南天竹 ··· 193

3.3.6　棕竹 ··· 194

3.3.7　红千层 ··· 194

3.3.8　山茶花 ··· 195

3.3.9　金丝桃 ··· 196

3.3.10　金丝梅 ·· 196

3.3.11　红花檵木 ·· 197

3.3.12　海桐 ·· 198

3.3.13　火棘 ·· 198

3.3.14　月季 ·· 199

3.3.15　冬青卫矛 ·· 200

3.3.16　匙叶黄杨 ·· 201

3.3.17　小叶女贞 ·· 201

3.3.18　夹竹桃 ·· 202

3.3.19　栀子 ·· 203

3.3.20　凤尾丝兰 ·· 203

3.3.21　苏铁 ·· 204

3.3.22　蚊母树 ·· 205

3.3.23　六月雪 ·· 206

3.3.24　八角金盘 ·· 206

3.3.25　茉莉 ·· 207

3.3.26　千里香 ·· 208

3.3.27　瑞香 ·· 208

3.4　落叶灌木类园林植物的栽培与养护 ······························ 209

3.4.1　蜡梅 ··· 209

3.4.2　山梅花 ··· 210

3.4.3　绣球 ··· 211

3.4.4 麻叶绣线菊 …………………………………… 211

3.4.5 珍珠梅 …………………………………………… 212

3.4.6 棣棠 ……………………………………………… 213

3.4.7 玫瑰 ……………………………………………… 214

3.4.8 郁李 ……………………………………………… 215

3.4.9 黄刺玫 …………………………………………… 216

3.4.10 皱皮木瓜 ……………………………………… 216

3.4.11 紫穗槐 …………………………………………… 217

3.4.12 山麻杆 …………………………………………… 218

3.4.13 黄栌 ……………………………………………… 219

3.4.14 结香 ……………………………………………… 220

3.4.15 沙枣 ……………………………………………… 221

3.4.16 沙棘 ……………………………………………… 222

3.4.17 红瑞木 …………………………………………… 223

3.4.18 四照花 …………………………………………… 224

3.4.19 杜鹃花 …………………………………………… 225

3.4.20 连翘 ……………………………………………… 225

3.4.21 紫丁香 …………………………………………… 226

3.4.22 金钟花 …………………………………………… 227

3.4.23 海州常山 ………………………………………… 228

3.4.24 接骨木 …………………………………………… 229

3.4.25 紫叶小檗 ………………………………………… 230

3.4.26 茶条槭 …………………………………………… 231

3.4.27 羽毛枫 …………………………………………… 232

3.4.28 太平花 …………………………………………… 233

3.4.29 牡丹 ……………………………………………… 233

3.5 藤本类园林植物的栽培与养护 …………………… 235

3.5.1 木香 ……………………………………………… 235

3.5.2 紫藤 ……………………………………………… 235

3.5.3 葡萄 ……………………………………………… 236

3.5.4 中华猕猴桃 ……………………………………… 237

3.5.5　常春藤 …………………………………………… 239

3.5.6　凌霄 ……………………………………………… 239

3.5.7　忍冬 ……………………………………………… 240

3.5.8　扶芳藤 …………………………………………… 240

3.5.9　南蛇藤 …………………………………………… 241

3.5.10　迎春 …………………………………………… 242

3.5.11　使君子 ………………………………………… 243

3.6　观赏竹类园林植物的栽培与养护 ………………… 244

3.6.1　斑竹 ……………………………………………… 244

3.6.2　早园竹 …………………………………………… 244

3.6.3　紫竹 ……………………………………………… 245

3.6.4　孝顺竹 …………………………………………… 246

3.6.5　刚竹 ……………………………………………… 247

3.6.6　毛竹 ……………………………………………… 248

3.6.7　菲白竹 …………………………………………… 249

3.6.8　凤尾竹 …………………………………………… 250

3.7　垂枝类园林植物的栽培与养护 …………………… 251

3.7.1　龙爪槐 …………………………………………… 251

3.7.2　垂枝桃 …………………………………………… 251

3.7.3　垂枝梅 …………………………………………… 252

3.7.4　垂枝榆 …………………………………………… 253

3.7.5　垂柳 ……………………………………………… 253

4　大树移栽技术 ……………………………………… 255

4.1　大树移栽的概念和原则 …………………………… 255

4.1.1　大树移栽的概念 ………………………………… 255

4.1.2　大树移栽的目的和意义 ………………………… 255

4.1.3　大树移栽的特点 ………………………………… 256

4.1.4　大树移栽的原则 ………………………………… 257

4.2　大树移栽前的准备 ………………………………… 260

4.2.1　人员准备与方案制订 …………………………… 260

4.2.2　机具准备与手续办理 …………………………… 260

4.2.3　树木选择与"号苗" ································· 260

4.2.4　大树切根 ································· 261

4.2.5　平衡修剪 ································· 261

4.2.6　收冠与支撑 ································· 261

4.2.7　大树移栽时间选择 ································· 261

4.3　大树挖掘与包装 ································· 262

4.3.1　大树带土球挖掘与软材包装 ································· 262

4.3.2　大树带土球挖掘与方箱包装 ································· 263

4.3.3　大树裸根挖掘 ································· 263

4.4　大树吊装和运输 ································· 264

4.4.1　带土球软材包装大树的吊运 ································· 264

4.4.2　带土球方箱包装大树的吊运 ································· 264

4.4.3　大树运输 ································· 264

4.4.4　大树卸车 ································· 265

4.5　移栽大树的定植 ································· 265

4.6　大树移栽后的养护管理 ································· 266

4.6.1　树体保护 ································· 266

4.6.2　保持树体代谢平衡 ································· 267

4.7　提高大树移栽成活率措施 ································· 269

4.7.1　生根粉使用 ································· 269

4.7.2　保水剂应用 ································· 270

4.7.3　输液促活技术应用 ································· 270

4.7.4　注意事项 ································· 271

参考文献 ································· 272

1 园林植物栽培基本知识

1.1 园林植物的概念与种类

1.1.1 园林植物的概念

园林植物是适用于园林绿化人工栽植的植物材料的总称。包括木本和草本的观花、观叶、观果或观株姿的植物，以及适用于园林、绿地和风景名胜区的防护植物与经济植物，还包括蕨类、水生类、仙人掌多浆类、食虫类等植物种类。它是构成人类自然环境和名胜风景区、城市绿化、室内装饰的基本材料。

将各种园林植物进行合理配置，辅以建筑、山石、水体等设施即可组成一个优雅、舒适、色彩鲜艳如画的绿色环境，供人们游览观赏，陶冶情操，既丰富了人们的生活，又能解除劳动后的疲劳。有人将乔木比喻为园林风景中的"骨架"和主体，将亚乔木、灌木比喻为园林风景中的"肌肉"或副体，将藤本比喻为园林中的"筋络"和支体，将配植的花卉与草坪、地被植物等"血肉"紧密结合，混为一体，形成相对稳定的人工植物群落，从平面美化到立体构图，造成各种引人入胜的景境，形成各异的情趣。

1.1.2 园林植物的种类

园林植物种类繁多，范围甚广，来源于世界各地的园林植物习性各异，栽植应用方式多种多样。园林植物的分类方法因分类依据不同而不同，大体可以按以下方法进行分类。

1.1.2.1 依据园林植物生长习性分类

① 木本植物

a. 乔木：是指具有明显的高达 6m 以上的高大挺直独立主干，在距地面较高处分枝而形成树冠，树干和树冠有明显区分的木本植物，如松树、杉树、柏树、杨树、桉树、樟树、檫树等。

b. 灌木：是指没有明显主干，比乔木矮小，近地面处丛生的木本植物，如紫荆、海桐、月季、贴梗海棠等。

c. 藤本植物：以其吸盘、吸附根、卷须、蔓条等特殊的器官，攀附其他物体向上生长的木本蔓性植物，如爬山虎、凌霄、葡萄、紫藤等。

d. 匍匐植物：是指干、枝不能直立而匍地生长且接触地面能生出不定根的木本植物，如铺地柏、地瓜藤、花叶常春藤、蔓长春花等。

② 草本植物

a. 露地栽植植物：是指在露地自然条件中可完成其生长发育过程的草本植物。依其生长年限和根系状况又可细分为1年生花卉、2年生花卉、宿根花卉、球根花卉等。

b. 保护地栽植植物：是指一些原产于热带、亚热带及我国南部温暖地区，在气候较冷的北方不能露地栽植越冬的草本植物，如仙客来、瓜叶菊、兰科植物、仙人掌类等植物只能在温室或塑料大棚内保护越冬；再比如苏铁、棕竹等植物需要在温床、冷床、风障保护下才能越冬。

c. 水生植物：是指其生长发育在沼泽地或不同水域中的草本植物，如荷花、睡莲、千屈菜、菖蒲等。

d. 草坪植物：是指用于覆盖地面，形成较大面积而平整的草地的草类植物，如细叶结缕草、黑麦草等。

1.1.2.2 依据园林植物观赏部位分类

① 观花类：是指以观花为主，花朵大而美丽的植物，包括木本观花类和草本观花类，如月季、山茶、菊花、三色堇、唐菖蒲、大丽菊等。

② 观叶类：是指以观叶为主，其叶片叶色多种多样、色泽艳丽并富于变化，或叶形奇特，具有很高的观赏价值，且观赏期长，越来越为人们喜爱的植物，如彩叶草、文竹、变叶木、绿宝石、龟背竹、竹芋等。

③ 观茎类：是指茎干有引人注目的特色植物，如佛肚竹、竹节蓼、光棍树等。

④ 观芽类：是指以观芽为主，芽肥大的植物，如银芽柳等。

⑤ 观果类：是指以观赏果实为主，果实色艳、果期长、形状有趣的植物，如佛手、南天竺、金银茄等。

⑥ 观姿态类：是指枝条扭曲、盘绕、似游龙如伞盖的植物，如龙爪槐、龙爪柳，而雪松则以其树干高大挺拔、姿态秀丽，成为世界五大观赏树种之一。

1.1.2.3　依园林植物在绿化中的用途分类

① 行道树：是指在道路两旁成行栽植的树木，如悬铃木、银杏、雪松等。

② 庭荫树：是指树冠浓密，能形成较大的绿荫，在庭院、场地或草坪内孤植或丛植，或在开阔有湖畔、水旁栽植，供游人在树荫下纳凉，或为了造景需要而特意栽植的植物。如榕树、榉树、樟树等。

③ 片林（林带）：是指按带状或成片栽植，作为公园外围的隔离带或公园内部分隔功能区的隔离带的植物，如毛白杨、栾树、侧柏等。环抱的林带可组成一个闭锁空间。

④ 花灌木：是指以观花为目的而栽植的色艳、浓香的灌木，如蜡梅、丁香等。

⑤ 绿篱植物：是指以代替栏杆保护花坛或在园林中起装饰和分隔小区作用为目的，而成行密植的耐修剪的植物，如黄杨、女贞、珊瑚树等。

⑥ 垂直绿化植物：是指以攀缘墙面或布满藤架，起绿化装饰作用为目的而栽植的具有攀附能力的植物，如凌霄、木香、常春藤等。

⑦ 草坪与地被植物：是指以覆盖裸地、林下、空地，起防尘降温作用为目的而栽植的低矮植物或草本植物，如蔓长春、诸葛菜等。

⑧ 花坛植物：是指为供游人赏玩，露地栽植成各种图案的观花、观叶草本花卉及少数低矮木本植物，如金盏菊、虞美人、五色苋、黄杨球、月季等。

⑨ 切花及室内装饰植物：切花植物是指为供观赏，在植物开花

时将花朵切下供在室内装饰的花卉植物，如芍药、唐菖蒲等园林植物；室内装饰植物是指直接栽植在室内墙壁、柱上专设的栽植槽（架）内的专供观赏的植物，如菊花、蕨类等园林植物。

⑩ 盆景类：是指栽植或摆放在盆中，经艺术加工造型后，使大自然风貌缩小成寸，妙趣横生地展现出来的花草树石。它可以装饰厅堂，美化生活。

1.1.2.4　按园林植物经济用途分类

① 木本粮食类：是指果实含淀粉较多的园林植物，如板栗、榛子、木薯等。

② 木本油料类：是指果实含脂肪较多且可供榨油的园林植物，如油茶、油桐、核桃、乌桕等。

③ 果用植物：是指果实可供人们食用的园林植物，如苹果、枇杷、柑橘、桃、杏、李、梨等。

④ 药用植物：是指根、茎、叶、皮等可入药的园林植物，如牡丹、杜仲等。

⑤ 芳香植物：是指花、枝、叶、果富含芳香油，可提炼香精的园林植物，如茉莉、玫瑰、肉桂等。

⑥ 用材植物：是指可提供木材、竹材及薪材的园林植物，如杉、松、柏、竹等。

⑦ 特用植物：是指可提供特种经济用途的园林植物，如橡胶、漆树等。

⑧ 观赏植物：是指树姿雄伟或婀娜的园林植物，如雪松、金钱松等。

⑨ 蔬菜类植物：是指嫩茎叶可食用的园林植物，如石刁柏、香椿、落葵等。

1.2　园林植物栽培的意义

园林植物是供人类栽植、欣赏的对象，是城乡绿化、园林建设的主要素材。园林植物具有调节气候、保护环境、美化环境、招引鸟类等方面的功能。将园林植物应用到城乡绿化和园林建设中，便产生了生态效益、社会效益和经济效益。

1.2.1 调节气候

1.2.1.1 调节温度

由于树冠能遮挡阳光，减少辐射热，降低小环境内的温度，因而人们夏季在树荫下会感到凉爽和舒适。试验表明，树木的枝叶能够将太阳辐射到树冠的热量吸收 35％左右，反射到空中 20％～25％，再加上树叶可以散发一部分热量，因此，树荫下的温度可比空旷地降低 5～8℃，而空气相对湿度则要增加 15％～20％。所以，夏季在树荫下会感到凉爽。

1.2.1.2 增加湿度

园林植物对改善小环境内的空气湿度有很大作用。据统计，植物生长过程中所蒸腾的水分，要比它本身的重量大 300～400 倍。阔叶林夏天要向空气中蒸腾水分 $167t/667m^2$ 以上，松林每年可蒸腾水分近 $33t/667m^2$。不同的树种具有不同的蒸腾能力，在城市绿化时选择蒸腾能力较强的树种对提高空气湿度具有明显的作用。

1.2.2 保护环境

在人口密集的大城市，由于人的活动，特别是大工业的发展，大工厂排出的污水和有毒气体往往造成空气污染，加之噪声等严重影响人们的健康和工作。而园林植物具有改善和保护环境的功能，具体体现在以下几个方面。

1.2.2.1 净化空气

绿色植物在光合作用过程中以吸收大量二氧化碳为原料制造有机物，同时向空气中释放大量的氧气，使大气中二氧化碳和氧气的含量保持平衡，保证人和动物对氧气的需要。据测定，树林每天可吸收二氧化碳 $66.7kg/667m^2$，释放氧气 $50kg/667m^2$，可供 65 人呼吸所需，平均每人有 $10～15m^2$ 的树林或者 $25～30m^2$ 的草皮才能吸收他所呼出的二氧化碳和满足他呼吸所需要的氧气。我国城市绿地面积少，在今后的时间里应加大植树造林力度，增加绿地覆盖率。

由于城市里的工厂经常排出二氧化碳、氟化氢、氯气等有毒气体，严重危害人们的身体健康，破坏生态平衡。而某些植物却能吸收和转化一部分有毒气体，如柳杉、臭椿能吸收二氧化硫；刺槐、女贞能吸收氟化氢；木旬子、夹竹桃能吸收氯气等。还有些植物对有毒气体特别敏感，空气中的有毒气体一旦增加，这些植物就会发生中毒，因而这些植物可作为有毒气体的指示植物。另外，有些植物如松、柏等，能释放杀菌剂将一些病菌杀死；桦树、杨树、桧树等能分泌植物杂菌素，可以杀死白喉、肺结核、伤寒、痢疾等病原菌。

1.2.2.2 滞尘减噪

许多工业城市每年平均降尘量为 $333kg/667m^2$ 左右，有的高达 $667kg/667m^2$。而灰尘容易使人患气管炎、支气管炎、肺尘埃沉着病等疾病。园林植物以其庞大的树冠和多毛的枝叶可以减缓风速，使空气中的粉尘滞留在枝叶上，对灰尘有明显的阻挡、过滤、吸附等作用，下雨时随雨水流到地面，起到防风、固沙、防尘作用，使空气变得清新。据测定，在降尘量高的工业城市中树林地每年可滞留粉尘 $6t/667m^2$ 左右，一般降尘量的工业城市中松树每年可滞留粉尘 $2.43t/667m^2$，榆树、朴树、木槿、广玉兰、女贞、刺槐等也都有很强的滞留粉尘能力。

城市噪声严重影响人们的休息和工作。植物具有阻挡和吸收声波的作用。据试验，在树林里声波传播的速度仅为空旷地区的 1%。另据测定，在道路两边栽植 40m 宽的林带，可以降低噪声 $10\sim40dB$，公园中成片的树木可降低噪声 $26\sim40dB$。这是由于树木有声波散射作用，声波通过时，枝叶摇动，使声波减弱而逐渐消失。同时树叶表面气孔和粗糙的茸毛，也能吸收部分噪声。

1.2.2.3 净化污水

城市和郊区的河流、湖泊、池塘、水库等有时会被工厂排放的废水污染，使水质变差，影响环境卫生和人们身体健康。而被污染的水，经过树木、枯枝落叶的吸收、经过土壤反应和过滤作用，就使水质得到提高。据国外测定，从无林山坡流下来的泉水，溶解物质含量为 $11.3kg/667m^2$，而从有林的山坡流下的水中，溶解物质含量为 $4.3kg/667m^2$。水生植物荷花、睡莲、凤眼莲等，都有极强的净化污水的能力。

1.2.2.4 涵养水源

园林植物的根、杆、枝、叶对于水分具有吸附作用，一般的小雨都能够被它们滞留住，据统计，每年树林地比无林地多蓄水 20t/$667m^2$。朝露胜如雨，树木的地上部分对于露水和雾水具有良好的滋润、吸附作用。同时，掉在地上的枯枝落叶，一方面能够吸收水分，另一方面能够增加土壤的腐殖质，增加土壤里的生物和微生物的活动，使得土壤疏松有利于雨水的渗入、变成地下水，肥沃的土壤又有利于园林植物的生长。

1.2.2.5　保持水土

我国许多地方植被覆盖率低，水土流失严重。特别是黄河流域，由于土质松散，每到雨季，雨水冲刷，大量泥沙流入黄河，致使河水变浑，河床增高。而乔木、灌木、杂草庞大的根系像一只只巨手牢牢抓住了土壤，或像重重密密的篱笆和栅栏拦住土壤，以抗衡雨水的冲刷，因此多植树种草，就可以控制水土的流失。据统计，树木林地比空旷地每年多保土 $4t/667m^2$。而固定的土壤则是一个可观的水库，能够涵养大量的水分，不至于白白流失。土壤具有不同的类型，如沙土、黏土、沙壤土等。沙土的透水性好，但是容易水土流失，植物的根系扎住了沙土就留住了大量的水分；黏土的透水性差，植物的根系以及腐殖质能够改善黏土的透水性能，并且也保持土壤，从而保持大量的水分。

1.2.3　美化环境

在自然界中生长着多种多样的，各具不同形态、色彩、风韵和芳香，各有其优美姿态的园林植物。园林植物本身的枝、皮、叶、花、果和根都具有无穷的魅力，随季节变化而五彩纷呈，或冬夏常青，或繁花一时，或婀娜多姿，或柔细娟纤，或色彩鲜艳，或清香扑鼻，或秋色迷人，或果实累累，具有极高的观赏价值，给城市增添了生动的画面，美化了环境，减少了城市建筑的生硬化和直线化，能起到建筑设计所不能起到的艺术效果。

园林植物色彩变化丰富，时迁景变，不仅具有美学的意义，还能使人的神经系统得到休息，给人们创造安静舒适的休息环境，供广大劳动人民工作之余享受休息。

园林植物还给人以音乐美的享受，如松涛，如同潮水澎湃，万马奔腾；竹韵，芭蕉听雨如窃窃私语，加上鸟语虫鸣组成天然的交响乐。

园林植物的优美姿态和生活习性，常常使人浮想联翩，成为"人类化的自然"。如人们常用松树比喻坚定不屈，用梅花比喻不畏艰险、谦虚谨慎的品格等。

1.2.4　招引鸟类

园林植物还有保护各种野生动物，招引各种鸟类的作用。俗话说"鸟语花香"，如奥地利维也纳的西部和西南部已建成世界闻名的"维也纳森林"，东南部也有 $200hm^2$ 的森林，整个城市丛林灌木相间而生，珍禽异兽混迹其间，到处呈现一派鸟语花香的气象。

1.2.5　生产产品

有些园林植物的枝、皮、叶、花、果及根等可以做药材、食物及工业原料。在园林绿化中，如果园林植物的生产功能运用、经营得当，对园林绿化建设可起到促进作用。

1.3　园林植物生长发育规律

1.3.1　园林植物的生命周期

园林植物的生命周期是指园林植物从繁殖开始，经幼年、青年、成年、老年，直至衰老死亡个体生命结束为止的全部生活史。

1.3.1.1　木本植物的生命周期

① 胚胎期（种子期）：是指木本植物自卵细胞受精形成合子开始至种子发芽时为止的时期。胚胎期主要是促进种子形成。

② 幼年期：是指木本植物从种子发芽到植株第一次出现花芽前为止的时期。幼年期应注意培养树形，移栽或切根，促发大量的须根和水平根，以提高出圃后的定植成活率。行道树、庭荫树等用苗，应注意养干、养根和促冠，保证达到规定的干高和冠幅。

③ 青年期：是指木本植物从第一次开花到花朵、果实性状逐渐稳定时为止的时期。青年期应当采用轻度修剪，在促进植株健壮生长的基础上促进开花。

④ 壮年期：是指木本植物从生长势自然减慢到树冠外缘小枝出

现干枯时为止的时期。壮年期应加强灌溉、排水、施肥、松土和整形修剪等措施，使其继续旺盛生长，避免早衰；早期施基肥，分期追肥，切断部分骨干根，进行根系更新，并将病虫枝、老弱枝、下垂枝和交叉枝等疏剪，改善树冠通风透光条件，后期对长势已衰弱的树冠外围枝条进行短剪更新和调节树势。

⑤ 衰老期：是指木本植物从生长发育明显衰退到死亡为止的时期。衰老树应经常进行辐射状或环状施肥，开沟施肥切断较粗的骨干根后，能发出较多的吸收能力强的侧须根。每年应中耕松土 2～3 次。凡树干木质部已腐烂成洞的要及时进行补洞，必要时用同种幼苗进行桥接或高接，帮助恢复树势。对更新能力强的植物，应对骨干枝进行重剪，促发侧枝，或用萌蘖枝代替主枝进行更新和复壮。

1.3.1.2 草本植物的生命周期

① 1 年生草本植物的生命周期：1 年生草本植物是指在播种的当年形成植株并开花结实完成生育周期的草本植物。如鸡冠花、凤仙花、一串红、万寿菊、百日草等许多 1 年生花卉植物，其生长发育分为以下 4 个阶段。

a. 胚胎期：是指 1 年生草本植物从卵细胞受精发育成合子开始至种子发芽为止的时期。1 年生草本植物栽植上应选择发芽能力强而饱满的种子，保证最合适的发芽条件。

b. 幼苗期：是指 1 年生草本植物从种子发芽开始至第一个花芽出现前为止的时期。1 年生草本植物幼苗生长的好坏，对以后的生长及发育有很大影响。因此，应尽量创造适宜的环境条件，培育适龄壮苗。生产上要保持健壮而旺盛的营养生长，有针对性地防止植株徒长或营养不良，抑制植株生长现象，以及时进入下一时期。

c. 成熟期（开花期）：是指 1 年生草本植物从植株显蕾、开花结果到生长结果为止的时期。成熟期根、茎、叶等营养器官继续迅速生长，同时不断开花结果。因此，此时存在着营养生长和生殖生长的矛盾。成熟期要精细管理，以保证营养生长与生殖生长协调平衡发展，如对枝条进行摘心或扭梢，促使萌发更多的侧枝并开花，一串红摘心1 次可延长开花期 15 天左右。

d. 衰老期（种子收获期）：是指 1 年生草本植物种子成熟至采收

的时期。种子成熟后应及时采收，以免散落。

②2年生草本植物的生命周期：2年生草本植物是指播种当年为营养生长，越冬后至翌年春夏季抽薹、开花、结实的草本植物。如大花三色堇、桂竹香等。2年生草本植物多耐寒或半耐寒，营养生长过渡到生殖生长需要一段低温过程，通过春化阶段和较长的日照完成光照阶段而抽薹开花。因此，其生命过程可分为明显的两个阶段。

a. 营养生长阶段：是指2年生草本植物从播后发芽至花芽分化前的时期。营养生长前期经过发芽期、幼苗期及叶簇生长期，不断分化叶片，增加叶数，扩大叶面积，为产品器官形成和生长奠定基础。进入产品器官形成期，一方面根、茎、叶继续生长，另一方面同化产物迅速向贮藏器官转移，使之膨大充实，形成叶球、肉质根、鳞茎等器官。2年生园林植物产品器官采收后，一些种类存在程度不同的生理休眠，但大部分种类无生理休眠期，只是由于环境条件不宜，处于被动休眠状态。

b. 生殖生长阶段：是指2年生草本植物从花芽分化至种子成熟为止的时期。花芽分化是植物由营养生长过渡到生殖生长的形态标志。对于2年生园林植物来讲，通过了一定的发育阶段以后，在生长点引起花芽分化，然后现蕾、开花、结实。需要说明的是，由于2年生园林植物的抽薹一般要求高温长日照条件。因此，一些植物虽在深秋已开始花芽分化，但不会马上抽薹，而须等到翌年春季高温长日来临时才能抽薹开花。

③多年生草本植物的生命周期：多年生草本植物是指1次播种或栽植以后，可以采收多年，不需每年繁殖的草本植物。如草莓、香蕉、石刁柏、菊花、芍药和草坪植物等。它们播种或栽植后一般当年即可开花、结果或形成产品，当冬季来临时，地上部枯死，完成一个生长周期。这一点与1年生植物相似但由于其地下部能以休眠形式越冬，次年春暖时重新发芽生长，进行下一个周期的生命活动，这样不断重复，年复一年。

草本植物的生命周期并非一成不变，随着环境条件、栽植技术等的改变，会有较大变化。如金鱼草、瓜叶菊、一串红、石竹等花卉原本为多年生植物，而在北方地区常作1～2年生栽植。

1.3.2 园林植物的年生长发育周期

园林植物的年生长发育周期是指园林植物在 1 年中随着环境条件特别是气候的季节变化，在形态上和生理上产生与之相适应的生长和发育的规律性变化，如萌芽、抽枝、开花、结实、落叶、休眠等。

年周期是生命周期的组成部分，栽植管理年工作历的制定是以植物的年生长发育规律为基础的。

园林植物在年周期中分生长期和落叶休眠期两个阶段。

a. 生长期：是指园林植物从春季树液流动至秋末落叶为止的时期，包括根系生长期、萌芽展叶期、新梢生长期、花芽分化与开花结实期（包括花芽分化、开花期、坐果与果实生长期）。

b. 落叶休眠期：是指园林植物自秋季自然落叶开始至翌年春季发芽为止的时期，这是对外界不利环境的一种适应。

园林植物栽植上应积极采取有效措施，防止过早或延迟落叶。为了增加营养积累，要合理地施肥浇水，防止病虫害，保护好叶片，提高贮藏营养水平。对早春低温敏感的植物，应防止树液过早活动，延迟休眠期，以避免冻害发生。具体措施是：树干涂白或喷白，降低树体温度，减少树体温度变幅；早春浇水降低土温，延迟萌芽；喷洒植物生长调节物质和微量元素，延迟休眠期。

1.4 环境对园林植物生长发育的影响

环境是指植物生存地点周围一切空间因素的总和，是植物生存的基本条件。把直接作用于园林植物生命过程的环境因子称为"生态因子"。生态因子分为气候因子、土壤因子、地形因子、生物因子和人为因子 5 大类。其中每一类又由许多更具体的因子组成。

适宜的环境是植物生存的必要条件。了解环境因子特别是生态因子，如气候、土壤、地形、生物等因子对园林植物生长发育的影响，以便能选择或创造适宜的环境条件，科学合理地选择、栽植或改造园林植物，为创造出高水平的园林景观服务。

1.4.1 气候对园林植物生长发育的影响

气候因子主要包括温度、光照、水分、空气、风等因子，是影响园林植物生长发育的主要生态因子。

1.4.1.1 温度

① 园林植物对温度的要求：温度是园林植物生长发育最重要的环境条件之一。各种园林植物对温度都有一定的要求，即最低温度、最适温度及最高温度，称为三基点温度。不同种类的园林植物，由于原产地气候型不同，因此其三基点温度也不同。

按其对温度需求不同，园林植物可分为3类。

a. 耐寒性植物：是指能耐0℃以下低温的园林植物，如落叶松、冷杉、雪松、银杏、白桦、松树、鹅耳枥、毛榛、板栗、栓皮栎等园林植物，其中一部分种类能耐−10～−5℃以下的低温，如落叶松、白桦、栓皮栎等，在我国，除高寒地区以外的地带都可以露地越冬。

b. 半耐寒性植物：是指耐寒力介于耐寒性与不耐寒性之间的园林植物。

c. 不耐寒性植物：是指不能忍受0℃以下低温的植物，如橡胶、椰子树、发财树、大王棕、香蕉、杨桃等，其中一部分种类甚至不能忍受5℃以下的低温，如橡胶等。这些植物在0℃以下的低温下则停止生长或死亡。

② 园林植物适宜的温周期：温度并不是一成不变的，而是呈周期性变化，称为温周期。温度有季节性的变化及昼夜的变化。

a. 温度的年周期变化：是指一年中气温高低的周期性变化。我国大部分地区属于温带，春、夏、秋、冬四季分明，一般春、秋季气温在10～22℃，夏季平均气温在25℃左右，冬季平均气温在0～10℃。对于原产温带地区的植物，一般表现为春季发芽，夏季生长旺盛，秋季生长缓慢，冬季进入休眠。

b. 气温日较差：是指是一天中气温最高值与最低值之差。一般在一天中，最高气温出现在14～15时，最低气温出现在日出前后。气温日较差影响着园林植物的生长发育。白天气温高，有利于植物进行光合作用以及制造有机物；夜间气温低，可减少呼吸消耗，使有机物质的积累加快。因此，气温日较差大则有利于植物的生长发育。为使植物生长迅速，白天温度应在植物光合作用最佳温度范围内，但不同植物适宜的昼夜温差范围不同。通常热带植物昼夜温差应在3～

6℃，温带植物5～7℃，而沙漠植物则要相差10℃以上。

③ 有效积温：各种园林植物都有其生长的最低温度。当温度高于其下限温度时，它才能生长发育，才能完成其生活周期。通常把高于一定温度的日平均温度总量称为积温。园林植物在某个或整个生育期内对植物生长发育起有效作用的高出其生长最低温度的温度值总和，称为有效积温。如一般落叶果树的生物学起始温度为均温6～10℃，常绿果树为10～15℃。计算公式如下：

$$K = (X - X_0)Y$$

式中　K——有效积温；

　　　X——某时期的平均温度；

　　　X_0——该植物开始生长发育的温度，即生物学零度；

　　　Y——该期天数。

例如，某种花卉从出苗到开花、发育的下限温度为0℃，需要经历600℃的积温才开花，如果日平均温度为15℃，则需经历40天才能开花；若日平均温度为20℃，则需经历30天。

④ 温度对花芽分化和发育的影响：植物种类不同，花芽分化和发育所要求的最适温度也不同，大体上可分为2种类型。

a. 高温条件下花芽分化：杜鹃花、山茶花、梅花、桃和樱花、紫藤等许多花木类植物，均于6～8月气温升至25℃以上时进行花芽分化，入秋后进入休眠，经过一定的低温期后结束或打破休眠而开花。

b. 低温条件下花芽分化：有些植物在开花之前需要一定时期的低温刺激，这种经过一定的低温阶段才能开花的过程称为春化阶段。如金鱼草、金盏菊、三色堇、虞美人等秋播的2年生花卉需0～10℃低温刺激才能进行花芽分化。原产温带的中北部地区以及高山地区的花卉，花芽分化多在20℃以下的较凉爽的气候条件下进行。如八仙花、卡特兰属、石斛属的某些种类在13℃和短日照条件下可促进花芽分化。

早春气温对园林植物萌芽、开花有很大影响。温度上升快，开花提前，花期缩短，花粉发芽一般以20～25℃为宜。温度对果实品质、色泽和成熟期有较大的影响。一般温度较高，果实含糖量高，成熟较早，但色泽稍差，含酸量低。温度低则含糖量少，含酸量高，色泽艳丽，成熟期推迟。

⑤ 温度对花色的影响：温度是影响花色的主要环境因素之一，许多花卉均会随着温度的升高和光照的减弱，使花色变淡。例如，落地生根属的一些品种在高温和弱光下所开的花，几乎不着色，或者花色变淡。

⑥ 高温及低温障碍

a. 高温障碍：是指当园林植物生长发育期环境温度超过其正常生长发育所需温度的上限时（如夏季高温≥35℃），会导致蒸腾作用加强，水分平衡失调，容易发生萎蔫或永久萎蔫（干枯）的现象。同时高温影响植物光合作用和呼吸作用，一般植物光合作用最适温为20～30℃，呼吸作用最适温为30～40℃，高温使植物光合作用下降而呼吸作用增强，同化物积累减少，植物表现萎蔫、灼伤，甚至枯死。

土温较高首先影响根系生长，进而影响植物的正常生长发育。一般土温高常伴随缺水，造成根系木栓化速度加快，根系缺水而缓慢生长甚至停长。此外，高温还影响花粉的发芽及花粉管的伸长，导致落花落果严重。

b. 低温障碍：是指低温和骤然降温对园林植物造成的危害，分为冷害和冻害。低温障碍比高温障碍更严重。

Ⅰ. 冷害（寒害）：是指园林植物在0℃以上的低温下受到的伤害。香石竹、天竺葵等原产热带的喜温植物如在10℃以下温度时，就会受到冷害，轻度冷害表现凋萎，严重的可导致死亡。

Ⅱ. 冻害：是指温度下降到0℃以下园林植物体内水分结冰产生的伤害，常见的有霜冻，特别是早霜和晚霜的危害。

不同植物或同种植物在不同的生长季节及栽植条件下对低温的适应性不同，因而抗寒性也不同。一般处于休眠期的植物抗寒性增强。如落叶树在休眠期地上部可忍耐−30～−25℃的低温；石刁柏等宿根越冬植物，地下根可忍受−10℃低温。但若正常生长季节遇到0～5℃低温，就会发生低温伤害。此外，利用自然低温或人工方法进行抗寒锻炼可有效提高植物的抗寒性。如香石竹、仙客来等育苗期间加强抗寒锻炼，提高幼苗抗寒性，促进定植后缓苗，是生产上常用的方法。还可在苗圃周围营造防风林或防风障，以及进行灌溉、熏烟、覆盖等，都可起到抗寒的作用。

1.4.1.2　光照

光是地球上生命活动的能源、是植物光合作用赖以生存的必要条件，是植物制造有机物质的能量源泉，没有阳光植物就不能进行光合作用，也就不能生长发育。光照强度、光照时间长短、光的组成等对园林植物生长发育的影响较大。

① 光照强度对园林植物的影响：园林植物生长速度与它们的光合作用强度密切相关。而光合作用的强度在很大程度上受到光照强度的制约，在其他生态因子都适宜的条件下，光合作用合成的能量物质恰好抵偿呼吸作用的消耗时，这时的光照强度称为光补偿点。光补偿点以下植物便停止生长。光照强度超过了补偿点而继续增加时，光合作用的强度就成比例的增加，植物生长随之加快，即长高长粗。但当光照强度增加到一定程度时，光合作用强度的增加就逐渐减缓，最后达到一定限度，不再随光照强度的增加而增加，这时达到了光饱和点，即光合作用的积累物质速度达到最大时的光照强度。根据不同园林植物对光照强度的反应不同，可将其分为阳性植物、阴性植物、中性植物三类。

② 光照长度对园林植物的影响：日照长度是指一天之中日出到日没的太阳照射时间。一年之中不同季节昼夜日照时数不同，这种昼夜长短交替变化的规律称光周期现象。根据对日照长短反应不同，可将园林植物分为长日照植物、短日照植物、中日照植物。长日照植物在其生长过程中需要有一段时间每天有较长的光照时数才能形成花芽开花。在这段时间内，光照时间越长，开花越早，否则不开花或延迟开花。短日照植物在其生长过程中，需要一段时间内，每天的光照时数在 12h 以下或每日连续黑暗时数在 12h 以上，才能诱导花芽分化，促进开花结实。而在较长的光照下不开花或延迟开花。中日照植物经过一段营养生长后，只要其他条件适宜就能开花结实，光照长短对其开花无明显影响。研究并掌握了园林植物的光周期反应，就可以通过人工控制光照时间来促进或抑制植物的开花、生长和休眠。

③ 不同波长的光对植物生长发育的作用不同：植物同化作用吸收最多的是红光，其次是黄光。红光不仅有利于植物碳水化合物的合成，还能加速长日照植物的发育；相反蓝紫光则加速短日照植物发育，并促进蛋白质和有机酸的合成，短波的蓝紫光和紫外线能抑制节间伸长。

1.4.1.3 水分

水分是植物体的重要组成成分，无论是植物对营养物质的吸收和运输，还是植物体内进行的一系列生理生化反应，都必须在水分的参与下才能进行，水也是影响植物形态结构、生长发育等的重要生态因子。不同植物种类，由于长期生活在不同水分环境中，形成了对水分需求关系上的不同生态习性和适应性。根据园林植物对水分的要求，可以将其分为水生、湿生、中生、旱生四个生态类型。

1.4.1.4 空气

空气对园林植物的影响也是多方面的。空气中的二氧化碳和氧都是植物光合作用的主要原料和物质条件，这两种气体直接影响植物的健康生长与开花状况。在园林生产实践中，对植物景观影响较大的是一些有害气体，它们直接威胁着园林植物的生长发育。因此在园林植物配置与造景时，要因地制宜，选择对有害气体有抗性的园林植物。

1.4.1.5 风

① 风对植物的蒸腾作用有极显著的影响：据测定，风速达 $0.2 \sim 0.3 \mathrm{m/s}$ 时，能使蒸腾作用加强 3 倍。当风速较大时，蒸腾作用过大，耗水过多，根系不能供应足够的水分供蒸腾所需，叶片气孔便会关闭，光合强度因而下降，植物生长减弱。风能降低大气湿度，破坏正常水分平衡，常使树木生长不良、矮化。风速 $10 \mathrm{m/s}$ 时，树木高生长要比风速 $5 \mathrm{m/s}$ 时低 $1/2$，比无风区低 $2/3$。盛行一个方向的强风常使树冠畸形，这是因为树木向风面的芽受风作用常死亡，而背风面的芽受风力较小，成活较多，枝条生长相对较好。在盛行强风的地方，乔木树干向背风方向弯曲，树冠向背风面倾斜，形成所谓的"旗形树"。

② 风对植物花粉传播、种子和果实撒播的影响：借助于风力帮助完成授粉的植物称为风媒植物。风媒植物的花不鲜艳，花粉小且数

目很多，花丝很长，伸于花被之外，很容易被风吹动而传粉，雌蕊柱头特别发达，有羽毛状突起，增加柱头授粉面积，使花粉容易被吸附。裸子植物花粉粒有 1 对气囊而更具浮力。

③ 风对植物的机械破坏影响：风对植物折断枝（干）、拔根等机械破坏影响的程度，主要决定于风速、风的阵发性和植物种的特性、环境特点等。风速超过 10m/s 的大风能对树木产生强烈的破坏作用，风速 13～16m/s 能使树冠表面受到 15～20kg/m² 的压力，在强风的作用下，一些浅根性树种常连根刮倒。风倒与风折常常会给园林树木特别是一些古树名木造成很大的危害。

1.4.2 土壤对园林植物生长发育的影响

土壤是园林植物生长的物质基础。土壤的状况，直接影响园林植物苗木的成活、生长速度和生长质量。各种园林植物对土壤条件都有一定的要求。如杜鹃花、山茶花、兰花要求酸性土壤条件，而牡丹、菊花却能在中性或石灰性土壤中生长；水仙耐水湿，仙人掌耐干旱。因此，首先应根据园林植物的生物学特性，选择具有适宜土壤条件的地区来进行有相当规模的生产。我国有很多这样的例子，如兰州百合、漳州水仙、菏泽牡丹等。另一方面，在已栽植有园林植物的土壤上，也应该根据园林植物的生物学特性，人为地改良和调节土壤肥力因素，使其适合于园林植物所需要的条件。

1.4.2.1 土壤主要理化性质

① 质地：粗细不同的土粒在土壤中占有不同的比例，就形成了不同的土质，称为土壤质地。沙土、壤土和黏土，就是根据粗细不同的土粒各占的百分比来决定的。土壤质地对土壤肥力有重要影响。

a. 沙土：含沙粒多，土质疏松，易于耕作，土粒间孔隙大，通气透水，但不能蓄水保肥。土温高，有机质分解迅速，不易积累，腐殖质含量低，"发小苗，不发大苗"。园林上常用作扦插苗床的介质，适合球根花卉和耐干旱的多肉植物生长。

b. 黏土：含黏粒多，土质黏重，耕作困难，土粒间孔隙小，通气性和透水性差，但吸水保肥力强。土温低，有机质分解缓慢，"发大苗，不发小苗"。适合于南方的油茶、柳、桑等园林植物生长。

c. 壤土：沙粒比例适中，不松不紧，既能通气透水，又能蓄水保肥，水、肥、气、热状况比较协调，适合于各种园林植物生长，是比较理想的土壤质地。

② 容重：又称假比重，是指单位体积内（包括孔隙）土壤或介质的干物重。常用的单位是 g/cm^3、kg/L、t/m^3。高容重一般指土壤紧密，少团聚体。田间土壤的容重在 $1\sim1.75g/cm^3$，常见范围是 $1.25\sim1.50g/cm^3$，这等于干重为 $1250\sim1500kg/m^3$。在田间土壤，重量不是主要因素，而容器土壤可能经常搬动，重量就显得重要了。一只装满田间土壤、直径为 30cm 的花盆，干重为 $28\sim33kg$，湿重接近 40kg，从劳动力和经济角度考虑，显得太重。容重大的介质，对植物根系的发展也是不利的。容重小于 $0.75g/cm^3$，最适合于容器植物的生长。生长在小盆中的低矮植物，容重可在 $0.15\sim0.50g/cm^3$。植株较大的观叶植物，因为容易受到风吹或喷水而摇晃，在这种情况下，容重以控制在 $0.50\sim0.75g/cm^3$ 较好。降低容重最直接的方法，是将土壤和容重小的介质进行混合。

③ 持水量：是指土壤在排去重力水后所能保持的水分含量。用水分占干重或体积百分数表示。以干重的百分含量表示，适合于田间土壤；而以体积表示的百分含量，是反映容器有效水含量的最好方法，因为有效水是对受限制的容器而言。田间土壤持水量为 25% 质量分数是合适的，因为植物根系生长不受限制，而对容器植物就感到不够。容器土壤持水量为 20%～60%（体积分数），在排水后能够有5%～30% 的通气孔隙。

④ 孔隙：非毛细管孔隙或通气孔隙主要是指由于重力水排掉后所留下的大孔隙。毛细管孔隙比非毛细管孔隙要小，常常留有较大的孔隙体积，但是它们很少对通气有用，因为通常充满了水，因此毛细管孔隙度虽高，但并不能保证有适当的通气性。通常要维持通气孔隙在 5%～30%，过高的通气孔隙意味着低持水量和由此引起容器土壤过快地干燥。各种观赏植物对不良通气性有不同的忍耐性。

a. 碳氮比：是指有机介质中碳和氮的相对比值。当碳氮比高时（高碳低氮），大多数氮将被土壤微生物所吸收。微生物和植物之间对有效氮的竞争，能造成植物氮素的缺乏。因此，如果用高碳氮比的有机材料做栽培介质，除了满足植物生长所需要的氮外，还必须另外加入氮以补偿微生物活动的需要。此外，还应尽量用粗粒（直径在0.5cm），因为粗粒较细粒难于分解，不易因分解而降低其通气性。

b. 阳离子代换量（CEC）：是表示土壤吸收保存养分离子，不被水分淋洗，释放养分供给植物生长的能力。通常以100g 烘干介质所能吸附的阳离子毫克当量数来表示（简写成 mg/100g），或用每100cm³ 所能吸附的阳离子毫克当量数表示（简写成 mg/100cm³）。

⑤ 酸碱度：是指土壤溶液的酸碱程度，和灌溉水一样用 pH 值表示。大多数园林植物生长的 pH 值范围是 5.5～6.5。石灰材料如白云石、碳酸钙能使 pH 值增高，而通过加入硫黄粉、硫酸亚铁等酸性材料则可降低 pH 值。加入酸、碱材料的数量，取决于土壤和介质原来的 pH 值及其代换量。改变沙土的 pH 值，比改变黏土和泥炭的pH 值需要较少的材料。通常使用的酸性或碱性肥料也能改变 pH 值。

a. 如土壤酸性过大，$10m^2$ 苗床如仅 7cm 深，每年可施入石灰300～350g 并施足农家肥，或直接施入草木灰 600～700g，若 15cm深，用量需加倍。如碱性过高，$10m^2$ 苗床每年可施入石膏 450～600g。

b. 每立方米介质加 6kg 以上白云石，常会引起微量元素缺乏。

c. 如果植物已生长在酸性介质中，每 $10m^2$ 苗床每次施入硫黄粉的量不要超过 0.5kg。

⑥ 土壤含盐量和电导率（EC）：将土和水按一定比例混合，使其中的盐类尽可能溶解出来，然后测定水溶液的 EC 值，就可以比较土壤的盐类浓度。电导率是表示各种离子的总量和所含硝态氮之间存在的相关性，因此可由 EC 值来推断土壤或介质中的氮素含量，从而作为是否需要施用氮肥的参考。不同园林植物种类以及生育时期的差别，适宜的 EC 值也有些不同。电导值的测量是比较简单的，但制备样品溶液的方法有多种（如土与水之比有 1∶2、1∶5、饱和泥浆法等)，因此必须知道测定溶液是如何制备的，才能解释在一定条件下所得的结果。

1.4.2.2 保护地土壤

保护地土壤是指温室和塑料大棚等设施覆盖下的土壤。在露地栽植时，特别在降雨量多的地区，雨水将土壤中所含的各种养分淋溶至下层，若大量施用氮肥，则其中50％可转化为硝态氮，随雨水淋洗掉，这种类型的土壤可称为淋溶型土壤。在保护地栽植下，由于土壤全面被覆盖，得不到降雨的淋溶，加之保护地内的温度较高，地表面的水分蒸发大，使水分随毛细现象由下向上运动，将土壤下面的盐分带到地表，同时，施入的肥料一般也都残留在原地，这种使盐分在地表上聚积的土壤，可称为聚积型土壤。在塑料薄膜作为地膜覆盖下，土壤水分的变动比露地栽植要小，这是因为多雨时，有塑料薄膜的阻挡，减少了雨水进入土壤的量；在干燥时，由于有塑料薄膜的覆盖，又防止了上面的水分蒸发，没有肥料的淋洗，也没有盐分的聚积，对作物的发育和对土壤水分的有效利用来说都是有利的。

① 保护地土壤的特性

a. 土壤溶液浓度高：一般露地土壤溶液盐分浓度达到3000mg/kg就很高了，而保护地土壤溶液盐分浓度常达10000mg/kg以上，一般园林植物的适宜浓度为2000mg/kg，若在4000mg/kg以上，就会抑制园林植物的生长。在新建温室中，园林植物生长良好，时间一久就开始变坏，这是因为年代越久土壤中盐分就会聚积越多。

b. 氮素形态变化和气体危害：由于保护地土壤溶液浓度高，抑制了硝化细菌的活动，肥料中的氮可以生成相当数量的铵和亚硝酸，但硝化作用很慢，这样使铵和亚硝酸蓄积起来，逐渐变成气体。若在露地栽植情况下，气体挥发后就扩散到空气中去，但在保护地栽植下，因有玻璃或塑料薄膜的覆盖保温，冬季换气困难，因此挥发出来的气体浓度达到某种程度时，就会产生气体危害。

c. 土壤微生物自洁作用降低：土壤中栖生着大量的有益和有害的微生物，这些微生物通过并生、寄生、竞争、相互拮抗等作用，使土壤保持动态平衡，当外部微生物侵入时就很难安身定居下来，即使有部分微生物能在土壤中安身，其活动也受到抑制。土壤这种微生物的动态平衡作用，也可称之为土壤的自洁作用。温室土壤由于高温高湿，土壤有机质迅速分解，在有机质缺乏，作物主要依赖化肥的情况下，异养微生物由于缺乏"食物"，种类及数量迅速减少，致使土壤微生物单一化，土壤自洁作用变弱，有害微生物会增多。单一作物的连作，会加重这种情况的发生。

② 保护地土壤管理：保护地土壤管理的关键在于如何使保护地土壤盐分聚积少一些。首先要控制施肥，给予必要的最小限度的施肥量。在肥料种类的选择上，应选择盐类浓度上升危险小的肥料，磷肥对于盐类浓度上升的影响较小，氮肥和钾肥对于盐类浓度上升影响较大，施用氯化物比施用硫酸盐肥料对盐类浓度的影响大，特别是氯化铵和氯化钾混施可形成较高的盐类浓度。这是因为氯化物和土壤中的钙发生化学作用，提高了土壤溶液中钙的含量，在肥料本身浓度上升的同时，土壤中不溶成分变为可溶成分，使盐分浓度上升加剧。完善排灌系统，在1.5m宽的苗床设置2~3排0.4~0.6m深的排水暗沟，夏季增加排水量可减轻盐分危害。

利用夏季温室后茬地栽植水稻，可以不施用基肥，水稻可以吸收多余的养分，并适当淹水湿润，造成土壤氧气不足，使一些好气性的传染性病菌及线虫不能生活繁殖，以达到灭杀或减少其密度的目的。在不栽植水稻时，温室接茬地进行浇水耕翻，淹水至少30天，如能淹水45天则效果会更好。如地下水位高，淹水洗盐效果不好，可以使土壤干燥，待土壤中盐分随水上升积聚于土表时，然后铲去表层5cm土，换入新土。或者采用离地高架苗床栽植，解决夏季温室土壤容易返盐的问题。

在定植前30~45天，施入截成5cm左右的碎稻草0.667~1.333t/667m^2，同时撒施氰氨化钙33.33~40kg/667m^2，将其翻进土中，这对改良土壤物理性状、增强土壤自洁作用十分有利。因为高碳氮比的粗有机物，在其发酵过程中，对病原菌有拮抗作用的放线菌和真菌数量会增加。已经观察到的情况也证实了这一点。当施入碳氮比高的锯木屑、稻草、麦秸时发病少，而施用碳氮比低的鸡粪、牛粪、饼肥等会使病害发生增多。

1.4.2.3 土壤消毒

连作土壤中的有害微生物密度高，容易发生病害，因此土壤消毒的目的是把有害微生物的栖生密度降至不利于园林植物发病的程度；但不可把土壤中的微生物全部杀灭而呈无菌状态，因为无菌状态的土壤可能连有益微生物也被杀灭干净，如在这种土壤上栽植带病苗时，病原微生物会骤增，其密度甚至高于消毒前。

① 土壤药剂消毒：氯化钴是一种高效、有警戒性的剧毒熏蒸剂，既可杀虫灭鼠，又能杀菌和防治线虫。消毒时按穴距20cm打深约20cm的小穴（25个/m²），用玻璃漏斗插入穴内并灌药液5ml/穴。施药后，立即覆盖小穴，踩实，并在土面泼水，延缓药液挥发，以提高药效。气温在20℃以上时保持10天，15℃以上时保持15天，然后将处理过的土壤多次翻耙，使土壤中残留的氯化钴充分散失，以免影响以后植物根系的发育。氯化钴对人、畜有剧毒，使用时要戴防毒面具和橡皮手套。

② 土壤蒸汽消毒：优点是消毒时间短，只需温度下降后即可栽植，对附近的植物无害，还能促进土壤团粒化，促进难溶性盐类可溶化，使土壤理化性质得以改善。缺点是移动式锅炉投资高，使用期短，耗能多，操作麻烦（需要将蒸汽导管埋入土内），如方法掌握不当，过度消毒时，对植物会产生生育障碍。因此，除小面积繁殖区、靠近温室原有蒸汽加温设备，以便利用外，大面积田间消毒，现已很少使用蒸汽。操作方法：可用内径为3cm的不锈钢或铝制导管，每隔13cm在其下方两侧各开一直径为3mm的小孔，用于喷出蒸汽。两根导管之间的距离为埋入深度的1.25倍以内，土表覆盖尼龙薄膜，然后送入蒸汽，不久土壤表面达到蒸汽温度，冒出蒸汽，即停止送气，利用余热继续消毒，以免过度消毒。其金属管也可用帆布水龙带代替。

1.4.3 生物对园林植物生长发育的影响

生物因子可分为动物因子和植物因子。园林绿地除了园林植物以外，还有许多其他植物、动物和微生物，它们之间相互制约、相互依存。研究植物与植物之间、植物与动物之间的相互关系，对促进园林植物生育发育有很重要的意义。

1.4.3.1 动物对园林植物生长发育的影响

土壤中的动物通过粉碎、翻动土壤和分解有机质等作用，对改良土壤物理性质和提高土壤肥力具有重要作用。动物影响植物的繁殖，有些植物依靠动物传播花粉和种子。许多动物（如害虫、鼠、鸟）等直接或间接以植物为食，害虫的活动还能在植物间传播病菌。在自然界中还存在许多害虫的天敌如鸟类、寄生性昆虫和捕食性昆虫等。鸟类对植物具有巨大的保护作用。动物对园林植物生长发育的影响较大，这里的动物主要是指危害园林植物的虫害。如蛀干类害虫天牛、吉丁虫等；危害幼嫩枝、叶、花、果实的害虫更多，如蚜虫、潜叶蛾、凤蝶、螨类、介壳虫等。目前国内外已成功分离和合成一些昆虫绝育剂、引诱剂、拒食剂、忌避剂等。这些制剂本身不能直接杀死害虫。如绝育剂可造成害虫绝育，迫使某些害虫在一定区域内数量减少，以达到控制害虫种群的目的。

1.4.3.2　植物与微生物对园林植物生长发育的影响

植物间的关系分为种内关系和种间关系、直接关系和间接关系。直接关系包括树冠摩擦、枝干挤压、附生、寄生、共生、根系连生、枝干缠绕、授粉杂交等。间接关系主要包括竞争、相互改变环境、生物化学物质影响等。

许多土壤中的微生物对园林植物根系的生长有良好的促进作用，如共生关系中的真菌、固氮菌。大多数土壤微生物能分解有机质，将其转化为速效性养分。土壤也存在危害园林植物根系生长的微生物真菌、细菌、病毒等。植物茎叶中的微生物大多危害园林植物生长发育，必须积极防治。

1.4.4　地势对园林植物生长发育的影响

地势本身不是影响园林植物分布及生长发育的直接因子，而是由于不同的地势，如海拔高度、坡度大小和坡向等对气候环境条件的影响，而间接地作用于园林植物的生长发育过程。

海拔高度对气候有很大的影响，海拔由低至高则温度渐低、相对湿度渐高、光照渐强、紫外线含量增加，这些现象以山地更为明显，因而会影响园林植物的生长与分布。山地的土壤随海拔的增高，温度渐低、湿度增加、有机质分解渐缓、淋溶和灰化作用加强，因此 pH 值渐低。由于各方面因子的变化，对于园林植物个体而言，生长在高山上的园林植物与生长在低海拔的同种个体相比较，则有植株高度变矮、节间变短等变化。园林植物的物候期随海拔升高而推迟，生长期结束早，秋季叶色艳而丰富、落叶相对提前，而果熟较晚。

不同方位山坡的气候因子有很大差异，如南坡光照强，土温、气温高，土壤较干；而北坡正好相反。在北方，由于降水量少，所以土壤的水分状况对园林植物生长影响极大，在北坡，由于水分状况相对南坡好，可生长乔木，植被繁茂，甚至一些阳性树种也生于阴坡或半阴坡；在南坡由于水分状况差，所以仅能生长一些耐旱的灌木和草本植物。但是在雨量充沛的南方则阳坡的植被就非常繁茂了。此外，不同的坡向对园林植物冻害、旱害等也有很大影响。

坡度的缓急、地势的陡峭起伏等，不但会形成小气候的变化，而且对水土的流失与积聚都有影响，还可直接或间接地影响园林植物的生长和分布。坡度通常分为六级，即5°以下为平坦地，6°～15°为缓坡，16°～25°为中坡，26°～35°为陡坡，36°～45°为急坡，45°以上为险坡。在坡面上水流的速度与坡度及坡长成正比，而流速愈快、径流量愈大时，冲刷掉的土壤量也愈大。山谷的宽窄与深浅以及走向变化也能影响园林植物的生长状况。

1.5 园林植物的选择

在园林植物的选择上，首先应遵循适地适树、植物多样性的原则，同时还应考虑市花市树、珍贵树种、古树名木的保护利用。

城市的骨干树种（基调树种）应以乡土树种为主，适当选用已驯化的外来树种。一般来说，本地原产的乡土植物最能体现地方风格，且群众喜闻乐见，最能抗灾难性气候，种苗易购易成活，加之城市本身立地条件较差，大气污染严重，灰尘大，在这样苛刻的立地条件下，栽植园林植物并使它健康生长，必须适地适树。在此基础上，可以适当选用经过驯化的外来树种。长江流域现在常用树种中有许多都是外来经过多年驯化且适应当地立地条件的树种，如夹竹桃，原产印度、伊朗，经过多年的栽植，已成为当地优良的抗烟尘、废气的优良树种；广玉兰原产北美东部，现已成为良好的城市绿化观赏树种之一；悬铃木原产欧洲东南部等地区，曾广泛应用为行道树。

市花市树是受到大众广泛喜爱的园林植物品种，也是比较适应当地气候和地理条件的园林植物。它们本身所具有的象征意义也已上升为当地文明的标志和城市文化的象征。利用市花市树的象征意义与其他园林植物、园林小品相得益彰的配置，可以赋予城市浓郁的文化气息，满足市民的精神文化需求。

古树名木是指城乡范围内树龄在百年以上的树木，或具有科研、历史价值和纪念意义的树木，珍稀树种、列级保护的树木，树形奇特、国内外罕见的树木以及在园林风景区起重要点缀作用的树木。它们是历史的见证，是活的文物，是具有很高文化价值的历史遗产，另外，还具有科技、科普价值，能间接地体现一个城市的科技、文明程度，应动员全社会保护和管理好古树名木。

1.5.1　园林植物的适地适树

适地适树，通俗地说，就是把园林植物栽植在适合的环境条件下。是因地制宜的原则在选用园林植物上的具体化。也就是使园林植物生态习性和园林植物栽植地生境条件相适应，达到树和地的统一；使其生长健壮，充分发挥其园林功能。因此，适地适树是园林植物栽植的基本原则。

园林植物适地适树虽然是相对的，但也应有个客观标准。这个适地适树的标准与园林植物栽植有所不同，它是根据园林绿化的主要功能和目的来确定的。从卫生防护、环境保护出发，在污染区起码要能成活，整体有相当绿化效果，对偶尔阵发性高浓度污染有一定抗御能力。

1.5.2　不同用途园林植物的选择

1.5.2.1　行道树的选择

行道树是指沿道路两旁栽植的成行的园林树木，行道树在城市道路绿化与园林绿化中起着骨架作用。行道树分为常绿行道树和落叶行道树两大类。行道树的主要标准是树形整齐，枝叶茂盛，冠大荫浓；树干通直，花、果、叶无异味，无毒无刺激；繁殖容易，生长迅速，移栽成活率高，耐修剪，养护容易，对有害气体抗性强，病虫害少，能够适应当地环境条件。

在行道树选择上，不要盲目，首先应该考虑当地的环境特点与植物的适应性，要根据当地的生态环境特点来选择适合当地的优良树种作为行道树。全国各大城市的代表性行道树各不相同，如北京的国槐、海南的椰树、南京的雪松等，各地应该多栽植经实践证明适合当地栽植的代表性行道树。

我国南北气候存在很大差异。南方地区温度高，湿度大，雨量充沛，植物常年生长，行道树种类繁多，适宜栽植的行道树可以选择香樟、榕树、广玉兰、雪松、桂花、银杏、马褂木、七叶树、枫树及水杉等园林树木。而北方地区干旱少雨，气候干燥，适宜栽植的行道树相对少一些，可以选择悬铃木、国槐、银杏、栾树、柳树、雪松等园林树木。

在同一条道路上行道树的定干高度必须一致，以3～4m为宜；株行距要根据品种确定，一般株行距为5～8m，栽植苗木的胸径一般为8～10cm。

在不同种类的道路及道路的不同位置，选择的行道树也应该有所不同。例如，高速路双向车道中间可选择黄杨、毛叶丁香等矮株形的园林植物，以减少对面车灯的干扰；路口处为确保安全，避免阻挡视线，要选择有足够枝下高的园林树木；道路最外侧，为防尘降噪，可选择不同株形的多层组合。

1.5.2.2　庭荫树的选择

庭荫树是指以遮阴为主要目的的园林树木。选择树冠浓密的庭荫树时一定要综合考虑其观赏效果和遮阴功能，可以选择榕树、榉树、樟树等园林树木作为庭荫树。

1.5.2.3　片林（林带）植物的选择

园林上的片林是指成片栽植的树林，林带是指在连绵山体、江河两岸及道路两侧一定范围内，营建的具有多层次、多树种、多色彩、多功能、多效益的园林绿化带。片林（林带）植物的选择应该要结合公园外围隔离或公园内部功能区分隔功能，选择以带状栽植或按单群、混交树群栽植的优良乡土树种为主，如毛白杨、栾树、侧柏等。

1.5.2.4　花灌木的选择

花灌木是指以观花为主的灌木类植物，应该选择花色艳、花香浓的灌木，如蜡梅、丁香等。

1.5.2.5 绿篱植物的选择

绿篱植物是指由常绿灌木或小乔木组成，一般能修剪成规则式形状的园林植物，它可以代替栏杆保护花坛，或在园林中起装饰和分隔小区的作用。绿篱植物可以选择黄杨、女贞、珊瑚树、大叶黄杨及其变种、海桐、小叶女贞、六月雪、龙柏、月桂、金丝桃、月季、构骨、紫叶小檗、冬青、蚊母、石楠等耐修剪的植物成行密植。

1.5.2.6 垂直绿化植物的选择

垂直绿化植物是指在立体空间上利用棚架、墙体、栏杆等栽植的藤本植物、攀缘植物或采用盆钵栽植的垂吊植物，以攀缘墙面或布满藤架，起绿化装饰作用。垂直绿化植物可以选择凌霄、木香、常春藤、葡萄、紫藤、蔷薇、藤本月季、金银花、地锦、美国地锦、云实、络石、叶子花、炮仗花、薜荔、鸡血藤、迎春、素馨花、云南黄馨等具有攀附能力的植物。

1.5.2.7 草坪与地被植物的选择

草坪是指由人工建植或人工养护管理，起绿化美化作用的草地；地被植物是指那些株丛密集、低矮（自然生长或通过人为干预将高度控制在 100cm 以下），经简单管理即可用于代替草坪覆盖在地表、防止水土流失，能吸附尘土、净化空气、减弱噪声、消除污染并具有一定观赏和经济价值的园林植物。草坪草也是一种特殊的地被植物。地被植物是为覆盖裸地、林下、空地，起防尘降温作用，可以根据当地土壤气候条件选择杜鹃花、栀子花、枸杞等灌木类地被植物，三叶草、马蹄金、麦冬等草本地被植物，凤尾竹、鹅毛竹等矮生竹类地被植物，常春藤、爬山虎、金银花、蔓长春、诸葛菜等藤本及攀缘地被植物，凤尾蕨、水龙骨等蕨类地被植物，慈姑、菖蒲等耐水湿的地被植物和蔓荆、珊瑚菜和牛蒡等耐盐碱的地被植物。

1.5.2.8 花坛植物的选择

花坛植物是指大量栽植于花坛或类似构造内，将来移栽到花园、挂篮、窗台或其他室外栽植地的植物。花坛轮廓鲜明，图样简洁，形体或色彩对比度强，一般观赏开花时的整体效果，可以表现出不同花卉的种或品种的群体及其相互配合所显示的绚丽色彩和优美外貌。因此，花坛植物要求选择植株低矮、生长整齐、花期集中、一致，花朵繁茂色彩鲜艳的花卉，如凤仙花、万寿菊、矮牵牛等。

① 主体花材选择：主体花材选择要求花色鲜明艳丽、夺目，花朵繁茂，花盛开时几乎看不出枝叶，能良好地覆盖花坛地面。配植时要求色彩对比度要强，植株高矮要基本一致，从外到内由矮逐渐到高。早春花坛一般选用金盏菊、三色堇、雏菊、羽衣甘蓝、旱金莲等；春季花坛一般选用金盏菊、三色堇、雏菊、金鱼草、紫罗兰、福禄考、石竹等；夏季花坛一般选用凤仙花、矮一串红、鸡冠花、太阳花、美女樱、千日红、孔雀草等；秋季花坛一般选用一串红、鸡冠花、凤尾鸡冠花、孔雀草、万寿菊、旱金莲、地被菊、各种大小菊；冬季花坛一般选用金盏菊、地被菊、大小寒菊、瓜叶菊等。

② 花坛中心材料：花坛中心材料要求高大而整齐，可以选择美人蕉、扫帚草、蜀葵、高金鱼草等，树木中有苏铁、叶子花、蒲葵、凤尾兰、雪松、云杉、海枣和球形的大叶黄杨、小叶黄杨、红檵木、四季桂、杜鹃等园林植物。

③ 花坛边缘材料：花坛边缘材料要求矮小，常作镶边栽植，可以选择雀舌黄杨、小叶黄杨、紫叶小檗、千头柏等灌木绿篱和葱兰、沿阶草、天冬草、吉祥草等常绿草本植物。

④ 球根花卉花坛：球根花卉由于花朵少、植株矮小，而不能很好地覆盖花坛地面。又由于花色艳丽、花期早而常用于早春花坛，如水仙、郁金香、风信子。一般需配植低矮而枝叶繁茂的1～2年生草花，如三色堇、雏菊、勿忘草等作为球根花卉的衬底。也可用植株较高（高于主体花材）的花卉，而高出部分为轻盈的小花着生于疏松的大花序上的种类，如霞草、高雪轮、蛇目菊等，使小花像雾状或繁星状罩于其上。运用得当，能收到意想不到的效果。注意陪衬种类要单一，花色协调，不能喧宾夺主。

⑤ 模纹花坛：模纹花坛可以选择五色草、大花三色堇、彩叶草、香雪球、半支莲等低矮、枝叶紧密的观叶植物或花叶兼美的花卉，组成平面纹样图案，表现出细致鲜艳的花纹和富有韵律感的图案美。

⑥ 花丛花坛：花丛花坛可以选择金盏菊、紫罗兰、金鱼草、福禄考、石竹、百日草、一串红、万寿菊、孔雀草、美女樱、鸡冠花、

翠菊、藿香蓟等 1～2 年生草花或宿根花卉中花期相近的几种花卉配植在同一花坛里，显示出整体的绚丽色彩与优美外貌，构成群体美的观赏效果。

⑦ 立体花坛：立体花坛可以选择大型花篮、花瓶、孔雀开屏、双龙戏珠，以及大象、熊猫等动物形象，以钢筋为骨架，电焊连接构成各种立体图案，在其上按照布置模纹花坛的方法配植金盏菊、虞美人、五色苋、黄杨球、月季等花草，构成艺术形式表达主题思想，使得形象栩栩如生，效果楚楚动人。

1.5.2.9 切花及室内装饰植物的选择

切花可以选择月季、菊花、康乃馨、芍药、唐菖蒲等，在植物开花时，将植物体上的花朵、花枝、叶片切下来用于插花或制作花束、花篮等供室内装饰；室内装饰植物可选择春羽、海芋、花叶艳山姜、棕竹、蕨类、巴西铁、荷兰铁、伞树、马拉巴栗、美丽针葵、鸭脚木、观棠凤梨、龟背竹、琴叶喜林芋、散尾葵、丛生钱尾葵、麒麟尾、变叶木、吊兰、吊竹梅、常春藤、白粉藤、文竹、黄金葛、心叶喜林芋、鹿角蕨、菊花等栽植在室内墙壁、柱上专设的栽植槽（架）内，供观赏。

1.5.2.10 盆景类植物的选择

盆景类植物多选择较苍劲古朴且耐寒的银杏、五角枫、元宝枫、火棘、五针松、黑松、罗汉松、雀舌罗汉松、锦松、金钱松、滇柏、刺柏、孔雀柏、璎珞松、水杉、南方红豆杉、梅花、蜡梅、迎春、紫荆、贴梗海棠、垂丝海棠、西府海棠、紫薇、枸杞、枸骨、南天竹、石榴、六月雪、木瓜、九里香、朱砂根、金雀、木兰、胡颓子、山楂、苹果、梨、桃、佛手、山茶花、丝棉木、瑞香、桂花、马醉木、杜鹃、金弹子、苏铁、榕树、小檗、黄杨、白蜡、福建茶、红枫、十大功劳、黄栌、金银花、常春藤、葡萄、鸡血藤、五味子、络石、扶芳藤、南蛇藤、佛肚竹、凤尾竹、紫竹、棕竹、文竹、伞竹、朱蕉、吊兰、芦荟、菊花、沿阶草、虎耳草等园林植物，其中松柏类、海棠类、山茶花、苏铁、榕树、小檗、黄杨、白蜡、福建茶、六月雪、络石、竹类、沿阶草等园林植物较易管理，还可以选择以仙人掌科植物为主的组合盆栽，不但省时省力，而且还省水。

1.5.3　不同地区园林植物的选择

由于我国地域辽阔，各个城市所处的气候带不同，各类园林植物生长的生态习性不同和表现的观赏价值不同，各类园林绿地上绿化功能不同，因此，各城市选择的园林植物也应不同。下面列举不同气候带数种常用园林植物供参考。

1.5.3.1　热带地区园林植物的选择

热带地区主要指分布于北纬 24°以南的台湾、福建、广东、广西、云南诸省南部及海南全省，年均气温 21℃以上，7 月平均气温 28℃左右，1 月平均气温 12~21℃，绝对最低气温大多不低于−1℃；年降雨量 800~1700mm，大多终年无霜。该地区常可选择栽植南洋杉、海南松、水松、鸡毛松、竹柏、木麻黄、白兰花、相思树、凤凰木、羊蹄甲、软荚红豆树、楹树、荔枝、龙眼、石栗、白千层、红千层、菩提树、榕树、椰子、槟榔、蒲葵、棕竹、刺竹、麻竹、青皮竹、芭蕉、银桦、黄槿、朱槿、吊钟花、柚、橄榄、木棉、番石榴、葡桃、素馨、黄花夹竹桃、菠萝蜜、缅栀子、一品红、杨桃、黄皮树、硬骨凌霄、蓝花楹、马樱丹、桃金娘、变叶木、红背桂、印度橡皮树、肉桂、秋枫、昆栏树、幌伞枫、孔雀豆、胡桐、象牙树、人心果、仙丹花、番荔枝、番茉莉、猴欢喜、夜香树、蜡烛树、狗牙花、望江南、桉树等作园林绿化植物。

1.5.3.2　亚热带地区园林植物的选择

我国亚热带地区包括秦岭、淮河以南，雷州半岛以北，横断山脉以东（22°~34°N，98°E 以东）的广大地区。涉及 16 个省市（包括台湾省）。

① 南亚热带：南亚热带位于中亚热带和北亚热带之间，在我国华南境内，北线是福州、韶关、柳州、田林，南线是台湾南部、雷州半岛北部、北部湾沿岸。此外，我国存在大面积南亚热带区域的省份还有云南和四川，主要分布于金沙江、雅砻江、元江等河谷地带。主要包括台湾中北部，福建、广东东南部，广西中部，珠江流域，云南中南部。无霜期 300 天以上，最冷月均温在 10℃以上，10℃以上年积温大于 6500℃，基本没有气候学上的冬天，普遍栽植荔枝、龙眼、

菠萝、香蕉等中亚热带难于栽植的作物。可以选择栽植马尾松、格木、菠萝蜜、油橄榄、银桦、湿地松、桢楠、台湾相思树、黑荆树、柑橘、火炬松、榕树、南洋楹、棕榈、木麻黄、南亚松、羊蹄甲、木荷、孔雀豆、苏铁、云南松、黄槿、山茶、石栗、桃金娘、南洋松、朱槿、南山茶、荔枝、杉木、千年桐、幌伞枫、龙眼、水松、吊钟花、乌榄、槟榔、水杉、柚、蝴蝶果、红千层、池杉、橄榄、八角、白千层、落羽杉、木棉、肉桂、杨桃、芭蕉、竹柏、猴欢喜、蒲葵、黄皮树、棕竹、罗汉松、番石榴、南酸枣、人心果、大叶桉、蒲桃、乳源木莲、兰花楹、刺竹、柠檬桉、素馨、红豆树、九里香、麻竹、红椿、黄花夹竹桃、一品红、青皮竹、象牙树等园林植物。

② 中亚热带：中亚热带地区主要包括长江以南大部分地区，主要分布于广东、广西北部，福建中北部、浙江、江西、四川、重庆、湖南、湖北、安徽、江苏南部、云贵高原、台湾北部。年降水量普遍丰富，大多为 1000~1500mm。年均温多在 16~20℃，最冷月均温一般在 2~8℃，冬季绝大部分地域比较暖和。可以选择栽植马尾松、水松、青冈栎、香樟、南酸枣、柳杉、水杉、细叶青冈、柑橘、乳源木莲、杉木、竹柏、小叶青冈、天竺桂、油橄榄、冲天柏、罗汉松、栲树、檫树、棕榈、柏木、相思树、桢楠、广玉兰、银桦、罗汉柏、木麻黄、苦槠、白玉兰、粗榧、羊蹄甲、甜槠、厚朴、苏铁、香榧、刺柏、米槠、千年桐、幌伞枫、红豆杉、火炬松、紫楠、肉桂、红千层、银杏、湿地松、蒲葵、芭蕉、棕竹、油茶、珙桐、木香、刚竹、含笑、虎刺、蓝果树、珍珠梅、淡竹、木莲、茶树、茉莉、郁李、孝顺竹、鹅掌楸、木荷、八仙花、海棠花、青皮竹、石楠、厚皮香、金缕梅、贴梗海棠、茶秆竹、枇杷、榕树、枫香、西府海棠、慈竹、红豆树、桃叶珊瑚、橙木、垂丝海棠、箬竹、花榈木、瑞香、木芙蓉、珊瑚朴、凤尾竹、夏蜡梅、映山红、梅、榆树、大叶桉、杨梅、马银花、碧桃、榉树、柠檬桉、山茶、云锦杜鹃、蔷薇、毛竹、红椿、茶梅、冬青、月季等园林植物。

③ 北亚热带：北亚热带地区主要位于北纬 28°~33°，包括汉水流域、长江中下游和江淮平原大部分地区，秦岭山脉，淮河流域以南，长江中下游以北。年平均气温约 15~16℃，1 月平均气温 0℃。

可以选择栽植马尾松、北樟、紫荆、厚壳树、溲疏、黑松、白楠、蜡梅、南天竹、重阳木、华山松、红桦、夹竹桃、十大功劳、刺槐、火炬松、亮叶桦、紫薇、黄杨、中国槐、台湾松、鹅耳枥、结香、雀舌黄杨、皂荚、湿地松、栓皮栎、金丝桃、糙叶树、香椿、秦岭冷杉、麻栎、木槿、朴树、苦楝、四川冷杉、亮叶水青冈、木绣球、白榆、梓树、柳杉、米心水青冈、荚蒾、椆榆、楸树、大果青杆、栾树、珊瑚树、黄檀、日本柳杉、七叶树、海仙花、青檀、构树、水杉、稠李、金银花、榉树、皂荚、池杉、落羽杉、红桦、金钟花、红椿、梧桐、桧柏、山合欢、桂花、山茶、黄金树、龙柏、麻叶绣球、铜钱树、千年桐、泡桐、侧柏、喷雪花、雪柳、南酸枣、垂柳、刺柏、绣线菊、大叶女贞、乳源木莲、棕榈、珍珠梅、石榴、刚竹、罗汉松、杏、枫香、无花果、桂竹、广玉兰、樱花、乌桕、薜荔、紫竹、白玉兰、碧桃、竹叶椒、杜仲、罗汉竹、紫玉兰、紫叶李、栀子、海桐、淡竹、青冈栎、榆叶梅、六月雪、杜英、石绿竹、细叶青冈、棣棠、水杨梅、糯米椵、苦槠、玫瑰、凌霄、南京椴等园林植物。

1.5.3.3 暖温带地区园林植物的选择

暖温带地区大致在北纬32°～43°之间，包括沈阳以南，山东辽东半岛，秦岭北坡，华北平原，黄土高原东南，河北北部等地。年平均降水量为605mm，年蒸发量在1875mm，年平均气温为13.9℃，≥0℃积温在5100℃以上，无霜期在220天左右。可以选择栽植油松、锦带花、蜡梅、大果榆、杏、云杉、天目琼花、灯台树、梨、冷杉、香荚蒾、枸杞、杞柳、苹果、太白红杉、金银木、柿树、楸树、梅、白皮松、华北忍冬、黄檗、牡荆、花楸、华北落叶松、白榆、臭椿、中国槐、紫荆、华山松、千金榆、栾树、核桃楸、紫藤、黑松、黑榆、黄连木、毛泡桐、细叶小檗、日本赤松、小叶朴、黄栌、刺楸、南天竹、侧柏、大叶朴、火炬树、锦鸡儿、十大功劳、圆柏、蒙桑、平基槭、高丽槐、山楂、杜松、柽柳、五角枫、海棠果、牡丹、椵、茶条槭、绣线菊、山荆子、板栗、紫椵、复叶槭、榆叶梅、红瑞木、麻栎、鄂椵、丁香、七叶树、楝木、槲栎、小叶椵、黄刺玫、黄波罗、花曲柳、毛白杨、石榴、连翘、鸡爪槭、水蜡树、小叶杨、桂香柳、白蜡树、紫槭、白桦、箭杆杨、胡颓子、秦岭白蜡、元宝槭、棣棠、银白杨、马鞍树、血皮槭、池杉、旱柳、玉兰、木瓜、落羽杉等园林植物。

1.5.3.4 温带地区园林植物的选择

温带地区包括沈阳以北松辽平原，东北东部，燕山、阴山山脉以北，北疆等地区，可以选择栽植樟子松、千金榆、毛榛、梓树、鸡条树、红松、玉铃花、疣皮卫矛、榆叶梅、软枣猕猴桃、鱼鳞云杉、天女花、马鞍树、连翘、猕猴桃、红皮云杉、灯台树、暴马丁香、蔷薇、山葡萄、冷杉、元宝槭、黄花忍冬、绣线菊、北五味子、落叶杉、槲栎、小花溲疏、珍珠梅、刺苞南蛇藤、杜松、蒙古栎、花楷槭、山梨、刺楸、紫杉、辽东栎、东北山梅花、玫瑰、赤杨、紫椴、春榆、小檗、山杏、刺槐、椴、花楸、荚蒾、京桃、银白杨、水曲柳、白桦、接骨木、樱花、新疆杨、花曲柳、岳桦、山楂、林檎、多瓣木、黄檗、大青杨、黄栌、锦带花、松毛翠、核桃楸、五角枫、火炬松、小叶女贞、云锦杜鹃、圆叶柳、越橘等园林植物。

1.5.3.5 寒温带地区园林植物的选择

寒温带地区主要包括大兴安岭山脉以北，小兴安岭北坡，黑龙江省等地区，可以选择栽植红松、杜松、紫椴、丁香、绢毛绣线菊、兴安落叶松、兴安桧、香杨、赤杨、叶蓝靛果、红皮云杉、白桦、矮桦、榛子、狭叶杜香、黄花松、黑桦、朝鲜柳、兴安杜鹃、椴、鱼鳞松、山杨、粉枝柳、越橘、蒙古栎、樟子松、胡桃楸、沼柳、兴安茶、柳叶绣线菊、臭冷杉、光叶春榆、柳、长果刺玫、北极悬钩子、偃松、黄檗等园林植物。

1.5.4 不同栽植地园林植物的选择

设计师在选择树种时，首先要考虑的是待绿化用地的用途，如住宅区、厂矿区、机关学校、高速公路、公共休闲绿地等，根据待绿化用地的用途选择园林植物。

1.5.4.1 住宅区园林植物的选择

对住宅区的绿化植被进行选择时，一定要注意居民的喜好，选择居民喜闻乐见的植物进行配置。只有与居民的喜好相一致的植物选择才能使住宅区的绿化具有亲和力，使居民产生认同感。例如，在住宅区中栽植均一成行的松柏,使之森森然的样子,表面上好像绿化很好,但是在人们的潜意识里会对这样的环境产生墓地的感觉,被居民所排斥,不能达到其应有的效果。这里不是说人们对松柏就没有认同感,住宅区绿化造景中不能使用松柏,而是由于人们厌恶一些事物而会对与之相近的事物产生厌恶的感觉。松柏在住宅区绿化中进行孤植,作为焦点景物也是可以起到很好的园林表达效果的。同时要以乔木为绿化骨干,乔木在住宅区中的应用主要是从生态和造景两个方面来考虑。由于乔木树冠的绝对面积大,在住宅区绿化中能够制造更多的氧气,吸收更多的废气及有害气体,因而乔木的应用在住宅区中更有利于居民的健康。在对乔木的选择上,落叶乔木与常绿乔木在整个小区住宅区中所占的比重一般为 1∶(1~2)。落叶乔木越古朴,枝干、树形就越迷人,也就越具备树木的色彩美、形态美、季相美、风韵美,因此它最能体现园林的季相变化,使住宅区一年四季各不同。而常绿乔木可以给人四季如春的意境,在做住宅区绿化设计时应该根据设计意图合理安排选择。在乔木的选择上一个住宅区不能太多,多则杂、杂则乱,一般选 2~3 种主体树种,选 3~4 种辅助树种。乔木的栽植不能离住户的窗户太近,尤其是南北窗户,在南面窗户外 6m 不得栽植乔木。还要注意保健植物的选择:基于现代居民对健康的要求,住宅区绿化树种,必须选用无毒的乔灌木,可以在住宅区绿化时选择美观、生长快、管理粗放的药用、保健、香味植物,既利于人体保健,又可调节身心,还可美化环境的园林植物,如香樟、银杏、雪松、龙柏、罗汉松、粗榧、枇杷、无花果、含笑、牡丹、门冬草、萱草、玉簪、鸢尾、吉祥草、射干、野菊花等乔灌木植物及草花。在优先选择保健植物的同时,还应注意花期较长的植物及色叶植物,如垂丝海棠、木瓜海棠、紫荆、榆叶梅、樱花、溲疏、喷雪花、黄馨、金钟、迎春、棣棠、紫薇、金丝梅、栀子花、桂花、红枫、鸡爪槭、蜡梅、红瑞木等园林植物。

1.5.4.2 厂矿区园林植物的选择

厂矿区绿地具有美化景观、保护环境的双重目的,因此在对厂矿区的绿化植被进行选择时,一定要对工厂所在地区以及自然条件相似的其他地区所分布的植物种类进行全面调查,尤其要注意其在工厂环境中的生长情况，并在对本厂环境条件进行全面分析的基础上定出一个初步的适生植物名录，然后从中筛选出骨干树种和基调树种。工厂骨干树种要求树形整齐、冠幅大、枝叶密、落果或飞毛少、发芽早、落叶晚、寿命长等；工厂基调树种要求抗性和使用性强，适合工厂多数地区的栽植。

在污染较重的厂区，可针对其空气中有害物质的不同分别选择栽植具有不同解毒功能的园林植物，以降低空气中有毒物质含量。如吸收 SO_2 能力较强的园林植物：抗毒杨、臭椿、刺槐、卫矛、丁香、旱柳、枣树、玫瑰、水曲柳、枫杨、连翘、榆、构树、黄栌、槐、油松、侧柏、忍冬、花曲柳、山桃等；吸氯气能力较强的园林植物：榆、紫椴、山楂、皂角、枣树、枫杨、文冠果、银柳、旱柳、臭椿、卫矛、花曲柳、忍冬、落叶松（针叶树中落叶松为吸氯量高树种）等；吸收氟化氢能力较强的园林植物：枣树、榆树、桑树、臭椿、旱柳、桧柏、侧柏、白皮松、沙松、毛樱桃、落叶松、泡桐、梧桐、大叶黄杨、女贞、榉树、垂柳等；吸铅量高的园林树种：桑树、榆树等。

对于尘埃含量较高的厂区，可选择栽植榆树、朴树、木槿、广玉兰、女贞、大叶黄杨、刺槐等滞尘力较强的园林植物。

在噪声较大的厂区中可选择栽植雪松、龙柏、水杉、悬铃木、梧桐、垂柳、云杉等隔声效果较好的树种，以降低噪声对人体的危害。

在厂矿区绿化规划设计时要兼顾不同类型的植物，按照生态学的原理规划设计多层结构，物种丰富的乔木下加栽耐阴的灌木和地被植物，构成复层混交人工植物群落，做到耐阴植物与喜光植物、常绿植物与落叶植物、速生树木和慢长树木相结合，这样可做到事半功倍、效果明显。如湖北十堰市第二汽车制造厂中心游园植物配置选用香樟、广玉兰、黑松、柳杉、夹竹桃、木槿、紫荆等作为游园临街的混交林，以此达到防尘和减少道路上的噪声，结合功能分区和景观的要求，还选择了一些罗汉松、棕榈、紫竹、凤尾兰、紫玉兰、白玉兰、枫香、柽柳、结香、锦带花等植物，使其与园林小品相映生辉，形成以绿色基调为主体的园林绿地空间。

乔木树体高大，与工厂大尺度空间相协调，树冠覆盖面积广，树下地面可用于室外操作及临时堆放等；乔木主要用于道路和广场绿化，是工厂绿化植物规划的重点。灌木抗性强、适应面广、树形优美，是工厂绿化美化所不可缺少的。攀缘植物用于栅、篱垣、墙面绿化，在用地十分紧张的工厂中具有格外重要的意义。耐阴地被能充分利用树下空间，能防止水土流失和二次扬尘。近年来，草地越来越受重视，它不论在改善环境还是在创造景观方面都能起到较好的作用，便于施工，适用于土层薄或地下设施需经常检修的地方。

在厂矿区绿化规划设计时还要确定合理的比例关系：要注意常绿树与落叶树、速生树与慢长树、乔木与灌木的比例关系，具体比例视工厂的性质、规模、资金、自然条件以及原有植物情况来确定，参考比例为：常绿树与落叶树的比例3：7、针叶树与阔叶树的比例1：4、乔木与灌木的比例1：（3~5）、木本植物与草本植物之比1：4、速生树与慢生树的比例1：1。

常绿树可以保证四季景观并起到良好的防风作用；落叶树季相分明，使厂区环境生动活泼，落叶树中吸收有害气体的植物品种较多，吸收到植物叶片中的有害气体，随着树叶回到土壤中，新生出的叶片又继续吸收有害气体。常绿树尤其是针叶常绿树吸收有害气体的能力、抗烟尘及吸滞尘埃的能力远不如落叶树。

对防火、防爆要求较高的厂区，要少用油脂性高的常绿树。在人们活动范围区域内要少用常绿树，以满足人们冬季对阳光的需求。

速生树绿化效果快，容易成荫成材，但寿命短，需用慢生树来更新，考虑到绿化的近期与远期效果，应采用速生树与慢生树搭配栽植，但要注意在平面布置上避免树种间对阳光、水分、养分的"争夺"，要有合理的间距。

在厂矿区绿化规划设计时还要考虑满足生产工艺流程对环境的要求，如一些精密仪器类企业，对环境的要求较高，为保证产品质量，要求车间周围空气洁净、尘埃少，要选择榆树、刺楸、朴树、木槿、广玉兰、女贞、大叶黄杨、刺槐等滞尘能力强的树种，不能栽植杨树、柳树、悬铃木等有飘毛飞絮的树种。

对有防火要求的厂区、车间、场地要选择珊瑚树、木荷、银杏等油脂少、枝叶水分多、燃烧时不会产生火焰的防火树种。

由于工厂的环境条件非常复杂，绿化的目的要求也多种多样，工厂绿化植物规划很难做到一劳永逸，需要在长期的实践中不断检验和调整。

在厂矿区绿化规划设计时还要注意适地适树，园林植物因产地、生长习性不同，对气候条件、土壤、光照、湿度等都有一定范围的适应性，在工业环境下，特别是污染性大的工业企业，宜选择栽植最佳适应范围的园林植物，充分发挥园林植物对不利条件的抵御能力。在同一工厂内，也会有土壤、水质、空气、光照的差异，在选择树种时也要分别处理，适地适树地选择树木花草，只有这样才能使园林植物成活率高、生长强壮，达到良好的绿化效果。

乡土树种适合本地区生长，容易成活，又能反映地方的绿化特色，在厂矿区绿化规划设计时应优先使用。

1.5.4.3 机关学校园林植物的选择

机关单位园林植物选择要切实满足本单位实际功能需求。首先，以选择易于成活并且节水性好的本地植物为主。如银杏、桧柏、法国梧桐、龙柏、华山松等耐旱能力强的园林植物，在缺水的城市环境下成活率高，选择它们作为主打园林植物，有利于节省绿化成本，建设节约型机关。其次，选择能吸收有害气体、降低噪声、除尘能力强的植物。如在靠近铁路、公路的附近，栽植阻尘和隔声效果良好的高大杨树，对小环境内空气质量的改善和噪声降低起到良好作用。合理搭配植物品种，呈现错落有致、疏密相间的景观效果。植物品种按高低层次分地衣、地被、宿根花卉、小灌木、大灌木、小乔木、大乔木等多层覆被，营造高低错落有致的景观。孤植的雪松、华山松与群植的沙地柏、北海道黄杨相围合，体现出庄重美。丛植的迎春、连翘点缀在园林中，既体现出群体美，也表达了个体美。毛白杨、柿子、杏树、元宝枫、雪松等乔木，扶芳藤、榆叶梅、木槿、剑麻、华北珍珠梅等灌木及鸢尾、麦冬草、萱草等草本相搭配，高低错落，合理地利用有限的空间，提高了绿化密度。合理搭配的植物群落在空间结构上形成的植株高矮不同、错落有致的空间层次；植物在树形、色彩、线条及比例中的相互联系与配合，富有差异与变化，显示多样性和相似性，创造了园林绿化的协调统一，增加视觉美学效果。注重色彩布

局，形成绚丽多变的植物色彩效果。春天的迎春花、白玉兰、紫玉
兰、琼花、西府海棠、紫丁香、日本樱花、棣棠、连翘构成烂漫的春
日美景，夏天的华北珍珠梅花、紫薇、鸢尾、凤尾兰等塑造五彩斑斓
的夏日缤纷，秋天的元宝枫、五角枫、紫叶小檗、紫叶李、银杏铸就
多姿多彩的秋日景观，冬天的沙地柏、雪松、大叶黄杨、冬青、柏
树、雪松、油松、白皮松展示冬日常绿风姿。植物的色彩配置营造了
园林内三季有鲜花，四季有彩叶的丰富景观效果。建设屋顶花园，提
高绿化覆盖率。屋顶花园是在各类建筑物的屋顶、平台、阳台进行造
园，栽植树木、花卉的统称。屋顶绿化可以开拓机关园林绿化空间，
增加机关绿化密度，美化单位景观。屋顶花园建成后，可经常举行一
些宴请活动。花园美景可促进沟通与交流，缓解职工疲劳，提升机关
形象；屋顶花园绿化后的隔热屋面减少了直接承受日晒雨淋等自然因
素侵袭，可有效减少热胀冷缩对屋面结构的损坏，延长屋面防水层的
使用寿命；顶层房间保温隔热效果好，节约了能源；不占用任何土地
面积，增加了绿化面积。

　　在中小学校、幼儿园中，可多选用一些观赏性强的园林植物，如
观干、观叶、观花、观果植物以及一些彩色植物，以培养孩子们的观
察力和想象力。在这些地方，应尽量避免使用带刺的及分泌有害物质
的园林植物，如红叶小檗、夹竹桃等，以防发生意外。

　　在医院、疗养院中，可选择栽植松柏类、黄栌、大叶黄杨、合
欢、刺槐、玫瑰、广玉兰、桂花等园林植物，这些植物分泌的挥发性
物质具有较强的杀菌作用。

1.5.4.4　高速公路园林植物的选择

　　高速公路中央隔离带在进行绿化苗木树种选择时，应选择抗性
强、枝叶浓密、株形矮小、色彩柔和的花灌木，如蜀桧、刺柏、小叶
女贞、大叶黄杨、月季、栀子等。点缀式绿化最好选择单株或组合造
型苗木，按等距离散植。植物造型宜简忌繁，多用球形、柱形、锥形
等造型，常见的品种有卫茅球等。

　　高速公路预留带绿化要达到一定的规模，实现乔灌相结合。通常
选择树体高大、树形优美的玉兰、香樟、水杉、杜英、杨、桉、重阳
木等乔木作为骨干，灌木可选择杜鹃、茶花、小叶女贞、月季、栀

子、茶花、七里香、夹竹桃、美人蕉等，植物配置以行列式为主。

高速公路植被坡一般使用草坪喷播、草坪植生带等新手法，多铺植矮生天堂草、狗牙根草、假俭草等多年生宿根草类植物，或栽植大小叶爬山虎、凌霄、迎春、金钟、常春藤、藤本月季等地被植物。非植被坡（石质坡）的绿化常采用藤本攀缘类植物。下护坡（由土石方堆填路基所形成路面以下两侧的坡面），此类坡面由于是人为的土方压实坡，坡度较上护坡小，硬化处理少，主要选择紫穗槐、爬山虎等园林植物，以池槽绿化为主。

高速公路互通桥多栽植草花地被，辅以少量月季、杜鹃、红檵木、小叶女贞等矮小植被造景点缀。主要绿化形式有 3 种：一是开阔式，即以大面积草坪为主，再配置模纹地被和孤植树木；二是平植式，即自然或规则地密植乔灌木；三是复合式，即开阔式和平植式两者穿插结合使用，一般是从外向内配置草坪、地被模纹、花灌木组团、乔木林排列。

高速公路服务区绿化应充分体现美化功能，宜乔灌花草相结合，乔木多选用香樟、银杏、桂花、广玉兰、白玉兰、垂柳、雪松、棕榈等观赏树种，以营造浓郁的绿色环境。

1.5.4.5 公共休闲绿地园林植物的选择

公共休闲绿地的园林植物应尽量丰富多彩，千姿百态。依大小乔木、大小灌木、宿根花卉、地被植物、藤本植物的生态群落模式，根据当地自然条件及小气候环境特点配植，充分利用乡土园林植物及已引种成功的外来园林植物，以起到模拟自然、回归自然的良好效果。同时，在园林植物选配上，还应考虑色相、季相、生长周期等因素，以保持公共休闲绿地良好的观赏效果及长久的生命周期。

1.6 园林植物的配置

1.6.1 园林植物配置的原则与要求

1.6.1.1 园林植物配置原则

园林植物的配置包括两个方面：一方面是各种园林植物相互之间的配置，应充分考虑园林植物种类的选择，树丛的组合，平面的构图、色彩、季相以及园林意境；另一方面是园林植物与其他园林要素相互之间的配置。

从维护生态平衡和美化环境角度来看，园林植物是园林绿地中最主要的构成要素。在通常情况下，园林绿地应以植物造景为主，小品设施为辅。园林绿地观赏效果和艺术水平的高低，在很大程度上取决于园林植物的配置。因此，搞好园林植物配置，是园林绿地建设的关键。园林植物配置主要应注意以下原则。

① 坚持符合园林绿地功能要求的原则：园林植物配置时，首先应从园林绿地的性质和功能来考虑。如为体现烈士陵园的纪念性质，营造一种庄严肃穆的氛围，在园林植物种类选择时，应选用冠形规整、寓意万古流芳的青松翠柏；在配置方式上多采用对植或行列式栽植。园林绿地的功能很多，但就某一绿地而言，则有其具体的主要功能。譬如，街道绿化中行道树的主要功能是庇荫减尘、美化市容和组织交通，为满足这一具体功能要求，在园林植物选择时，应选用冠形优美、枝叶浓密的树种；在配置方式上应采用列植。再如，城市综合性公园，从其多种功能出发，应有供集体活动的大草坪，还要有浓荫蔽日、姿态优美的孤植树和色彩艳丽、花香果佳的花灌丛，以及为满足安静休息需要的疏林草地或密林等。总之，园林中的树木花草都要最大限度地满足园林绿地使用和防护功能上的要求。

② 坚持考虑园林绿地艺术要求的原则：园林融自然美、建筑美、绘画美、文学美于一体，是以自然美为特征的空间环境艺术。因此，在园林植物配置时，不仅要满足园林绿地实用功能上的要求，取得"绿"的效果，而且还应给人以美的享受，按照艺术规律的要求，来选择园林植物种类和确定配置方式。

在园林植物种类的选择上，一是要明确全园基调植物和各分区的主调植物、配调植物，以获得多样统一的艺术效果。多样统一是形式美的基本法则。为形成丰富多彩而又不失统一的效果，园林布局多采用分区的办法。在植物选择时，全园应有1～2种植物作为基调植物，使之广泛分布于整个园林绿地；同时，还应视不同分区，选择各自的主调植物，以造成不同分区的不同风景主题。如杭州花港观鱼公园，按景色分为5个景区，在植物选择时，牡丹园景区以牡丹为主调，杜鹃等为配调；鱼池景区以海棠、樱花为主调；大草坪景区以合欢、雪松为主调；花港景区以紫薇、红枫为主调；而全园又以广泛分布的广玉兰为基调植物。这样全园因各景区主调植物不同而丰富多彩，又因基调植物一致而协调统一。二是要注意选择不同季节的观赏植物，构成具有季相变化的时序景观。园林植物是园林绿地中具有生命活力的构成要素，随着园林植物物候的变化，其色彩、形态、生气表现各异，从而引起园林风景的季相变化。因此，在植物配置时，要充分利用植物物候的变化，通过合理布局，组成富有四季特色的园林艺术景观。设计时可采用分区或分段配置，以突出某一季节的植物景观，形成季相特色，如春花、夏荫、秋色、冬姿等。在主要景区或重点地段，应做到四季有景可赏；在以某一季节景观为主的区域，也应考虑配置其他季节的园林植物，以避免一季过后景色单调或无景可赏。如扬州个园利用不同季节的观赏植物，配以四季假山，构成具有季节变化的时序景观。即在个园中春植翠竹，配以笋石，寓意春景；夏种槐树、广玉兰，配以太湖石，构成夏景；秋栽红枫、梧桐，配以黄石，构成秋景；冬植蜡梅、南天竹，配以宣石和冰纹铺地，构成冬景。并把四景分别布置在游览路线的四个角落，从而在咫尺庭院中创造了四季变化的景观序列。三是要注意选择在观形、赏色、闻香、听声等方面有特殊观赏效果的植物，以满足游人不同感受的审美要求。人们对植物景观的欣赏，往往要求五官都获得不同的感受，而能同时满足五官愉悦要求的植物是极少的。因此，应注意在姿态、体形、色彩、芳香、声响等方面各具特色的观赏植物，合理地予以配置，以达到满足不同感官欣赏的需要。如雪松、龙柏、垂柳等主要是观其形，樱花、紫荆、红枫等主要是赏其色，桂花、蜡梅、丁香等主要是闻其香，"万垫松风""雨打芭蕉"等主要是听其声，而"疏影""暗香"的梅花则兼有观形、赏色、闻香等观赏效果。巧妙地将这些园林植物配置于一园，可同时满足人们五官的愉悦。四是要注意选择我国传统园林植物，使人产生比拟联想，形成意境深远的景观效果。自古以来，诗人画家常把松、竹、梅喻为"岁寒三友"，把梅、兰、竹、菊比为"四君子"，这都是利用园林植物的姿态、气质、特性，给人的不同感受而产生的比拟联想，即将园林植物人格化了，从而在有限的园林空间中创造出无限的意境。如扬州个园，因竹之形似"个"而得名，园中遍植竹，以示主人之虚心有节、清逸高雅、刚直不阿的品格。我国有些传统植物还寓有吉祥、如意的含意，如个园分植白玉兰、海棠、牡丹、桂花于园中，以显示主人的财力，寓意"金玉满堂春富贵"；还在夏山鹤亭旁配置古柏，寓意"松鹤延年"等。在植物配置时，还可以利用古诗景语中的园林植物来造景，以形成具有诗情画意的景观效果，如苏州北寺塔公园梅圃设计时，取宋代诗人林和靖咏梅诗句"疏影横斜水清浅，暗香浮动月黄昏"的意境，在园中挖池筑山，临池植梅，且借北寺塔倒影入池，将古诗意境实境化。

③ 坚持满足园林植物生态要求的原则：各种园林植物在生长发育过程中，对光照、土壤、水分、温度等环境因子都有不同的要求。在园林植物配置时，只有满足这些生态要求，才能使植物正常生长和保持稳定，表现出设计效果。要满足园林植物的生态要求，一是要适地适树，即根据园林绿地的生态环境条件，选择与之相适应的植物种类，使植物本身的生态习性与栽植地点的环境条件基本一致，做到因地制宜、适地适树。二是要结构合理，包括水平方向上合理的栽植密度（即栽植点的配置）和垂直方向上适宜的混交类型（即结构的呈层性）。平面上栽植点的配置，一般应根据成年树木的冠幅来确定栽植点的栽植株行距；但也要注意近期效果和远期效果相结合，如想在短期内就取得绿化效果或中途适当间伐，就应适当加大密度。垂直方向上应考虑植物的生物学特性，注意将喜光与耐阴、深根系与浅根系、速生与慢生、乔木与灌木等不同类型的植物相互搭配，在满足植物生态条件下创造稳定的复层绿化效果。

④ 坚持结合园林绿地经济要求的原则：城市园林绿地在满足使用功能、保护城市环境、美化城市面貌的前提下，还可结合生产，增加经济收益。因此，园林植物配置在不妨碍满足功能、艺术及生态上的要求时，可考虑选择对土壤要求不高、养护管理简单的柿子、枇杷、山里红等果树植物和核桃、油茶、樟树等油料植物，也可选择观赏价值很高的桂花、茉莉、玫瑰等芳香植物，还可选择具有观赏价值的杜仲、合欢、银杏等药用植物以及既可观赏又可食用的荷花等水生植物。选择这些具有经济价值的观赏植物，可以充分发挥园林植物配

置的综合效益，达到社会效益、环境效益和经济效益的协调统一。

1.6.1.2　园林植物配置要求

① 顺应地势，割划空间：园林植物空间的合理划分，应顺应地形的起伏程度、水面的曲直变化及空间的大小等自然条件和欣赏要求而定，欲"扬"则"扬"，欲"抑"则"抑"。对原有地形，既不可一律保持，又不宜过分雕琢；既要处处匠心独运，又不露人工斧凿的痕迹，以达"自成天然之趣，不烦人事之工"的目的。

② 空间多样，统一收局：现代园林空间艺术，讲求植物造景，多以植物、土坡等分割和划分空间，因此园林植物种类要多样，配置要有一定的景深，空间大小相济，避免一览无余，并有豁然开朗之意境。但每一空间的园林植物应丰富而不乱，变化中求统一。同一空间骨干园林植物种类要求单一，不同空间园林植物种类则要求丰富多变。既不流于单纯乏味，又不致烦琐杂乱。

③ 主次分明，疏落有致：园林植物配置的空间，无论平面或立面，都要根据植物的形态、高低、大小、落叶或常绿、色彩、质地等变化，做到主次分明、疏落有致。群体配置，要充分发挥不同园林植物的个性特色，分清主次，突出主题。现代园林造景讲求群落景观，植物造景利用乔、灌、草形成树丛、树群时要深浅并有，若隐若现，虚实相生，疏落有致，开朗中有封闭，封闭中有开朗，以无形之虚造有形之实，体现自然环境美。

④ 立体轮廓，均衡韵律：群植景观，讲求优美的林冠线和曲折回荡的林缘线。园林植物空间的轮廓，要有平有直，有弯有曲。行道树以整齐为美，而风景林以自然为美。立体轮廓线可重复但要有韵律，林缘线要曲折但忌烦琐。在实际工作中，园林植物通常是多种配置方式并用，使园林空间在平面上前后错落、疏密有致，在立面上高低参差、断续起伏。植物造景在空间上的变化是通过人们的视点、视线、视境而产生"步移景异"的空间景观的变化。植物配置犹如作诗文要有韵律，音乐要有节奏，必使其曲折有法，前后呼应，与环境相协调。园林植物配置体现在空间的变化，一般应在平面上注意配置的疏密和植物的林缘线，在立面上注意其林冠线的变化，在树林中还要注意风景透视线的组织等，尤其要处理好远近观赏的质量和高低层次

的变化，形成"远近高低各不同"的艺术效果。例如，杭州西湖花港观鱼公园的雪松大草坪，在草坪的自然重心处疏植5株合欢树丛，接以非洲凌霄花丛，背景为林缘的灌丛和树林，具有韵律节奏，空间层次也十分明显。

⑤ 环境配置，和谐自然：园林绿地总体布局形式通常可分为规则式、自然式和混合式。一般来说，在大门两侧、主干道两旁、整形广场周围、大型建筑物附近等规则式园林绿地中，多采用对植、列植、环植、篱植、花坛、花台等规则式配置方式；在自然山水园的草坪、水池边缘、山丘上面、自然风景林缘等自然式园林绿地中，多采用孤植、丛植、群植、林植、花丛、草地等自然式配置方式；在混合式园林绿地中，可根据园林绿地局部的规则或自然程度分别采用规则或自然式配置方式。在园林植物景观设计时，要注意园林植物配置方式与其周围建筑小品以及水体等环境的和谐。建筑是形态固定的实体，而园林植物是随季节产生变化的实物。园林植物丰富的自然色彩、柔美线条以及优美的姿态会给建筑以美感，使其生动活泼而富有季节变化的动势，从而使建筑与自然协调统一起来。无论何种水体，其主景、配景或小景都借助园林植物来丰富其景观，水中、水旁的园林植物姿态、色彩均增加了水体的美感，水中倒影，波光粼粼，自成景象。

⑥ 一季突出，季季有景：园林植物的显著特色是其变换的季节性景观，运用得当，一年四季都可赏景。

1.6.2　园林植物配置的方式与方法

园林植物的配置方式主要有两种：中国古典园林和较大的公园、风景区中，园林植物配置通常采用自然式；但在局部地区、特别是主体建筑物附近和主干道路旁侧也可采用规则式。

1.6.2.1　园林植物的自然式配置

园林植物的自然式配置方式，一般多选树形或树体部分美观或奇特的品种，以不规则的栽植株行距配置成各种形式。如山岭、岗阜上和河、湖、溪涧旁的植物群落，具有天然的植物组成和自然景观，是自然式植物配置的艺术创作源泉。园林植物的自然式配置方法主要有孤植、丛植、群植、带植、对植等几种。

①孤植：是指单株树孤立栽植的一种园林植物栽植方式。孤植树在园林中，一是作为园林中独立的庇荫树，也作观赏用。用于庇荫的孤植树木，要求树冠宽大，枝叶浓密，叶片大，病虫害少，以圆球形、伞形树冠为好。二是单纯为了构图艺术上的需要，主要显示树木的个体美，常作为园林空间的主景。如应用于大片草坪上、花坛中心、小庭院的一角与山石相互成景之处。用于构图艺术上需要的孤植树木，要求姿态优美，色彩鲜明，体形略大，寿命长而有特色，周围配置其他树木，应保持合适的观赏距离。在珍贵的古树名木周围，不可栽植其他乔木和灌木，以保持它的独特风姿。

②丛植：是指三株以上不同树种的组合，即一个树丛由三五株至八九株同种或异种树木不等距离地栽植在一起成一整体的一种园林植物栽植方式。丛植是园林中普遍应用的方式，可用作主景或配景，也可用作背景或隔离措施。配置宜自然，符合艺术构图规律，务求既能表现园林植物的群体美，也能表现树种的个体美。

③群植：是指以一两种相同或相近的乔木树种为主体，与数种乔木和灌木搭配，组成较大面积的树木群体组合的一种园林植物栽植方式。树木的数量较多，以表现群体为主，具有"成林"之趣。

④带植：是指以带状形式成行成带栽植数量很多的各种乔木、灌木的一种园林植物栽植方式。带植也称列植，其林带组合原则与树群一样，多应用于街道、公路的两旁，或规则式广场的周围。如用作园林景物的背景或隔离措施，一般宜密植，形成树屏。

⑤对植：是指对称地栽植大致相等数量的树木的一种园林植物栽植方式。对植多应用于园门、建筑物入口、广场或桥头的两旁。在自然式栽植中，则不要求绝对对称，对植时也应保持形态的均衡。

1.6.2.2　园林植物的规则式配置

园林植物的规则式配置方式，一般多选择枝叶茂密、树形美观、规格基本一致的同种树或多种树配置成整齐对称的几何图形。园林植物的规则式配置方法主要有行植、正方形栽植、三角形栽植、长方形栽植、环植、带状栽植等几种。

①行植：是指在规则式道路、广场上或围墙边沿，呈单行或多

行的，株距与行距相等的一种园林植物栽植方式。

②　正方形栽植：是指按方格网在交叉点栽植树木，栽植株行距相等的一种园林植物栽植方式。

③　三角形栽植：是指株行距按等边或等腰三角形排列的一种园林植物栽植方式。

④　长方形栽植：是正方形栽植的一种变型，其特点为行距大于株距。

⑤　环植：是指按一定株距把树木栽为圆环的一种园林植物栽植方式，可有 1 个圆环、半个圆环或多重圆环。

⑥　带状栽植：是指用多行树木栽植成带状，构成林带的一种园林植物栽植方式。一般采用大乔木与中、小乔木和灌木作带状配置。

1.6.3　不同用途园林植物的配置

1.6.3.1　行道树的配置

行道树一般采用行植，包括对称式和非对称式，常见的是同一树种、同一规格、同一栽植株行距、行列式栽植。

1.6.3.2　庭荫树的配置

庭荫树常孤植，或丛植在庭院、场地或草坪内，或 3～5 丛散植在开朗的湖畔、水旁，供游人在树荫下纳凉；也可作建筑小品的配景栽植；还可为了规整景区造景需要而特意栽植。注意常绿树与落叶树合理搭配，距建筑物不宜过近。

1.6.3.3　片林（林带）植物的配置

片林（林带）多采用群植或带植，包括复层混交、小块状混交、点状混交，但要注意混交树群种类不宜超过 10 种，还要注意群落生态和季相变化。

1.6.3.4　花灌木的配置

花灌木一般采用块状或片状（正方形栽植、长方形栽植、三角形栽植）、环状（环植）与带状（带状栽植）围边或花篱等配置形式，这些色彩靓丽的色块与色带和起伏的地形一起，营造出了宏大的园林植物景观。但在近几年的大型绿地快速发展中，花灌木的使用几乎是清一色的块状或带状应用形式，使绿地的植物景观格局显得生硬呆板。为了打破其呆板的块状或带状格局，形成自然的、柔和的植物景观群落，化整为零是其有效的解决手段。一是将花篱、绿地围边、绿地中分割空间等的条带或环带化为灌丛条带或环带状的花灌木栽植形式，如锦带、月季等组成的建筑边线花篱，金丝桃、茶梅、杜鹃等组成的绿地围边或分割线，这些花灌木条带在绿地中出现过多，就使绿地格局显得生硬。可因地制宜，将生硬的条带或环带分解成多个自然形态的灌丛，使之成列，或将花灌木嵌植于绿地边缘自然后退的弧形林缘线上，形成自然和谐的丛状花灌木景观。二是化片块为组团块状或规模化片状的应用形式，如在较大的绿地或林下空间中，块状、片状形式应用过多，会使得植物景观过于单调与刚硬。可打破大面积的色块格局，形成 $10m^2$ 左右的灌木组团，由多个花灌木品种形成的不同组团，以自然的方式散落于绿地空间中，从而柔化和丰富绿地或林下空间的植物景观。三是采用孤植，无论在园林的下层空间、大片的通透地，还是绿地、建筑等的围边，均可采用花灌木的孤植手法，配合自然式的养护管理方式，充分利用自然开展的个体形态，达到点景效果，起到柔化边线的作用。

1.6.3.5　绿篱植物的配置

绿篱植物的配置多采用行植。要营造作为雕像、小品等背景的绿篱时，就要选用高度与雕像或小品的高度相称、色彩没有反光的暗绿色树种，栽植为常绿的高篱及中篱。要应用园林植物进行人工造型时，就要选用枝叶密集和不定芽萌发力强的树种，并根据功能要求进行整形。要建以欣赏为目的的绿篱时，就要选用花、叶、果观赏价值高的绿篱植物，在配置时宜设置观花篱、彩叶篱、观赏模纹篱、观果篱等形式。要设置具有防护功能的绿篱时，常选用带刺的绿篱植物，并采用高篱或树墙的形式进行配置。现实生活中，为使绿篱活泼、亮丽、多彩，一般可采用以下几种方法。

① 不同园林植物组合：需要在配植上实现多种园林植物组合，在一条绿篱上应用多种植物。可以采用几种不同的树种，如针叶树种、大叶树种、小叶树种各作为绿篱的一段。

② 宽度不一：在一条同一树种或不同树种的绿篱上，有宽有窄，宽窄度不一样，一段宽（如 60～70cm）、一段窄（如 30～40cm），宽

窄相间，看上去好像有个曲线，增加美感。

③ 高矮相间：在一条绿篱中修剪成一段高（如1m），一段矮（如50cm），这样高高低低，很像城墙的垛口，显得很别致。

④ 不同造型相结合：在一条绿篱上按照不同植物的长势制作不同的造型。例如，一段修剪成平顶的植物（如黄杨）夹着一棵修剪成圆形或椭圆形的植物（如侧柏）；一段修剪成稍高一些的矩形（如福建茶）接一丛较矮的大圆形（如小叶黄杨）。在一条绿篱上有方形、圆形、椭圆形以及三角形，立面上也是高低错落，显得非常活泼、多姿。

⑤ 不同颜色的相间组合：一条绿篱由红叶植物、黄叶植物、绿叶植物或者深浅绿色植物相间组成，使绿篱更加多彩、艳丽。如一段金叶女贞、一段墨绿侧柏、一段红叶五彩变叶木、一段花叶假连翘重复相间组成的绿篱。

⑥ 常绿植物与开花植物搭配组合：形成鲜花烂漫、气味芳香、五彩缤纷的的花篱。在配植中，特别要注意尽可能做到三季有花，并且花色多样、花朵繁密、花味芳香，如用花期长、花色多的夹竹桃或花香浓郁的茉莉与常绿树种相结合。

⑦ 篱笆与绿篱植物相结合：绿篱的另外一种形式是用篱笆（可采用铁栅栏、混凝土浇注的栅栏等）与植物一起构成的垂直绿化形式，这既可迅速实现防御功能，又可实现绿色植物的生态功能及美化功能。

⑧ 与地形相结合：自然式绿篱在增强或减缓地形变化方面很有功效，特别是椭圆形或圆形的自然式绿篱更容易与形状相似的土丘相统一。利用多种植物组成的混合自然式绿篱更能体现生态效益，减少人工痕迹。如在人工河边缘栽植迎春、连翘等，用优美的弧线柔化了僵硬的边缘硬角。而且自然式的植物景观更容易营造气氛，或宁静深邃，或活泼可人。

⑨ 因地制宜确定合理的栽植密度：绿篱的栽植密度根据使用的目的、不同树种、苗木规格和栽植地带的宽度及周边环境而定。在人行步道、花坛、喷水池边沿，因范围较小，可设为单行。在苗圃、果园四周作为防护绿墙时，需多行栽植。双行或多行栽植时一般栽植株

行距为 30～40cm，三角形定植为宜，绿篱的起点和终点应作尽端处理，从侧面看来比较厚实美观。对于某些单位或庭院营造蔓篱，1～2年便可形成。目前，为了栽植后马上体现绿篱效果，许多绿化工程的绿篱苗木通风透光差，造成下部枝叶干枯，病虫害滋生严重，部分苗木死亡，反而影响绿化效果，这是不可取的。因此，栽植苗木时就要注重长远效果，科学地规划栽植株行距，要因地、因时、因苗制宜，不宜盲目操作。对于自然式绿篱的植物搭配要先定一个基调树种，再进行配置，要丰富多彩而不显杂乱。

⑩ 结合养护管理水平进行配置：养护管理水平的不同也是配植中要考虑的一个问题，对于养护管理水平较高的地方可设置需要精心管护（如需经常人工修剪控制其形状和高度，经常水肥管理等）的观赏模纹篱或造型绿篱等。在一些养护管理水平较低的地方，配植宜选用生长慢、抗逆性强、病虫害少的园林植物进行自然式绿篱配置。

1.6.3.6　垂直绿化植物的配置

在立体空间下方或上方栽植攀缘或悬垂植物来装饰庭院、墙面、栅栏、篱笆、矮花墙、护坡、道路桥梁两侧的坡地、立杆、立柱等立体空间。垂直绿化植物的配置不拘泥于一两种方式，而是要根据绿化的场所不同，采用不同的配置方式。

1.6.3.7　草坪与地被植物的配置

绿色的草坪与地被植物是城市景观最理想的基调，是园林绿地的重要组成部分。如同绘画一样，草坪与地被植物是画面的底色和基调，因此，草坪与地被植物的配置一般采用块状或片状（正方形栽植、长方形栽植、三角形栽植等），如果以草坪与地被植物为背景时将在草坪中点缀孤植树、树丛、树群、花灌木、花卉相配；如果以草坪与地被植物为主景时应该把树丛、树群、花灌木配置于草坪的边缘，增加草坪的开朗感，丰富草坪的层次；用花卉布置花坛、花带或花境时，一般要用环植或带状栽植的草坪做镶边或陪衬来提高花坛、花带、花境的观赏效果，使鲜艳的花卉和生硬的路面之间有一个过渡，显得生动而自然，避免产生突兀的感觉。

1.6.3.8　花坛植物的配置

花坛就是在一定几何形状平面轮廓的花池中，将各种低矮的观赏植物栽植成各种图案。花坛植物的配置不拘泥于一两种方式，而是要根据绿化的场所不同，采用不同的配置方式。一般中心部位较高，四周逐渐降低，倾斜面在 5°～10°，以便排水，边缘用砖、水泥、瓶、磁柱等做成几何形矮边。根据设计的形式不同，可分为独立花坛、带状花坛、花坛群；因栽植的方式不同，又可分为花丛花坛和模纹花坛。

① 独立花坛：是指内部栽植观赏植物，外部平面具有一定几何形状，又作为局部构图主体的花坛。其长轴与短轴之比一般以小于2.5 为宜。栽植材料常以 1～2 年生或多年生的花卉植物及毛毡植物为主，多布置在公园、小游园、林荫道、广场中央、交叉路口等处，其形状多种多样。由于面积较小游人不得入内。

② 带状花坛：是指平面长度为宽度 3 倍以上的花坛。以树墙、围墙、建筑为背景的长形带状花坛又称境栽花坛。较长的带状花坛可以分成数段，其中除使用草本花卉外，还可点缀木本植物，形成数个相近似的独立花坛连续构图。在城市园林绿地中常作主景使用，多布置在街道两侧、公园主干道中央，也可作配景布置在建筑墙垣、广场或草地边缘等处。

③ 花坛群：是指由许多花坛组成一个不可分割的构图整体。在花坛群的中心部位可以设置水池、喷泉、纪念碑、雕像等。花坛群常用在大型建筑前的广场上或大型规则式的园林中央，游人可以入内游览。花坛群又可细分为连续花坛群、花坛组群、连续花坛组群、沉床花坛群等。

a. 连续花坛群：是指由独立花坛、带状花坛成行排列组成一个有节奏的不可分割的构图整体。有平面和斜面造型。常布置在干道台阶中央、长形广场中轴线上，或以水池、喷泉、雕像来强调连续景观的起点、高潮、结尾。

b. 花坛组群：是指由数个花坛群组合成为一个不可分割的构图整体。常在其构图中心设置喷泉、雕像、水池、彩灯、立体花坛花台等。多布置在大型规则式园林中或大型建筑广场上。

c. 连续花坛组群：是指由许多花坛群和连续花坛群成行排列，组成一个沿直线方向渐进的、有节奏的不可分割的构图整体。

d. 沉床花坛群：是指设在低凹处的花坛群，它最有利于观赏者居高临下观赏。

④ 花丛花坛：又称盛花花坛、集栽花坛。其长短轴之比为(1～3)∶1，常用开花繁茂、色彩华丽、花期一致的1～2年生的球根花卉为主体。花坛花色要求明快、搭配协调，主要表现花卉群体色彩美。多应用在城市公园中、大型建筑前、广场上人流较多的热烈场所，常设在视线较集中的重点地块。要求四季花开不绝，因此必须选择生长好、高矮一致的花卉品种，含苞欲放时带土或倒盆栽植。

⑤ 模纹花坛：又称镶嵌花坛、图案式花坛。它用不同色彩的观叶植物、花叶并美的观赏植物为主，配置成各种美丽的图案纹样，幽雅、文静，在城市园林绿地中常作配景使用，布置在各种倾斜坡地上。模纹花坛又可细分为毛毡模纹花坛、浮雕模纹花坛、标题式花坛、结子花坛、飘带模纹花坛、立体模纹花坛等。

a. 毛毡模纹花坛：是指在花坛中用观叶植物组成各种精美的装饰图案，表面修剪成整齐的平面或曲面形成毛毯一样的图案画面的花坛。

b. 浮雕模纹花坛：是指在平整的花坛表面修剪具有凹凸浮雕花纹的花坛。凸的纹样通常由常绿小灌木修剪而成，凹陷的平面常用草本观叶植物。

c. 标题式花坛：是指将花坛中的观叶植物修剪成文字、肖像、动物、时钟等形象，使其具有明确的主题思想的花坛。常用在城市街道、广场的缓坡之处。

d. 结子花坛：是指将花坛中的观叶植物修剪成模拟绸带编成的结子式样的花坛，其图案线条粗细相等，线条之间常用草坪或彩砂为底色。飘带模纹花坛是结子花坛的一种形式，是指把模纹修剪成细长飘带状的结子花坛。常用在严肃的大门或道路两侧。

e. 立体模纹花坛：是指使用一定的钢筋、竹、木为骨架，在其上覆盖泥土栽植五色苋等观叶植物，创造时钟、日晷、日历、饰瓶、花篮、动物形象等的花坛。常布置在公园、庭园游人视线交点上，作为主景观赏。

在城市园林绿地中，为了提高花坛的观赏效果，尽可能扩大花坛面积和倾斜度，经常注意修整纹样。常用的观叶植物有：虾钳菜、红叶苋、半边莲、半支莲、香雪球、矮藿香蓟、彩叶草、石莲花、五色草、松叶菊、生长草、景天、菰草等。

1.6.3.9 切花及室内装饰植物的配置

室内装饰植物一般装饰门厅、走廊，多采用对植、多株列植或栽植于立式花坛中，室内绿化一般选用观赏性较强的植物盆栽孤植，室内花槽采用行植，室内庭院采用丛植或群植。

切花及室内装饰植物是室内环境设计中不可分割的组成部分。室内环境的审美特征，主要是它的环境气氛、造型风格和象征涵义，切花及室内装饰植物是突出三种主要审美特征的有效方法。切花及室内装饰植物的布置原则如下。

① 主次分明，中心突出：室内园林植物一般孤植1~2种形态奇特、姿色优美、色彩绚丽、体型较大的花卉做主景，放在醒目的位置，构成视觉中心。

② 配置要均衡布置：室内园林植物配置，除面积较大的共享空间需要营造自然园林景观外，更多的是结合家具的陈列，在平面上和立面上都要注重构图均衡，充分合理地利用室内空间进行配置。大中型园林植物如巴西铁、发财树等宜在角隅、沙发旁等处直接摆放面上。中、小型观叶植物如凤梨类、彩叶芋等可摆放在窗台、家具几架上。台面上可放小型盆花或切花，爬蔓类植物则可适当悬在室内空中或柱廊旁边。

③ 比例适当，色彩协调：一般来说，用于室内装饰的植物不应超过室内高度的5/6。太高会产生一种压抑感，但在较大空间放置几盆小盆花则显得空旷。室内园林植物色彩的选用首先应考虑室内环境的色彩，如墙面、地板、家具的色彩。环境是暖色的应选偏冷色花，反之则用暖色花。这样，既协调又能产生对比，视觉反差明显。另外，空间大、聚光度好的室内宜用暖色花，反之宜用冷色花。最后考虑应与季节时令相协调。夏季可多放些像冷水花等冷色花卉，使人感到清凉爽快。严冬与喜庆的节日，布置盛开的鲜花，来增添温暖欢愉的气氛。

④ 室内园林植物选用：因室内一般是封闭的空间，阳光照射时

间较短，选择的植物最好以较长时间耐荫蔽的阴生观叶植物或半阴生植物为主，如文竹、万年青、龟背竹、棕竹、虎尾兰、橡皮树等。同时兼顾植物的性格特征，如蕨类植物的羽状叶给人亲切感；紫鹅绒质地使人温柔；铁海棠则展现出钢硬多刺的茎干，使人避而远之；竹造型体现坚韧不拔的性格；兰花有居静芳香、高风脱俗的性格。但应注意避开产生异味、且耗氧性、使人过敏的园林植物，如过浓的兰花香味、百合花香味会令人过度兴奋，引起失眠；紫荆花所散发出来的花粉如与人接触过久，会诱发哮喘症或使咳嗽症状加重；月季花所散发的浓郁香味，会使一些人产生胸闷不适、憋气与呼吸困难；天竺葵会使一些人发生过敏反应；松柏类分泌脂类物质，放出较浓的楹香油味，对人体肠胃有刺激作用，不仅影响食欲，而且会使孕妇感到心烦意乱、恶心呕吐、头晕目眩；玉丁香长期放室内散发出的异味会使人气喘烦闷，影响记忆力；接骨木散发出的气味会使人恶心头晕；丁香进行光合作用时，大量消耗氧气，影响人体健康；夜来香在夜间停止光合作用时，大量排出废气，散发出大量刺激嗅觉的微粒，闻之过久会使高血压病和心脏病患者感到头晕目眩、郁闷不适，甚至病情加重；含羞草体内的含羞草碱是一种毒性很强的有机物，经常接触会引起毛发脱落；郁金香的花朵含有一种毒碱，连续接触 2h 以上会使人头昏脑涨，接触过久会使人的毛发脱落；有毒的花卉还有半夏、龟背竹、霸王鞭、虎刺、珊瑚花、青紫木、石蒜、黄蝉等，人们一旦碰触、抚摸这类有毒花草，会引起皮肤过敏，重则奇痒难忍，出现红疹，这些园林植物不宜在室内放置过多或长期放置。而怡人的花香可使人精神振奋，有消除疲劳的作用。有些花卉的香气中含有抗菌、杀菌物质，可以预防和治疗某些疾病，如玫瑰精油和茉莉精油中含有多种杀菌能力较强的化学物质，多闻其花香可预防流感；桂花的香气可止咳平喘、抗菌消炎，对治疗支气管炎、哮喘有效；香叶天竺葵的香味能缓和紧张情绪、安神镇静，可以改善睡眠，治疗神经衰弱等症；菊花的香气能够清热祛风、平肝明目，对头痛、病毒性感冒有效；茉莉花的香气可减轻暑热症状，丁香花的香气对于牙痛病人有安全止痛的作用，薰衣草的香味可治疗胀气、腹痛等症，金银花、野菊花的芳香有一定的降压效果，薄荷、白兰的香味能提神醒脑、驱散疲劳，对工作忙碌的脑力劳动者颇有裨益。

1.6.3.10 盆景类植物的配置

盆景类植物可以孤植盆栽，也可以采用几种生长习性相似的观赏植物组合盆栽。

1.6.4 不同栽植地园林植物的配置

1.6.4.1 住宅区园林植物的配置

住宅区园林植物在栽植上可采取规则式与自然式相结合的植物配置手法。一般住宅区内道路两侧各植1～2行行道树，同时可规则式地配置一些耐阴花灌木，裸露地面用草坪或地被植物覆盖。其他绿地可采取自然式的植物配置手法，组合成错落有致、四季不同的植物景观。在实际绿化工作中，对住宅区的绿化植被进行配置时，一定要分类进行配置。

① 住宅区道路园林植物配置：住宅区外围景观道路，两侧对称栽植规整式绿化带，灌木色带横向层次为夏鹃、红花檵木，加上与列植行道树乐昌含笑、樟树、水杉等间种的红叶石楠球、金叶女贞球等，形成具有纵向韵律和空间层次，且引导感强烈的景观道路；住宅区地下车库入口景观，坡道侧墙以大灌木球收头和藤本黄素馨垂挂弱化硬质贴面，以及红花檵木色块配鸡爪槭，坡道空间通过设置廊架及绿化围合，形成富有层次、绿化掩映的地下车库入口景观；住宅区中庭隐形消防车道，道路和色块弯曲流畅的线形及节点绿化色块，形成自然式园林的小区庭院环境，并应注重在前期施工中须依据景观平面图路网线形布置、绿地堆坡造型等来进行道路路基放样，以避免硬化路基影响苗木定位和栽植效果；居住区人行步道，两侧草坪自然嵌入步道，石板材铺装，与车行道相连的一侧可以栽植红花檵木、大叶黄杨、鸡爪槭等形成与车行道路的隔离绿带，与水系相连的一侧可栽植毛杜鹃、金边黄杨色块、灌木球及鸢尾、再力花等水生植物，形成自然、亲水的游步道景观；竹径步道，自然线形的人行步道两侧栽植竹林和吉祥草地被，适用于别墅排屋区及高层区楼栋宅间、庭院等人行步道，竹林小径营造悠闲、私密的居住环境，且绿化成本低。

② 住宅区中庭园林植物配置：住宅区中庭及公共景观绿地草坪

空间，应依据绿地空间安排和植物疏密布置，外围有乔木背景林带形成大草坪空间，林带边缘可栽植灌木色块或花境，大草坪空间可孤植庭荫树；草坪绿地的堆坡造型需自然、饱满和平整，适用草皮主要品种有暖季型矮生百慕大草、日本结缕草，以及百慕大草与黑麦草（冷季型）混播草坪；高层区中庭及公共绿地自然式灌木色块，绿地色块放样需结合景观道路线形和绿地堆坡形态，以及景观空间鸟瞰图案效果进行布置，色块线形自然流畅、饱满及富有层次，灌木品种需要叶色、叶形、花色等搭配谐调；高层区中庭景观步道的规整式对称栽植灌木色块，简约英式园林风格设计的小区园林景观，两侧可线性栽植毛杜鹃、金边黄杨（或金叶女贞）、红花檵木三种叶色，上层垂丝海棠、红花檵木球等，形成进入中庭的景观步道和对景效果；小区道路绿地在草坪、草花地被和灌木色块上栽植大规格灌木球形成栽植层次和形态；在小区绿地林缘草坪上，灌木球常以每个品种三五个为一组栽植，不同品种叶色、花色的灌木球疏密配植在草坪空间形成点缀的观赏效果。

③ 住宅区亲水绿地园林植物配置：住宅区中庭景观水系，水池周边亲水绿地地被、色块可采用鸢尾、毛杜鹃、红花檵木、金叶女贞球和黄素馨等品种，与景观水池压顶、景石有机结合，形成形态自然、叶色、叶形、花色和层次丰富的亲水绿地效果。

④ 住宅区景观轴和节点园林植物配置

a. 轴线景观：法式排屋区入口景观步道规整式绿带，要按法式排屋区的整体设计风格，将瓜子黄杨绿篱、丰花月季色块以景观中轴线对称布置，绿篱与硬质铺装平面图案形状完全结合，形成风格鲜明、规整大气的法式排屋区景观步道绿带效果；法式排屋区入口景观步道绿带，色块按硬质铺装平面图案线形布置，灌木色块采用春鹃、金叶女贞、红花檵木球和大规格海桐球等；色带以小叶栀子、红花檵木、后排桃叶珊瑚，以及桂花、樱花等对称列植，形成色彩、层次分明、简约规整的法式排屋区入口景观绿化效果。

b. 景观节点：高层区中庭的景观步道节点空间，地面硬质铺装的直角围边采用毛杜鹃色块配红花檵木球，以及在直角部位草坪上栽植无刺构骨球来收住铺装硬角，形成具有围合感、美观的中庭景观节点空间；别墅排屋区组团入口绿化景观，景墙前地被采用黄色草花万寿菊，两端栽植红花檵木球、红叶石楠球和茶花等来掩映和收头，以及景墙背后大桂花衬景，形成色彩、层次明快美观，软景与景墙合理配置的组团入口景观效果。花园洋房中心景观绿化，按照植物自然搭配的花境栽植手法，多采用夏鹃、南天竹、十大功劳、红花檵木球、结香、花叶玉簪、花叶美人蕉等灌木，形成丰富的叶色、叶形、花色和层次搭配的节点景观花境植物群落。高层区中庭车行道至游步道入口节点景观，步道入口两侧转角色块可配置金边黄杨、红花檵木和黄素馨、无刺枸骨球等收住入口，进入中庭绿地有疏朗的草坪活动空间，形成中庭绿化有收有放、有疏有密的景观空间效果。

c. 花坛：别墅排屋区主入口花坛绿地，一般栽植地被草坪、万寿菊、灌木红叶石楠等，第二层栽植红花檵木球、大叶黄杨球等，第三层栽植大桂花、鸡爪槭等园林植物，形成色彩丰富、层次分明、疏密有序的主入口花坛绿化效果。高层区中庭道路节点景观花坛，多在饱满的堆坡造型上栽植草坪、毛杜鹃大色块，上层栽植海棠、梨树等园林植物，花坛草坪、色块点缀景石，形成色彩美观、简约、自然的花坛景观绿化效果。

⑤ 住宅区组团景观园林植物配置

a. 宅间路：排屋区宅间隐形消防车道，道路节点平台以杜鹃、红花檵木、金边黄杨等灌木色块及上层无刺枸骨球、桂花等形成收边围合的栽植层次；道路和两边色带线形自然弯曲，小灌木色块为夏鹃、金边黄杨、红叶石楠等，后排八角金盘，上层栽植金边胡颓子球、无刺枸骨球、红花檵木球和茶花等园林植物，宅间路绿化色彩、层次丰富，加上道路尽端对景花坛，形成自然式园林的小区庭院环境景观。高层区中庭宅间路，色块灌木为杜鹃、红花檵木、金叶女贞、海桐球、含笑球等，道路绿带线形自然流畅，富有色彩和层次。

b. 围栏绿篱：别墅排屋区宅间路绿化带，以法国冬青修剪形成高绿篱（庭院围栏）作为背景，道路绿带堆坡饱满，花境地被草花栽植金盏菊、常夏石竹、矮牵牛等，藤本花叶络石等，灌木小叶栀子、大叶栀子、毛球小丑火棘、金边胡颓子、红叶石楠、红花檵木等，中层配植茶花、桂花、红叶李等，形成色彩丰富、层次分明的简约式庭院绿化效果；法式排屋区宅间景观步道规整式绿带，按法式排屋区的整体设计风格，对称布置瓜子黄杨绿篱、丰花月季色块，后排以大叶黄杨修剪形成高绿篱作为背景，形成风格鲜明、富有层次的法式排屋区宅间景观步道绿带效果。

c. 花境：法式别墅区道路车库入口节点绿化，草坪上栽植多种植物自然搭配的花境，如小灌木茶梅、红花檵木色块、金边胡颓子球、红叶石楠球等，后侧花台地被栽植阔叶麦冬，在别墅围墙下片植八角金盘、丛植黄素馨，花台两端的门柱前和围墙直角部位分别栽植茶花和柱状大叶黄杨，形成叶色、叶形、花色搭配和层次丰富、形态自然的道路节点花境植物群落；别墅组团中轴景观带绿化，嵌草铺装与草坪自然衔接整体，花境曲线自然，小灌木色块选用夏鹃、小叶栀子、红花檵木，第二层配植毛球小丑火棘、红叶石楠球，丛植结香、美人蕉、木槿，结合中层乔木形成组团中轴景观空间围合及绿化景观；花园洋房宅间路绿化带，按照多种植物自然搭配的花境栽植手法，多采用夏鹃、红花檵木球、花叶玉簪、鸢尾、十大功劳等灌木，第二层栽植金森女贞球、红花檵木球、红叶石楠球、结香等，后排第三层栽植茶花、紫荆、花石榴等遮挡掩映私家庭院围墙，形成丰富的叶色、叶形和层次搭配的宅间路绿带花境景观。

⑥ 住宅区别墅排屋庭院园林植物配置

a. 庭院入户：别墅区庭院入户节点绿化，多栽植毛杜鹃、小叶栀子、红花檵木等色块小灌木，第二层配植红叶石楠球、红花檵木球、木绣球等，中层配植红枫、桂花等，与上层乔木整体构成植物色彩、层次搭配丰富美观的别墅庭院入口景观绿化空间。法式排屋庭院入户节点绿化，色块与入户硬质铺装形态结合，入户步道两侧地被栽植矮牵牛、美女樱、彩叶草等，配置红花檵木、金边胡颓子等，门口院墙前栽植法国冬青绿篱夏鹃围边，门柱边配植红叶石楠柱，形成与法式排屋区整体设计风格相符合的明快、规整的排屋庭院入户绿化效果。

b. 样板庭院：法式别墅区样板庭院绿化，建筑外立面墙角的花境围边自然形态，地被小灌木栽植花叶常春藤、大花六道木、小叶栀子、杜鹃、金森女贞、红叶石楠、花叶玉簪，第二层栽植红花檵木球、桃叶珊瑚、窄叶十大功劳、南天竹等，别墅外立面角部配植红叶石楠柱、法国冬青柱，形成叶色、叶形、花色搭配和层次丰富、形态自然的建筑外立面围边花境植物群落。别墅私家庭院绿化，按庭院建筑、硬质景观平面布置相结合，以自然曲线和形态，多层次、多样化配置叶色、花色等季相变化植物，与上层乔木整体构成庭院空间围合，形成自然花境植物群落和庭院草坪空间。

1.6.4.2 厂矿区园林植物的配置

厂前区园林植物的配置多数采用规则式和混合式相结合的布局，栽植观赏价值较高的常绿树，也可布置色彩绚丽、姿态婀娜、气味香馥的晚香玉、百合、牡丹、月季、紫薇等花卉。水源方便的工厂还可以在工厂中心设置喷水池、假山石等。厂门的绿化要方便交通。

厂区道路选用冠大荫浓、生长快、耐修剪的乔木，一般道路在两侧对植，如果道路狭窄不能两侧都栽树或者一侧管线太多时，可采用在道路一侧行植；如果路较宽，车行道和人行道能分开时，可以设计成多种形式以突出绿化效果。

生产车间是工厂的主体，应是厂区绿化的重点，该区的绿化应以满足功能上的要求为主。不同性质的生产车间，可因绿化面积的大小而异。高温车间周围的绿化，应充分利用其附近空地，片植或群植高大的落叶乔木和灌木，以构成浓荫蔽日、色彩淡雅、芳香沁人的凉爽和幽静环境，便于消除疲劳。为便于防火，应不种或少种针叶类及含油脂的树种。对产生污染物和噪声等有害物质的厂矿车间，应选择生长迅速、抗污染能力强的树种进行多行密植，形成多层次的混交。有条件的工厂应留有绿化带空地。在栽植设计时，林带和道路应选用没有花粉、花絮飞扬的树木整齐栽植，其余空地可大面积铺栽草坪，适当点缀花灌木，用绿化来净化空气，增加空气湿度，减少尘土飞扬，形成空气清新、环境优美的工作环境。

许多工业企业除生活用水及消防用水外，生产用水量也很大，尤其是一些特殊工业企业本身有贮水池及河湖等，对于水源地的绿化，尤其是工厂污水处理场的绿化，一是保护水源的清洁卫生，二是通过好水源的绿化处理，可大大改善厂区的环境。因此，要选择抗性强的园林植物，如能吸收有害物质的水葱、田蓟、芦苇等水生植物，可杀死水中细菌。利用处理净化后的废水可种树、栽花、养鱼，不仅绿化环境，而且还可通过植物对环境污染和治理效果进行生物监测，起到良好作用。

1.6.4.3　机关学校园林植物的配置

机关单位作为一个严肃、有序的办公场所，决定其附属绿地的植物配置宜采用规则式、有规律的植物布局，为办公楼等建筑建立绿色减噪防污屏障，创造较为幽静的办公环境。单位入口处对植园林植物应醒目大方，运用植物强化入口景观，发挥入口与主建筑之间的联系和缓冲作用，主入口的庄重感通过绿地延续，使人的视觉及心理得以平缓过渡。对绿地面积较大的宜采用大乔木—小乔木—灌木—地被植物，如栾树、雪松—紫叶李、白玉兰、西府海棠—月季、红王子锦带、迎春—草坪等；绿地面积较小区域则宜采用小乔木—灌木—地被植物，如樱花、碧桃—月季、紫薇—草坪等，尽可能做到四季有景。在靠近建筑附近的绿地一般采用基础栽植形式，选用外形较为整齐的或修剪过的植物，如大叶黄杨、金叶女贞等。因地制宜栽植不同生态习性的植物，组成不同功能和审美要求的空间，如食堂、厕所周围宜栽植一些既能抗污染、净化空气，又能遮挡的植物，如臭椿、早园竹等，既净化大气，又美化环境。机关单位还应重视围墙、墙面绿化、屋顶绿化、棚架绿化等立体绿化。绿化的实施与建筑物结构及设计有密切联系，在单位建筑物建造时，应作为一项必要的基建配套设施，事先予以考虑和安排。立体绿化植物的选择：屋顶绿化考虑屋面的承重等因素，土层较浅，宜选择栽植草坪、地被植物及小灌木等，如早熟禾、景天类建草坪；围墙墙面及棚架绿化，可根据墙体朝向、结构及棚架的使用功能等选择合适的爬山虎、紫藤等藤本植物。选择植物时不仅要考虑到绿地近年的景观效果，还要顾及到长远的效果，对植物间的距离要有充分的估计。为了体现绿地上植物多姿多彩的风格韵味，必须依据植物的树形、叶形、叶色、花期、季相变化等进行合理栽植，充分体现植物春花、夏荫、秋果、冬绿的景观特色。

校园景观设计中常采用的植物栽植方式有孤植树、树丛、花坛、树群、绿篱及绿墙等配置形式，充分突出主景、配景、借景、障景、隔景、框景等造景作用。校园入口区的大门两侧宜配置成形态优美的对植树，在校门前区配置多年生色叶灌木为主的模纹花坛，可透视栏杆下的裸地片植草坪、对植灌木球和攀缘花灌木，校门内侧正中开阔地配置花丛花坛，在花坛两侧片植草坪和散植疏林，道路两侧对植或行植高大的行道树。行政办公区门前以片植草坪并摆放盆栽花卉为主。教学区在不影响教室采光的前提下，可以打造专类园，将园林景观与教学相结合。学生生活区与教工宿舍区楼前以规则式栽植为主，在入口处配置低矮花灌木为主的花坛，楼后、墙西面、绿地边缘行植或带植高大乔木，墙体可用爬山虎垂直绿化。

1.6.4.4 高速公路园林植物的配置

高速公路中央隔离带可栽植修剪整齐、具有丰富视觉韵律感的大色块模纹绿带，根据分隔带宽度每隔 30～70m 距离重复一段，色块灌木品种选用 3～6 种，中间可以点缀一些球形、柱形、锥形等单株或组合造型苗木，按等距离散植。

高速公路预留带绿化都要达到一定的规模，实现乔灌相结合，植物配置以行列式为主。

高速公路植被边坡绿化使用草坪喷播、草坪植生带等新手法，多铺植多年生宿根草或栽植地被植物。高速公路石质边坡绿化常采用藤本攀缘类植物绿化，下护坡绿化主要采用池槽绿化配置小灌木和藤本植物。

高速公路互通绿化形式主要有两种：一种是大型的模纹图案，以大面积草坪为背景，根据不同的线条造型配置花灌木模纹地被和孤植树木，形成大气简洁的植物景观；另一种是苗圃景观模式，自然或规则地密植乔、灌、草，在发挥其生态和景观功能的同时，还兼顾了经济功能，为城市绿化发展所需的苗木提供了有力保障。如果绿化面积够大，还可以将两种形式穿插结合使用，一般是从外向内配置草坪、地被模纹、花灌木组团、乔木林排列。

高速公路服务区绿化应充分体现美化功能，宜乔、灌、花、草相结合，乔木多选用观赏树种，以营造浓郁的绿色环境。

1.6.4.5 公共休闲绿地园林植物的配置

公共休闲绿地要合理搭配乔、灌、草，多栽植大乔木特别是乡土树种，园林绿化才能有骨架，在乔木的空间适当栽植各种花卉、灌木作为点缀，再在林下的空旷地栽植草坪，使园林绿化立体化、多层次化。

1.7 园林植物栽植技术

1.7.1 园林植物栽植成活原理

园林植物栽植成活的原理就是保持和恢复植物体内水分代谢的平衡。保证园林植物栽植成活的关键：一是在苗木挖运和栽植过程中注意保湿保鲜，防止苗木过度失水；二是采取措施促进伤口愈合，使其发出更多新根，以恢复生长，促发新根；三是保证根系与土壤的紧密接触，保证水分的供应与吸收。

我们知道，一株正常生长的园林植物，在移栽之前，它在一定的环境条件下，其地上部分与地下部分存在着一定比例的平衡关系。尤其是根系与土壤的密切结合，使植物体的养分和水分代谢的平衡得以维持。植株一经挖（掘）起，大量的吸收根常因此而损失，并且全部（裸根苗）或部分（带土球苗）脱离了原有协调的土壤环境，易受风吹日晒和搬运损伤等影响；根系与地上部分以水分代谢为主的平衡关系，或多或少地遭到了破坏。植株本身虽有关闭气孔等减少蒸腾的自动调节能力，但这个时候的作用有限。根损伤后，在适宜的条件下，都具有一定的再生能力，但发生多量的新根需经一定的时间，才能真正恢复新的平衡。由此可见，如何使园林植物在移栽过程中少伤根系和少受风干失水，并促使其迅速发生新根与新的环境建立起良好的联系是最为重要的。在此过程中，常需减少树冠的枝叶量，并有充足的水分供应或有较高的空气湿度条件，才能暂时维持较低水平的这种平衡。总之在栽植过程中，如何维持和恢复植物体以水分代谢为主的平衡是栽植成活的关键，否则就有死亡的危险。而这种平衡关系的维持与恢复，除与"起掘""搬运""栽植""栽后管理"这4个主要环节的技术直接有关外，还与影响生根和蒸腾的内外因素有关，具体与植物根系的再生能力、苗木质量、年龄、栽植季节都有密切关系。

园林植物栽植成活的原理，就是要遵循植物生长发育的规律，提供相应的栽植条件和管护措施，促进根系的再生和生理代谢功能的恢复，协调植物地上部分和地下部分的生长发育矛盾，表现出根旺苗壮、枝繁叶茂、花果丰硕的健壮生机，圆满地达到园林绿化设计所要求的生态指标和景观效果。具体栽植时应遵循以下三条原则。

1.7.1.1 适树适栽

中国地域辽阔，物种丰富，可供园林绿化选用的植物繁多。近年来，随着我国经济建设的持续高速发展，人们对环境质量的关注日益加强，园林绿化的要求和标准也不断提高，南树北移和北树南引日渐普遍，国外的新优园林植物也越来越受到国人的青睐。因此，适树适栽的原则，在园林植物的栽植应用中也愈显重要。

首先，必须了解规划设计园林植物的生态习性以及对栽植地区生态环境的适应能力，要有相关成功的驯化引种试验和成熟的栽植养护技术，方能保证效果。特别是花灌木新品种的选择应用，要比观叶、观形的园林树种更加慎重，因为此类植物的适应性表现除了树体成活以外，还有花果观赏性状的完美表达。因此，贯彻适树适栽原则的最简便做法，就是选用性状优良的乡土树种，作为景观树种中的基调骨干树种，特别是在生态景观的规划设计中，更应实行以乡土树种为主的原则，以求营造生态群落效应。

其次，可充分利用栽植地的局部特殊小气候条件，突破原有生态环境条件的局限性，满足新引入园林植物的生长发育要求。例如，可筑山、理水，设立外围屏障；改土施肥，变更土壤质地；束草防寒，增强越冬能力。在城市园林植物栽植中，更可利用建筑物防风御寒，小庭院围合聚温，以减少冬季低温的侵害，延伸南树北移的疆界。

另外，地下水位的控制在适地适树的栽植原则中，具有重要的地位。地下水位过高是影响园林植物栽植成活率的主要因素。现有园林植物种类中，耐湿的园林植物极为匮乏，一般园林植物的栽植，对立地条件的要求为：土质疏松、通气透水，特别是雪松、广玉兰、桃树、樱花等对根际积水极为敏感的园林植物，栽植时可采用地形改造、抬高地面或深沟降渍的措施，并做好防涝排洪的基础工作，有利园林植物成活和正常生长发育。

适树适栽中还有一个重要内容，就是慎重掌握树种光照的适应性。园林植物栽植不同于一般造林，一般多以乔木、灌木、地被植物、草坪等相结合的群落生态栽植模式，来表现景观效果。因此，多树种群体配植时，对园林植物耐阴性和喜阳灌木配植的思考，就显得极为突出。

1.7.1.2 适时适栽

园林植物的适宜栽植时期，应根据各种园林植物的不同生长特性和栽植地区的气候条件而定。一般落叶植物多在秋季落叶后或在春季萌芽开始前进行，此期园林植物处于休眠状态，生理代谢活动滞缓，水分蒸腾较少且体内贮藏营养丰富，受伤根系易于恢复，移栽成活率高。常绿植物栽植，在南方冬暖地区多行秋植，或于新梢停止生长期进行，冬季严寒地区，因秋季干旱易造成"抽条"而不能顺利越冬，故以新梢萌发前春植为宜；春旱严重地区可行雨季栽植。随着社会的进步和人类文明的发展，人们对环境生态建设的要求愈加迫切，园林植物的栽植也突破了时间的限制，"反季节""全天候"栽植已不再少见，关键在于如何遵循园林植物栽植成活的原理，采取妥善、恰当的保护措施，以消除不利因素的影响，提高栽植成活率。

① 春季栽植：从植物生理活动规律来讲，春季是园林植物结束休眠开始生长的发育时期，且多数地区土壤水分较充足，是中国大部分地区的主要植树季节。中国的植树节定为"3 月 12 日"，即缘于此。园林植物根系的生理复苏，在早春即率先开始活动，因此春植符合园林植物先长根、后发枝叶的物候顺序，有利于水分代谢的平衡。特别是在冬季严寒地区或对那些在当地不甚耐寒的边缘植物，更以春植为妥，并可免去越冬防寒之劳。秋旱风大地区，常绿植物也宜春植，但在时间上可稍推迟。山茱萸、木兰属、鹅掌楸等具肉质根的植物，根系易遭低温伤冻，也以春植为好。春季各项工作繁忙，劳动力紧张，要预先根据园林植物春季萌芽习性和不同栽植地域土壤化冻时期，利用冬闲做好计划安排。树种萌芽习性以落叶松、银芽柳等最早，杨柳、桃梅等次之，榆、槐、栎、枣等最迟。土壤化冻时期与气候因素、立地条件和土壤质地有关。落叶植物春植宜早，土壤一化冻即可开始。

华北地区园林植物的春季栽植，多在 3 月上、中旬至 4 月中、下旬。华东地区落叶植物的春季栽植，以 2 月中旬至 3 月下旬为佳。

② 秋季移栽：在气候比较温暖的地区，以秋季移栽较好。此期间园林植物落叶后，对水分的需求量减少，而外界的气温还未显著下降，地温也比较高，园林植物的地下部分尚未完全休眠，移栽时被切断的根系能够尽早愈合，并可有新根长出。翌春，这批新根即能迅速生长，可有效增进水分吸收功能，有利于园林植物地上部分的生长恢复。

华北地区秋植，适于耐寒、耐旱的园林植物，目前多用大规格苗木进行栽植，以增强树体越冬能力。华东地区秋植，可延至11月上旬至12月中、下旬。早春开花的树种，应在11～12月栽植。常绿阔叶树和竹类植物，应提早至9～10月进行。针叶树虽春、秋季都可以栽植，但以秋季为好。东北和西北北部严寒地区，秋植宜在树木落叶后至土壤封冻前进行，另外该地区尚有冬季带冻土球移栽大树的做法。

③ 雨季（夏季）栽植：受印度洋干湿季风影响，有明显旱、雨季之分的西南地区，以雨季栽植为好。雨季如果处在高温月份，由于阴晴相间，短期高温、强光也易使新植树木水分代谢失调，故要掌握当地雨季的降雨规律和当年降雨情况，抓住连阴雨的有利时机进行。江南地区，也有利用"梅雨"期进行夏季栽植的经验。

1.7.1.3 适法适栽

园林植物的栽植方法，依据园林植物的生长特性、植物体的生长发育状态、栽植时期以及栽植地点的环境条件等，可分别采用裸根栽植和带土球栽植。

裸根栽植法多用于常绿植物小苗及大多数落叶植物。裸根栽植的关键在于保护好根系的完整性，骨干根不可太长，侧根、须根尽量多带。从掘苗到栽植期间，务必保持根部湿润，防止根系失水干枯。根系打浆是常用的保护方式之一，可提高移栽成活率20%。浆水配比为：过磷酸钙1kg＋细黄土7.5kg＋水40kg，搅成浆糊状。为提高移栽成活率，运输过程中，可采用湿草覆盖的措施，以防根系风干。

带土球栽植法多用于常绿树种大苗及某些裸根栽植难于成活的落叶树种，如板栗、长山核桃、七叶树、玉兰等，多行带土球移栽；大树栽植和生长季栽植，也要求带土球移栽，以提高成活率。

如运距较近，可简化土球的包装程序，只要土球标准大小适度，在搬运过程中不致散裂即可。如黄杨类等须根多而密的灌木树种，在土球较小时不包装也不易散。对直径在 30cm 以下的小土球，可采用束草或塑料布简易包扎，栽植时拆除即可。如土球较大，使用蒲包包装时，只需稀疏捆扎蒲包，栽植时剪断草绳撤出蒲包物料，以使土壤接通，便于新根萌发、吸收水分和营养。如用草绳密缚，土球落穴后，需剪断绳缚，以利根系恢复生长。

1.7.2 园林植物栽植季节

我国地域辽阔、园林植物种类繁多，自然条件也有很大差异，只要措施得当，一年四季都有栽树的地方，一个地方一年四季也可以栽植。为了提高园林植物栽植的成活率，降低栽植成本，应根据当地气候和土壤条件的季节变化，以及栽植植物的特性与状况，进行综合考虑，因地制宜地确定最适栽植的季节和时间。

园林植物的栽植应根据园林植物栽植成活的原理，园林植物栽植的时期应选择在蒸腾量小和有利于根系及时恢复、保证水分代谢平衡的时期。因此，园林植物的栽植具有明显的季节性。一般在植物体液流动最旺盛的时期不易栽植，因为这时枝叶的蒸腾作用强，栽植时由于根系受损，水分吸收量大大减少，植物体由于水分失去平衡而枯死。应选择园林植物活动最微弱的时候进行移栽，才能保证园林植物的成活。同时，根的再生能力是靠消耗植物体及其下部枝叶中储存的物质而产生的，最好在植物体内储存物质多的时期进行移栽。一般在秋季落叶后至春季萌芽前植物体内储存物质多。但春季干旱严重的地区，以当地雨季栽植为好。我国南方土壤不冻结、空气不干燥的地区，也可冬季栽植。多数地区的栽植时期，集中在春季和秋季。关于是春栽好，还是秋栽好，历来有不少争论，但从生产实践来说，影响栽植成活的主要因素，因园林植物种类、地区环境等条件而异，也不可拘泥于一说。

干旱而炎热的天气，全叶、裸根栽植会经受较大的干扰，成活的机会比休眠期、凉爽而潮湿的天气、带土栽植少得多。因此，在休眠期可进行裸根栽植，而在其他季节应进行带土或容器栽植。

园林植物适宜栽植的季节应以春季和秋季为好。植物根系生长具有周期性生长规律。一般在新芽开放前数日到数周，根群开始迅速生长，因此，在新芽开始膨大前1~2周进行栽植容易成活。夏季高温干旱，园林植物的根系常常停止生长，但10月以后，根系活动又开始加强，其中落叶阔叶植物的根系生长比常绿针叶植物更旺盛，并可持续到晚秋。因此，落叶阔叶植物也适宜秋植。

在寒冷地区以春季栽植比较适宜。特别是在早春解冻以后到园林植物发芽之前，这时土壤水分条件好，新栽的植物容易发根，能保证水分的平衡。春天栽植应早，只要没有冻害，便于施工，应及早开始，其中最好的时期是在新芽开始萌动之前两周或数周。早春是我国大部分地方栽植的适宜时期，但持续时间较短，若栽植任务较大而劳动力又不足，很难在适宜时期内完成，可春植与秋植适当配合。

在气温比较温暖的地方，以秋季、初冬季栽植比较适宜。此时，园林植物落叶对水分的需求量减少，而气温还比较高，植物的地下部分没有完全休眠，被切断的根系能够尽早愈合，长出新根。

华北地区大部分落叶阔叶植物和常绿植物在3月中旬到4月下旬栽植。常绿树、竹类和草皮等，在7月中旬左右进行栽植。秋季落叶后可选择耐寒、耐旱的园林植物，用大规格苗木进行栽植。一般常绿树、果树不宜在秋天栽植。

华东地区落叶树的栽植一般在2月中旬至3月下旬，11月上旬至12月下旬也可进行。早春开花的园林植物应在11~12月栽植。常绿阔叶树以3月下旬为好。梅雨季节、秋冬季进行栽植也可以。竹子一般在9~10月栽植为好。

东北和西北北部严寒地区，在秋季树木落叶后、土壤封冻前栽植成活更好。冬季采用带冻土移栽大树，成活率也很高。

1.7.3 园林植物栽植程序

1.7.3.1 定点、放线

① 准备工作：一是设计图纸交到施工人员手里时要全面而详细地进行技术交底，使施工人员在施工放线前对整个绿化设计有一个全面的了解。二是放线前施工人员要进行现场踏查，了解放线区域的地

形，考察设计图纸与现场的差异，确定放线方法，同时应该将施工工地范围内有碍工程开展或影响工程稳定的地面物或地下物清除。

② 准点、控制点的确定：要把栽植点放得准确，首先要选择好定点放线的依据，确定好基准点或基准线、特征线，同时要了解测定标高的依据，如果需要把某些地物点作为控制点时，应检查这些点在图纸上的位置与实际位置是否相符，如果不相符，应对图纸位置进行修整，如果不具备这些条件，则需和设计单位研究，确定一些固定的地上物，作为定点放线的依据。测定的控制点应立木桩作为标记。

③ 施工放线：施工放线的方法多种多样，可根据具体情况灵活采用。在放线时还要考虑先后顺序，以免人为踩坏已放的线。

a. 规则式绿地、连续或重复图案绿地的放线：图案简单的规则式绿地，根据设计图纸直接用皮尺量好实际距离，并用灰线做出明显标记即可；图案整齐线条规则的小块模纹绿地，其要求图案线条要准确无误，故放线时要求极为严格，可用较粗的铁丝、铅丝按设计图案的式样编好图案轮廓模型，图案较大时可分为几节组装，检查无误后，在绿地上轻轻压出清楚的线条痕迹轮廓；有些绿地的图案是连续和重复布置的，为保证图案的准确性、连续性，可用较厚的纸板或围帐布、大帆布等（不用时可卷起来便于携带运输），按设计图剪好图案模型，线条处留 5cm 左右宽度，便于撒灰线，放完一段再放一段，这样可以连续撒放出来。

b. 图案复杂的模纹图案的放线：对于地形较为开阔平坦，视线良好的大面积绿地，很多设计为图案复杂的模纹图案，由于面积较大一般设计图上已画好方格线，按照比例放大到地面上即可；图案关键点应用木桩标记，同时模纹线要用铁锹、木棍划出线痕然后再撒上灰线，因面积较大，放线一般需较长时间，因此放线时最好钉好木桩或划出痕迹，撒灰踩实，以防突如其来的雨水将辛辛苦苦画的线冲刷掉。

c. 自然式配置的乔灌木放线：自然式树木栽植方式，不外乎两种：一种是单株的孤植树，多在设计图案上有单株的位置；另一种是群植，图上只标出范围而未确定株位的株丛、片林。群植定点放线方法一般有 2 种：一是直角坐标放线，这种方法适合于基线与辅线是直角关系的场地，在设计图上按一定比例画出方格，现场与之对应画出方格网，在图上量出某方格的纵横坐标、尺寸，再按此位置用皮尺量在现场相对应的方格内。二是仪器测放法，适用于范围较大、测量基点准确的绿地，可以利用经纬仪或平板仪放线；当主要栽植区的内角不是直角时，可以利用经纬仪进行此栽植区边界的放线，用经纬仪放线需用皮尺、钢尺或测绳进行距离丈量；平板仪放线也叫图解法放线，但必须注意在放线时随时检查图板的方向，以免图板的方向发生变化出现误差过大。

1.7.3.2 挖穴

① 栽植穴的规格要求：栽植穴应有足够的大小，以容纳植株的全部根系，避免栽植过浅或窝根。一般栽植穴直径应比裸根苗根幅大20～30cm，比带土球苗土球直径大30～40cm。

② 对土壤通透性极差的立地，应进行土壤改良，并采用瓦管和暗沟等排水措施。

1.7.3.3 起苗

① 挖前准备

a. 号苗：按设计要求到苗木现场按所需的苗木规格进行选择并做出标记，所选数量应略多些，以便补植时挖掘同规格苗木。

b. 拢苗：为方便挖掘操作，保护苗冠，便于运输，对枝条分布较低的常绿针叶苗木、冠丛较大的灌木及带刺或枝叶扎手的苗木，用草绳将苗冠适当包扎和捆拢，注意松紧度，不能折伤侧枝。

c. 修剪：对于常绿苗木要根据种类、苗木大小、栽植时间决定修剪的程度。如直径为6～15cm的桂花苗木一般只修剪病枝、乱枝，而同规格的小叶榕苗木、小叶榄仁等在夏季栽植时则需要进行重剪。

d. 浇水和排湿：为了有利挖掘和少伤根系，所带土球完好，土壤干旱时，起苗前2～3天灌1次水，使土壤松软，减少对根系的损坏。如果土壤过湿，应提前开沟排水或松土晾晒。

e. 试掘：为了保证苗木的成活率，对生长地不明的苗木，应选几株进行试挖掘，查看根系范围，以便决定土球大小和采取相应措施。

f. 人力、工具及材料的准备：起苗前应组织好劳动力，并准备好锋利的起苗工具、包扎材料及运输工具。

② 起苗方法与质量要求：园林苗木起苗分为裸根起苗和带土球起苗两种方法。

a. 裸根起苗：裸根起苗是指将苗木从土壤中挖掘出后，苗木根系裸露的起苗方法。此法需要的工具和材料少，方法简单，成本低，但根系损伤多，易失水干燥，有的苗木采用裸根起苗栽植后缓苗较慢或不成活。裸根起苗适用于干径不超过 10cm 的多数落叶乔木、灌木和藤本的苗木。裸根起苗应保证苗木根系有一定的幅度和深度，乔木的根幅为苗木胸径的 8～12 倍，尽量保留心土；灌木苗木根幅按灌木丛高度的 1/3 确定；起苗深度要在根系主要分布层以下，一般按根幅的 2/3 确定，多数乔木的深度一般为 60～90cm。裸根起苗时，根据苗木大小，用锋利的掘苗工具在确定的保留根幅外绕苗四周垂直向下挖至一定的深度，并适当晃动苗干，试寻在土壤深层的深根，随挖随切断侧根，如遇粗根，用锋利的铲或锯切断，对劈裂的根系应进行修剪；挖到需要的深度，将根系全部切断后，放倒苗木，轻轻拍打外围土块，此时要注意，有的苗木裸根栽植成活率不太高，最好多带宿土，此类苗木不可拍打。苗木起好后，如暂时不能运走，应在原地用湿土将根系覆盖，进行临时性假植；如果较长时间不能运走，应按要求集中假植，干旱季节要保证覆盖土的湿度。通常较小裸根苗按一定数量打捆用湿草袋或塑料膜（袋）包扎根系，带宿土较多的大苗可用草绳包扎。裸根苗木掘取后，应防止日晒，并进行保湿处理。

b. 带土球起苗：带土球起苗是指将苗木一定根系范围连土挖掘出来，削成球状，并用蒲包等物包装起来的起苗方法。此法土球内的根系未受损伤，吸收根多，根系失水少，有利于苗木恢复生长，但需要的工具和材料多，技术性强，成本较高。所以，能用裸根起苗的苗木不采用带土球起苗，但一般常绿树种、珍贵树种、干径 8～10cm 以上的落叶树种、非适宜季节栽植的苗木都需要带土球起苗。带土球起苗的土球规格一般参照苗木的干径和高度来确定，乔木土球直径可参照下式计算：土球直径(cm)＝5×(树木地径－4)＋45，高度为土球直径的 4/5；灌木类土球直径为冠幅的 1/3～1/2，高度为土球直径的 4/5（见表 1-1）。

表 1-1　乔木树种苗木土球挖掘的最小规格表

地径/cm	3~5	5~7	7~10	10~12	12~15
最小土球直径/cm	40~50	50~60	60~75	75~85	85~100

　　起苗前，先将苗冠捆扎好，防止施工时损坏苗冠，同时也便于作业。挖掘开始时，首先去除表土，以不伤及表面根系为准。然后以苗干为中心，按规定半径绕干基画圆，在圆外垂直开沟向下挖，宽度以便于作业为度，深度比规定的土球高度稍深一些，挖到所需深度后向内掏底，边挖边修削土球，并切除露出的根系，使之紧贴土球，遇到粗根，应用锋利的枝剪剪断或用手锯锯断，不要振散土球，根系伤口要平滑，大切面要消毒防腐。土球修好后，立即进行包装。直径小于20cm 的土球，可以直接将底土掏空，以便将土球抱到穴外包装；直径大于50cm 的土球，应留底部中心土柱，便于包扎。如果土壤紧实，土球不太大，直径小于20cm，根系盘结较紧，运输距离较近，可以不进行包扎或仅进行简易包扎；如果土球直径在50cm 以下，且土质不松散，可先将稻草、蒲包、草包、粗麻布或塑料布等软质材料在穴外铺平，然后将土球挖起修好后放在包装材料上，再将其向上翻起，绕干基扎牢；也可用草绳沿土球径向绕几道，再在土球中部横向扎一道，使径向草绳固定即可；如果是50cm 以上的土球或50cm 以下的土球但土壤较疏松，应在穴内掏底前打腰箍和花箍包扎，包扎的方法是，先将草绳的一头拴在苗干上，在苗干基部绕30cm 一段，以保护苗干。打腰箍的方法是：将草绳（1~5cm）的一端压在横箍下，然后一圈一圈地横扎，包扎时要用力拉紧草绳，边拉边用木槌慢慢敲打草绳，使草绳嵌入土球卡紧不致松脱，每圈草绳应紧密相连，不留空隙，至最后一圈时，将绳头压在该圈的下面，收紧后切除多余部分。腰箍包扎的宽度依土球大小而定，一般从土球上部的1/3 处开始，围扎土球全高的1/3。腰箍打好后，向土球底部中心掏土，直至留下土球直径的1/4~1/3 土柱为止，然后打花箍（也称紧箍），花箍打好后再切断主根，完成土球的挖掘与包扎。花箍的形式分井字包（又叫古钱包）、五角包和橘子包（又叫网络包）三种。运输距离较近，土壤较黏重，则常采用井字包或五角包的形式；比较贵重的苗

木，运输距离较远而土壤的沙性又较强时，则常采用橘子包的形式。其具体做法如下。

Ⅰ．井字包：先将草绳的一端结在腰箍或主干上，然后按照图1-1(a) 所示的顺序包扎。先由 1 拉到 2，绕过土球底部拉到 3，再拉到 4，又绕过土球的底部拉到 5，再经 6 绕过土球下面拉到 7，经 8 与 1 挨紧拉扎，如此顺序地打下去，包扎满 6～7 道井字形为止，最后成图1-1(b) 的式样。

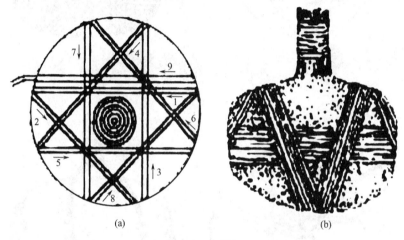

(a) (b)

图 1-1 井字包

Ⅱ．五角包：先将草绳一端结在腰箍或主干上，然后按照图1-2(a) 所示的顺序包扎。先由 1 拉到 2，绕过土球底部，由 3 拉至土球面到 4，再绕过土球底，由 5 拉到 6，绕过土球底，由 7 过土球面到 8，绕过土球底，由 9 过土球面到 10，绕过土球底回到 1，如此包扎拉紧，顺序紧挨平扎 6～7 道五角星形，最后包扎成图1-2(b) 的式样。

Ⅲ．橘子包：先将草绳一端结在主干上，呈稍倾斜经过土球底部边沿绕过对面，向上到球面经过苗干折回，顺着同一方向间隔绕满土球 〔见图1-3(a)〕。如此继续包扎拉紧，直至整个土球被草绳包裹为止，如图1-3(b) 所示。橘子包包扎通常只要扎上一层就可以了，有时对名贵或规格特大的苗木进行包扎，可以用同样方法包两层，甚至三层，中间层还可选用强度较大的麻绳，以防止吊车起吊时绳子松

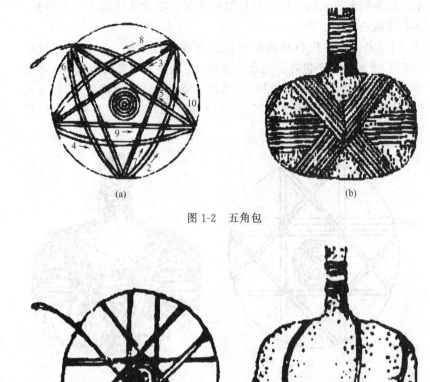

图 1-2　五角包

图 1-3　橘子包

断，土球破碎。

1.7.4　园林植物反季节栽植技术

园林植物移栽成活的内部条件主要是树势平衡，即外部条件（正常温度、湿度）确定的情况下，植株根部吸收供应水、肥能力和地上部分叶面光合作用、呼吸和蒸腾消耗平衡。移栽枯死的最大原因，是根部不能充分吸收水分，茎叶蒸腾量大，水分收支失衡所致。在春季施工，由于植株未展叶，根系萌生、再生能力旺盛，树势不会出现严重失调，只需对未发芽的枝条进行适宜修剪，平衡树势即可。因此，从植物生存生长规律出发，正常施工季节是从 3 月中旬开始至 5 月初结束或者是 10 月中旬至 11 月下旬。苗木生长旺盛的夏季施工造成移栽成活比较困难。但有时候为了工程建设的需要，不得不在夏季施工，这就是园林植物反季节栽植，其栽植技术如下。

1.7.4.1　栽植材料的选择

由于不是栽植季节，一般气候环境相对恶劣，对栽植植物本身的要求就更高，在选材上要尽可能地挑选长势旺盛、植株健壮的苗木。

栽植乔灌木材料应根系发达，生长苗壮，无病虫害，规格及形态应符合设计要求。大苗应做好断根、移栽措施。

水生植物要求根、茎发育良好，植株健壮，无病虫害。

草块土层厚度 3～5cm，草卷土层厚度 1～3cm。

植生带厚度不宜超过 1mm，种子分布应均匀，种子饱满，发芽率应大于 95％。

露地栽植花卉应符合下列规定。

① 1～2 年生花卉：株高 10～40cm，冠径 15～35cm，分枝不少于 3～4 个，叶簇健壮，色泽明亮。

② 宿根花卉：根系完整，无腐烂变质。

③ 球根花卉：根茎苗壮、无损伤，幼芽饱满。

④ 观叶植物：叶色鲜艳，叶簇丰满。

1.7.4.2　栽植前土壤处理

非正常季节的苗木栽植土必须保证足够的厚度，保证土质肥沃疏松，透气性和排水性好。栽植或播种前应对该地区的土壤理化性质进行化验分析，采取相应的消毒、施肥和客土等措施。

1.7.4.3　苗木运输、假植及其他特殊措施

苗木尽可能在挖掘当天栽植。当天不能栽植的苗木应进行假植。带土球小型花灌木运至施工现场后，应紧密排码整齐，当日不能栽植时，应喷水保持土球湿润并做好遮阳措施。

除了做好假植工作以外，苗木的运输也要合乎规范，在运输方面做到苗木运输量应根据栽植量确定。苗木在装车前，应先用草绳、麻布或草包将树干、树枝包好，同时对苗木进行喷水，保持草绳、草包的湿润，这样可以减少在运输途中苗木自身水分的蒸腾量。苗木运到现场后应及时栽植。苗木在装卸车时应轻吊轻放，不得损伤苗木和造成散球。起吊带土球（台）小型苗木时应用绳网兜土球吊起，不得用绳索缚捆根颈起吊。重量超过 1t 的大型土台应在土台外部套钢丝缆起吊。土球苗木装车时，应按车辆行驶方向，将土球向前，树冠向后码放整齐。裸根乔木长途运输时，应覆盖并保持根系湿润。装车时应顺序码放整齐；装车后应将树干捆牢，并应加垫层防止磨损树干。

花灌木运输时可直立装车。装运竹类时，不得损伤竹竿与竹鞭之间的着生点和鞭芽。

针对大规格常绿乔木，如雪松，采取大土球麻包打包、早晚栽植及一系列特殊措施。

① 夏季高温，容易失水，苗木进场时间以早、晚为主，雨天加大施工量，在晴天，每天给新植树木喷水 2 次，适宜时间在上午 9 时前、下午 16 时后，保证植株蒸腾所需水分。

② 所有移栽苗都经过了断根损伤，在栽植前还进行了修剪，原有树势已经削弱。为了恢复原来树势，扩大树上树冠，应采取伤根恢复以及促根生长措施，如施 1000mg/kg 生根粉 ABT3 号。施工后，在土球周围用硬器打洞，洞深为土球的 1/3，然后浇水。

③ 搭建遮阳棚：用毛竹或钢管搭成井字架，在井字架上盖上遮阳网，必须注意网和栽植的树木要保持一定的距离，以便空气流通。

1.7.4.4 栽植穴和土球直径

在非正常季节栽植苗木时，土球大小必须要达到并尽可能超过 1.7.3.3②b 标准的要求，栽植穴尺寸要比带土球苗土球直径大 40cm 以上。

对含有建筑垃圾等有害物质的地方栽植苗木，必须放大树穴，清除废土换上栽植土，并及时填好回填土。在土层干燥地区应于栽植前浸穴。挖穴（槽）后，应施入腐熟的有机肥作为基肥。

1. 7. 4. 5　栽植前修剪

非正常季节的苗木栽植前修剪应加大修剪量，减少叶面呼吸和蒸腾量。

① 栽植前应进行苗木根系修剪，宜将劈裂根、病虫根、过长根剪除，并对树冠进行修剪，保持地上、地下平衡。

② 落叶树可多留生长枝和萌生的强枝后进行抽稀；常绿阔叶树适当进行修剪，其修剪方法及修剪量为：疏稀树冠内部不必要的弱枝，多留强的萌生枝，针叶树以疏枝为主。

③ 对易挥发芳香油和树脂的针叶树、香樟等应在移栽前一周进行修剪，凡 10cm 以上的大伤口应光滑平整，消毒并涂保护剂。

④ 珍贵树种的树冠宜作少量疏剪。

⑤ 灌木修剪应做到：带土球或湿润地区带宿土的裸根灌木苗及上年花芽分化的开花灌木不宜修剪，当有枯枝、病虫枝时应予剪除；对嫁接灌木，应将接口以下砧木萌生枝条剪除；分枝明显、新枝着生花芽的小灌木，应顺其树势适当强剪，促生新枝，更新老枝。另外，对于苗木修剪的质量也应做到剪口平滑、不得劈裂。枝条短截时应留外芽，剪口应距留芽位置以上 1cm；修剪直径 2cm 以上大枝及粗根时，截口必须削平并涂防腐剂。

1. 7. 4. 6　栽植措施

落叶乔木在非栽植季节栽植时，应根据不同情况，对苗木进行修剪，剪除部分侧枝，保留的侧枝也应疏剪，相应加大土球体积。可摘叶的应摘去部分叶片，但不得伤害幼芽。夏季搭棚遮阴、树冠喷雾、树干保湿，保持空气湿润；树木栽植后应对苗木进行浇水、支撑固定等工作，栽植后应在略大于栽植穴直径的周围，筑成高 10～15cm 的浇水土堰，堰应筑实不得漏水。坡地可采用鱼鳞穴式栽植。宜在上午 9 时前和下午 4 时后对新发芽放叶的树冠喷雾。栽植后设置的固定支撑，低矮树可用扁担桩，高大树木可用三角撑，也可用井字塔形架来支撑。扁担桩的竖桩不得小于 2.3m，桩位应在根系和土球范围外，水平桩离地 1m 以上，两水平桩十字交叉位置应在树干的上风方向，扎缚处应垫软物；三角撑宜在树干高 2/3 处结扎，用毛竹或钢丝绳固定，三角撑的一根撑干（绳）必须在主风向上位，其他两根可均匀分布。发现土面下沉时，必须及时升高扎缚部位，以免吊桩。

① 落叶乔木的蒸腾作用明显，新叶的芽易灼伤、回芽，其生物学特性属幼树期耐阴、成熟期喜光的树种，应采用适当遮阴的方法，块状搭高棚，用50％～70％遮阴网滤除强阳光，使其有凉爽湿润的环境，促进新叶生长。也可采用移栽灵活力素100～150倍液喷施叶面和浇施根部以减少叶面枝干蒸腾水分，激活根系的根毛发生，提高成活率。

② 常绿乔木类大规格苗木具有上述落叶乔木的部分特性，也可以采用上述特殊措施。此外，还要采用叶面喷雾技术，即在树顶枝安装3～5个雾状喷嘴，喷水雾降温、保湿，提高保湿能力，促进成活生长。

③ 花灌木类要防止积水。对耐阴性花灌木，在上层树木未形成遮阴条件前，搭低棚人工遮阴也是必要的。

④ 地被类植物栽植重点是保持土壤湿度。

1.7.4.7 夏季绿化施工技术措施

进入夏季温度逐步升高，天气较干燥，因此会给栽植苗木带来较大的困难，为确保栽植苗木的成活率，应该采取以下措施。

① 起掘过程中的技术措施：起掘苗木时起掘土球的尺寸比平时正常季节放大，以确保园林植物土球中有足够的水分含量。

② 苗木运输过程中的技术措施：苗木起掘后，选择好天气装运。运输时洒水湿润，尽可能防止园林植物土球过早失去水分，提高栽植成活率。

③ 栽植苗木过程中的技术措施：苗木运送到施工现场后，首先应该选择阴凉堆放处，栽植前必须对乔木修剪，而且对某些树木还应进行修枝处理，主要是减少苗木土球的失水率。

④ 苗木栽植后的养护技术措施：苗木栽植后，及时做好苗木的浇水工作，必须连续浇水几次，而且每次必须浇足，补充苗木由于高温蒸腾引起的水分缺失及降低苗温。浇水极为重要，同时还应及时进行草绳卷杆。为了更好地确保大规格苗木或名贵树种的成活率，减少强日光对苗木枝叶的灼伤和过度蒸发，尤其是大苗，在气候干旱时，及时搭好遮阴棚。在树枝旁用竹竿或钢管搭建类似井字架的脚手架，

上面覆盖50%～70%的遮阴网，以减少灼伤和蒸发。

⑤ 病虫害防治措施：设专人负责病虫害防治工作，加强病虫情况预测预报，建立植保档案。根据不同园林植物的主要病虫发生规律，制订长期和年度防治计划，采取生物、化学和物理等方法进行综合防治。

认真进行培养土和种苗的消毒工作。避免具有相同病虫害的苗木在一块地上连接栽植或连年栽植；不在育苗地栽植易感染病虫的蔬菜和其他作物。

严格执行国家植物检疫条例的规定，未经检疫的种苗不得引进或输出。

对病虫害采取防治措施时，注意保护天敌。

应重点防治下列病虫害：立枯病、根腐病、腐烂病、锈病、白粉病、褐斑病、黄化病、丛枝病等病害，蛴螬、蝼蛄、金针虫、地老虎、线虫、蚜虫、红蜘蛛、卷叶虫、避债蛾、巢蛾、天社蛾、刺蛾、透翅蛾、天牛、吉丁虫、介壳虫等虫害。

使用药剂应严格执行国家植物保护条例的有关规定，尤其要注意正确选择药剂，防止植物产生药害。在有效范围内，宜使用低浓度。应注意换用不同药剂，防止病虫产生抗药性。不得使用高污染、高残毒和彼此干扰的药物，提高防治效果。

必须执行植保操作规范，确保人畜安全。

2 园林植物养护管理基本知识

2.1 园林植物养护管理的意义

俗话说："三分种，七分养"，充分说明了园林植物的养护管理在园林施工和园林管理中的重要作用。

园林植物养护管理的重要意义主要体现在以下几方面。

一是及时科学的养护管理可以克服园林植物在栽植过程中对植物枝叶、根系所造成的损伤，保证成活，迅速恢复生长势，是充分发挥景观美化效果的重要手段。

二是经常、有效、合理的日常养护管理，可以使园林植物适应各种环境因素，克服自然灾害和病虫害的侵袭，保持健壮、旺盛的自然长势，增强绿化效果，是发挥园林植物在园林中多种功能效益的有力保障。

三是长期、科学、精心的养护管理，能有效预防园林植物早衰，延长生长寿命，保持优美的景观效果，尽可能节省开支，是提高园林经济、社会效益的有效途径。

2.2 园林植物养护管理的内容

园林植物的养护管理必须根据其生物学特性，了解其生长发育规律，结合当地的具体生态条件，制定出一套切合实际的科学、高效、经济的养护管理技术措施。

园林植物养护管理的主要内容是指为了维持植物生长发育对光照、温度、土壤、水分、肥料、气体等外界环境因子的需求所采取的土壤改良、松土、除草、水肥管理、越冬越夏、病虫防治、修剪整形、生长发育调节等诸多措施。园林植物养护管理的具体方法因园林植物的不同种类、不同地区、不同环境和不同栽植目的而不同。在园林植物养护管理中应顺应植物生长发育规律和生物学特性，以及当地的具体气候、土壤、地理等环境条件，还应考虑设备设施、经费、人力等主观条件，因时因地因植物制宜。

2.2.1　园林植物的土壤管理

土壤是园林植物生产的基础，为园林植物生命活动提供所需的水分、营养要素以及微量元素等物质，并起到固定园林植物的作用。

通过各种措施改良土壤的理化性质，改善土壤结构，提高土壤肥力，促进园林植物根系生长和吸收能力的增强，为园林植物的生长发育打下良好基础。土壤管理通常采用中耕、除草、地面覆盖、土壤改良等措施。

2.2.1.1　中耕

中耕一般在盛夏前和秋末冬初进行，4～6次/年。中耕不宜在土壤太湿时进行。中耕的深度以不伤根为原则，松土深度一般在3～10cm，根系深，中耕深，根系浅，中耕浅；近根处宜浅，远根处宜深；草本花卉中耕浅，木本花卉中耕深；灌木、藤本稍浅，乔木可深些。

2.2.1.2　除草

大面积的园林植物土壤管理常采用除草剂防治，化学除草与人工除草相比，具有简单、方便、有效、迅速的特点，但用药技术要求严格，使用不当容易产生药害。

化学除草剂按照作用方式可分为选择性除草剂和灭生性除草剂，如西玛津、阿特拉津只杀1年生杂草，2,4-D丁酯只杀阔叶杂草。按照除草剂在植物体内的移动情况分为触杀性除草剂和内吸性除草剂，触杀性除草剂只起局部杀伤作用，不能在植物体内传导，药剂未接触部位不受伤害，见效快但起不到斩草除根的作用，如百草枯、除草醚等；内吸性除草剂被茎、叶或根吸收后通过传导而起作用，见效慢，除草效果好，能起到根治作用，如草甘膦、敌草隆、2,4-D等。

化学除草剂剂型主要有水剂、颗粒剂、粉剂、乳油等；水剂、乳油主要用于叶面喷雾处理，颗粒剂主要用于土壤处理，粉剂在生产中应用较少。

常用的药剂有农达、草甘膦、敌草胺、茅草枯等，一般用药宜选择晴朗无风、气温较高的天气，既可提高药效，增强除草效果，又可防止药剂飘落在树木的枝叶上，造成药害。

2.2.1.3 地面覆盖

在植株根茎周边表土层上覆盖有机物等材料和栽植地被植物，从而防止或减少土壤水分的蒸发，减少地表径流，增加土壤有机质，调节土壤温度，控制杂草生长，为园林植物生长创造良好的环境条件，同时也可为园林景观增色添彩。

覆盖材料一般以就地取材、经济方便为原则，如经加工过的树枝、树叶、割取的杂草等，覆盖厚度以3～6cm为宜。栽植的地被植物常见的有麦冬、酢浆草、葱兰、鸢尾类、玉簪类、石竹类、萱草等。

2.2.1.4 土壤改良

土壤改良即采用物理的、化学的以及生物的方法，改善土壤结构和理化性质，提高土壤肥力，为植物根系的生长发育创造良好的条件；同时也可修整地形地貌，提高园林景观效果。

土壤改良多采用深翻熟化土壤、增施有机肥、培土、客土以及掺沙等方法。深翻土壤结合施用有机肥是改良土壤结构和理化性状，促进团粒结构形成，提高土壤肥力的最好方法。深翻的时间一般在秋末冬初，方式可分为全面深翻和局部深翻，以局部深翻应用最广。

2.2.1.5 客土

客土即在园林植物栽植时或后期管理中，在异地另取植物生长所适宜的土壤填入植株根群周围，改善植株发新根时的根际局部土壤环境，以提高成活率和改善生长状况。

2.2.1.6 培土

培土是园林植物养护过程中常用的一种土壤管理方法，有增厚土层、保护根系、改良土壤结构、增加土壤营养等作用。培土的厚度要适宜，一般为5～10cm，过薄起不到应有的作用；过厚会抑制植株根系呼吸，从而影响园林植物生长发育，造成根颈腐烂，树势衰弱。

2.2.2 园林植物的水分管理

2.2.2.1 灌溉

园林植物种类多，不同的园林植物具有不同的生物学特性，对水分的需求也各不相同。例如，观花、观果树种，特别是花灌木，对水分的需求比一般树种多，需要浇水的次数较多；油松、圆柏、侧柏、刺槐等，其浇水的次数、数量较少，甚至不需要浇水，且应注意及时排水；而对于垂柳、水松、水杉等喜湿润土壤的树种，应注意浇水，对排水则要求不高；还有些树种对水分条件适应性较强，如旱柳、乌桕等，既耐干旱，又耐潮湿。

灌溉的水质以软水为好，一般使用河水，也可用池水、溪水、井水、自来水及湖水。在城市中要注意千万不能用工厂内排出的废水，因为这些废水常含有对园林植物有毒害的化学成分。

浇水时间和次数应注意以下几点：夏秋季节，应多浇，雨季则不浇或少浇；高温时期，中午切忌浇水，宜早、晚进行；冬天气温低，浇水宜少，并在晴天上午 10 时左右浇水；幼苗时浇水少，旺盛生长期浇水多，开花结果时浇水不能过多；春天浇水宜在中午前后进行。每次浇水不宜直接浇在根部，要浇到根区的四周，以引导根系向外伸展。每次浇水过程中，按照"初宜细、中宜大、终宜畅"的原则来完成，以免表土冲刷。

浇水前要做到土壤疏松，土表不板结，以利水分渗透，待土表稍干后，应及时加盖细干土或中耕松土，减少水分蒸发。

灌溉的方法很多，应以节约用水、提高利用率和便于作业为原则。

① 沟灌：是在树木行间挖沟，引水灌溉。

② 漫灌：是在树木群植或片植时，栽植株行距不规则，地势较平坦时，采用大水漫灌，此法既浪费水，又易使土壤板结，一般不宜采用。

③ 树盘灌溉：是在树冠投影圈内，扒开表土做一圈围堰，堰内注水至满，待水分渗入土中后，将土堰扒平覆土保墒，一般用于行道树、庭荫树、孤植树，以及分散栽植的花灌木、藤本植株。

④ 滴灌：是将水管安装在土壤中或树木根部，将水滴入树木根系层内，土壤中水、气比例合适，是节水、高效的灌溉方式，但缺点是投资大，一般用于引种的名贵树木园中。

⑤ 喷灌：属机械化作业，省水、省工、省时，适用于大片的灌木丛和经济林。

2.2.2.2 排水

长期阴雨、地势低洼渍水或灌溉浇水太多，使土壤中水分过多形成积水称为涝，容易造成渍水缺氧，使园林植物受涝，根系变褐腐烂，叶片变黄，枝叶萎蔫，产生落叶、落花、枯枝，时间长了还会导致全株死亡。为减少涝害损失，在雨水偏多时或对在低洼地势又不耐涝的园林植物要及时排水。排水的方法一般可用地表径流和沟管排水。多数园林植物在设计施工中已解决了排水问题，在特殊情况下需采取应急措施。

2.2.3 园林植物的养分管理

园林植物的生长需要不断地从土壤中吸收营养元素，而土壤中含有的营养元素数量是有限的，势必会逐渐减少，所以必须不断地向土壤中施肥，以补充营养元素，满足园林植物生长发育的需要，使园林植物生长良好。

不同的园林植物、同一园林植物的不同生长发育阶段，对营养元素的需求不同，对肥料的种类、数量和施肥的方式要求均不相同。一般行道树、庭荫树等以观叶、观形为主的园林植物，冬季多施用堆肥、厩肥等有机肥料。生长季节多施用以氮为主的有机肥或化学肥料，促进枝叶旺盛生长，枝繁叶茂，叶色浓绿，但在生长后期，还应适当施用磷、钾肥，停施氮肥，促使植株枝条老化、组织木质化，使其能安全越冬，以利来年生长。以观花、观果为主的园林植物，冬季多施有机肥，早春及花后多施以氮肥为主的肥料，促进枝叶的生长；在花芽分化期多施磷、钾肥，以利花芽分化，增加花量。微量元素根据植株生长情况和对土壤营养成分分析，补充相应缺乏的微量元素。

2.2.3.1 施肥种类

① 基肥：是指在播种或定植前，将以有机肥料为主的大量肥料

翻耕埋入土壤内的施肥方式。

② 追肥：是指根据生长季节和园林植物的生长速度补充所需速效肥料的施肥方式。

③ 种肥：是指在播种和定植时施用腐熟的堆肥、复合肥等肥料的施肥方式。种肥细而精，经充分腐熟，营养成分完全。

④ 根外追肥：是指在植物生长季节，根据植物生长情况将尿素溶液等低浓度肥料喷洒在植物体上（主要是叶面）的施肥方式。

2.2.3.2 施肥方法

① 全面施肥：在播种、育苗、定植前，在土壤上普遍施肥，一般采用基肥的施肥方式。

② 局部施肥：根据情况，将肥料只施在局部地段或地块，有沟施、条施、施放、撒施、环状施等施肥方式。

2.2.3.3 园林植物施肥应注意的事项

① 要在园林植物根部的四周施肥，但不要过于靠近植株茎干。

② 油松、银杏、臭椿、合欢等根系强大、分布较深远的园林植物施肥宜深，范围宜大；紫穗槐及大部分花灌木等根系浅的树木施肥宜较浅，范围宜小。

③ 有机肥料要经过充分发酵和腐熟，且浓度宜稀；化肥必须完全粉碎成粉状后施用，不宜成块施用。

④ 施肥（尤其是追化肥）后，必须及时适量浇水，使肥料渗入土内。

⑤ 应选天气晴朗、土壤干燥时施肥。

⑥ 沙地、坡地施肥要稍深些。

⑦ 氮肥宜浅施，钾肥宜深施至根系分布最多处。

⑧ 基肥应深施，追肥宜浅施。

⑨ 叶面喷肥宜将叶背喷匀、喷到。

⑩ 叶面喷肥要严格掌握浓度，最好在阴天或上午 10 时以前和下午 4 时以后喷施。

2.2.4 园林植物的树体管理

园林植物的主干和骨干枝，往往因病虫害、冻害、日灼、机械损伤等造成伤口，如不及时保护和修补，经过雨水的侵蚀和病菌的寄生，内部腐烂成树洞，不仅影响树体美观，而且影响园林植物的正常生长。因此，应根据树干伤口的部位、轻重等采取不同的治疗和修补方法。

2.2.4.1　树干伤口的治疗

对于树干上的伤口，首先用锋利的刀刮净削平四周，使皮层边缘呈弧形，然后用 2%～5% 的硫酸铜溶液、0.1% 升汞溶液、石硫合剂原液等药剂消毒，再涂抹激素涂剂（含 0.01%～0.1% 的 α-萘乙酸膏）等保护剂，保护剂要求容易涂抹、黏着性好、受热不融化、不透雨水、不腐蚀树体组织。

2.2.4.2　修补树洞

对于长期不能愈合的树洞，可在洞口表面钉上板条，以油灰和麻刀灰封闭，或用安装玻璃用的腻子封闭；然后再涂白灰乳胶、颜料粉面，最后在上面压树皮纹或钉上一块真树皮，以使外观更加自然。另外，也可用填充法修补树洞，填充物最好用小石砾和水泥的混合物，填充物必须压实，为加强填料与木质部的连接，洞内可钉若干电镀铁钉，洞口内两侧挖 4cm 深的凹槽，填充物从底部开始，每 20～25cm 为一层，用油毡隔开，每层都要向外略斜，以利排水，边缘应不超过木质部，使形成层能在它上面形成愈伤组织。外层用石灰、乳胶、颜色粉涂抹，以便使树体美观。如果树洞过大且给人以奇特感，可不做修补，留作观赏，但必须将树洞内腐烂的木质部彻底清除，刮去洞口边缘的坏死组织，直到露出新组织，并用药剂消毒涂防护剂，同时改变洞形，以利排水。

2.2.4.3　立柱顶枝

立柱顶枝在园林上应用较多，大树或古树名木，如有树身倾斜不稳时，或大枝下垂时，均需设支柱撑好，一般用金属、木桩、钢筋混凝柱等坚固的支柱，其上端与树干连接处设置适当的托杆和托碗并加软垫，同时还要考虑美观，要与周围环境相协调。

2.2.4.4　树干涂白

涂白的目的是为了防治病虫害和延迟树木萌芽，避免日灼危害。涂白剂的配制成分一般为水 10 份、生石灰 3 份、石硫合剂 0.5 份、食盐 0.5 份，外加少许黏着剂。

2.2.5 园林植物的其他养护管理

园林植物的其他养护管理还包括整形修剪、死穴植物补植换种、衰老树砍伐、密植树间伐、病虫害防治、园内清洁卫生等。

2.2.6 园林植物分季养护管理

2.2.6.1 园林植物冬季养护管理

冬季（12 月至翌年 2 月）：整形修剪、深施基肥、涂白防寒、防治病虫害等。

2.2.6.2 园林植物春季养护管理

春季（3～5 月）：逐步撤除防寒设施、灌溉施肥、常绿树篱修剪、春花树种花后修剪、防治病虫害等。

2.2.6.3 园林植物夏季养护管理

夏季（6～8 月）：增施磷钾肥、浇水排水、花灌木开花后及时修剪等。

2.2.6.4 园林植物秋季养护管理

秋季（9～11 月）：清理、修剪、施基肥、防寒等。

2.2.7 园林植物主要养护项目技术规定

请参照各地园林植物主要养护项目技术规定，此处将上海市园林植物主要养护项目技术规定介绍给各位读者，仅供参考。

2.2.7.1 浇水

根据上海市气候特点，为使园林植物正常生长，4～6 月、9～10 月是对园林植物灌溉的关键时期。

① 新植园林树木：在连续 5 年内都应适时充足灌溉，土质保水力差或树根生长缓慢树种，可适当延长浇水年限。

② 浇水树堰保证不跑水、不漏水，深度不低于 10cm。树堰直径：有铺装地块以预留池为准，无铺装地块，乔木应以树干胸径 10 倍左右，垂直投影或投影 1/2 为准。

③ 浇水车浇树木时，应接胶皮管，进行缓流浇灌，严禁用高压水流冲毁树堰。

④ 喷灌方法：应定时开关，专人看护，不能脱岗，地面达到静

流为止。

2.2.7.2 修剪

① 冬季修剪或夏季修剪要做到先培训,简要讲明修剪树木生长习性、开花结果习性、修剪目的和要求、采取的技术措施、注意事项,采取熟练工带学徒工的办法。

② 个人使用修剪工具必须锋利,所用机械和车辆先检查,如无隐患方可使用。

③ 修剪技术要求

a. 一般要求:剪口平滑、整齐,不积水,不留残桩;大枝修剪应防止枝重下落,撕裂树皮;及时剪除病虫枝、干枯枝、徒长枝、倒生枝、阴生枝;及时修剪偏冠或过密的树枝,保持均衡、通透的树冠,预防和减少风灾损失。

b. 乔木修剪技术要求

Ⅰ. 行道树、行列树:保持行道树下缘线整齐,并控制下缘线高度在机动车高度以上,一般以 3.0~4.5m 为宜;保持行列树下缘线整齐,并控制下缘线高度在行人及非机动车高度以上,一般以 2.5~3.5m 为宜;疏剪过多的花序及果实,保持旺盛的营养生长;纠正偏冠的树冠,保持路段树冠冠形的一致与整齐;疏剪过密的枝丛,使园林植物分枝均衡,通风透光。

Ⅱ. 孤植树:根据观赏要求或与周围环境相协调,修剪以自然树形为主。

Ⅲ. 片植乔木:修剪以自然树形为主。

Ⅳ. 古树名木:以保持原有树形为原则,修剪衰老枝、枯死枝、病虫枝,保持树冠通风透光;应重剪严重衰老的树冠,回缩换头,促使其萌发健壮的新枝。

c. 灌木修剪技术要求

Ⅰ. 孤植造型灌木:修剪应维持原设计的造型。

Ⅱ. 孤植自然形灌木:按自然形态进行疏剪,促进灌木健康生长及开花结实。

Ⅲ. 丛植灌木:丛植灌木萌蘖枝过多时,应及时疏剪、除蘖;丛内出现过于高大粗壮的枝条,应进行短截;灌木老化或为了促进新枝开花及萌发新枝条时，应进行重短截或极重短截。

Ⅳ. 绿篱灌木：修剪规则式绿篱时，应保持绿篱顶部和基部的水平，做到无断层、无缺口、无光秃；修剪自然式绿篱时，幼年应以定干整形为主，成型后应以促进开花和结实为主。

Ⅴ. 花坛灌木：在花芽分化前进行修剪，以促进短枝生长和花芽分化；及时剪去花谢后的残花、残枝，保障植株生长整齐；轮廓线应流畅、柔和；两个以上品种花坛灌木连片种植，修剪时应注意相互之间的衔接，保持平顺和缓过渡。

d. 木质藤本植物修剪技术要求：以加速覆盖和攀缘速度为目的，定期翻蔓，修剪过密的侧枝，使其覆盖均匀；应及时剪除立交桥上妨碍交通的藤蔓。

e. 棕榈科植物修剪技术要求：修剪以自然树形为主。

④ 修剪后措施：对直径大于 2cm 的剪口应进行消毒和保护处理；及时追肥，加强灌溉及病虫害防治等工作；对修剪后的病虫枝叶应集中进行无害化处理；对修剪工具进行清洗、消毒、保养。

2.2.7.3 施肥

施肥可改良土壤结构、增加土壤水分、补充某种元素以达到增强树势的目的。

① 施底肥：在园林植物落叶后至发芽前施行。无论施放、环施和放射状沟施，均要求应用经过充分发酵腐熟的有机肥，并与土壤混合均匀后施入土壤中，施肥量根据树木大小、肥料种类而定。

② 施追肥：无论根施法或根外施法，使用化学肥料用量要准确，粉碎撒施要均匀或与土壤混合后埋入土壤中。土壤中施入肥料后应及时浇水。

③ 叶面喷肥：所用器械要用水冲刷后再喷肥，喷射时间以傍晚效果最佳。

2.2.7.4 除草

除草可保持绿地整洁，避免杂草与树木争肥水，减少病虫滋生条件。

① 野生杂草生长季节要不间断进行除草，做到除小、除早，省工省力，效果好。

② 除下的杂草要集中处理，及时运走堆制肥料。

③ 在远郊区或具野趣游息地段经常用机械割草，使其高矮一致。

④ 有条件的地区，可采取化学除草方法，但应慎重，先试验，再推广。

2.2.7.5 伐树

必须经过一定法规手续批准后方可进行。

① 具备以下条件上报批准后再伐树：a. 密植林适时间伐；b. 更新树种；c. 枯朽、衰老、严重倾斜、对人和物体构成危险的树；d. 配合有关建筑或市政工程；e. 抗洪抢险的伐树不在此范围。

② 伐除时留茬高度应尽量降低，对行人、车辆安全构成影响或有碍景观的树根应刨除。

③ 注意安全，避免各种事故发生。

④ 伐倒树体不得随意短截，合理留材，并及时运走树身、树枝，清扫落叶集中处理。

2.2.7.6 公园绿地

① 园容卫生要经常打扫，保持清洁，必要时分片包干，专人负责。

② 绿地设施要定期维修，经常保持完好。

③ 绿地道路要定期维护修补，保持平坦无穴洼。

④ 加强对养护树木花草和公共设施的教育内容宣传。

⑤ 节日适当布置摆设盆花。

2.3 园林植物养护管理月历

由于我国地域辽阔，各地气候条件不一，请根据各地的气候条件参考以下园林植物养护管理月历进行养护管理。

2.3.1 1月园林植物养护管理

①深施基肥；②冬季修枝；③防寒防冻；④防治越冬害虫；⑤落叶乔木补栽。

2.3.2 2月园林植物养护管理

①深施基肥；②冬季修枝；③防寒防冻；④防治越冬害虫；⑤落叶乔木补栽。

2.3.3 3月园林植物养护管理

①补栽补种；②撤除防寒保护；③清除绿地杂物杂土；④常绿树修剪。

2.3.4 4月园林植物养护管理

①补栽补种（樟树、石楠等最适栽植）；②修补树木支撑；③除杂草，松土，做围堰沟；④蚊母、蔷薇科植物、栾树等防病治虫；⑤花坛下花。

2.3.5 5月园林植物养护管理

①整形植物修剪并追施氮肥，花后植物修剪；②除草，松土，做围堰沟；③植物抹芽，去蘖，修剪枯枝；④防治蚜虫、网蝽、红蜘蛛、叶甲、介壳虫等害虫。

2.3.6 6月园林植物养护管理

①进行抗旱、排涝、抗风等工作；②修剪碍线枝；③中耕、作围、除草、除杂；④花灌木花后修剪及追施肥；⑤加强对果树植物的看护；⑥本月基本停止大的修剪，只做轻度修剪；⑦防治蛾类、蝶类、叶甲类、红蜘蛛类、叶蝉类、蟥类、蚧类害虫。

2.3.7 7月园林植物养护管理

①抗旱、洗尘；②防治蛾类、蝶类、叶甲类、红蜘蛛类、叶蝉类、蟥类、蚧类、天牛类等害虫。

2.3.8 8月园林植物养护管理

①抗旱、洗尘；②防治蛾类、蝶类、叶甲类、红蜘蛛类、叶蝉类、蟥类、蚧类、天牛类等害虫；③清除死株、枯枝；④整形灌木轻度修剪；⑤中耕、修围堰。

2.3.9 9月园林植物养护管理

①迎国庆，全面整理园容与绿地，清除死株、枯枝、病枝、分蘖

枝；②修剪整形；③抗旱、洗尘；④花坛下花；⑤防病治虫。

2.3.10　10月园林植物养护管理

①抗旱、洗尘；②修剪整枝；③检查、统计冬季补栽补种数量、品种并准备材料。

2.3.11　11月园林植物养护管理

①树木整形修剪（行道树修剪、植物越冬修剪）；②下旬开始补栽补种；③准备肥料。

2.3.12　12月园林植物养护管理

①树木整形修剪（行道树修剪、植物越冬修剪）；②补栽补种；③防寒处理；④施冬肥，结合中耕；⑤冬季清除越冬害虫；⑥园林机具的保养维护。

3 常用园林植物的栽培与养护

3.1 常绿乔木类园林植物的栽培与养护

3.1.1 云杉

3.1.1.1 云杉栽培技术

① 园地选择：根据栽植地的地理位置和气候特点，选择适于云杉生长的小气候条件，尤其是水湿条件。在冷凉地区适宜的小气候条件下，要着重选择背阴、土层深厚、土质疏松、排水良好、湿润肥沃、富含有机质的酸性至微酸性棕色森林土或褐棕土；在气候温和而又湿润的条件下，选择微碱性至微酸性土壤；在立地条件较差、植被较少的地方，必须加强栽培措施，提高土壤肥力。寒流汇集、积水洼地、重盐碱地、闭光峡谷、害风风口等处均不适宜栽植云杉。

② 整地：云杉整地方法可采用带状整地或块状整地，整地时一定要注意有利于排水。在杂草少、土壤较松软的新采伐迹地，一般采用穴状整地，先将地被物及枯枝落叶清除干净，然后按照 40cm×40cm×(40～50)cm 的规格进行整地，注意整地时一定要挖到纯土层；在杂草比较茂密、草根盘结度大、土壤较为黏重的草地及老采伐迹地上，一般采用斜山带状整地，整地规格为带宽 50～70cm、深15～20cm。特别要注意，带状整地和穴状整地都应做成外高内低，便于收集雨水，供树苗生长所需。

③ 栽植密度：在保证成活的前提下，栽植苗高 50cm 以上的云杉大苗，混交林一般栽植株行距 6m×6m，初植密度 19 株/667m²；纯林一般栽植株行距 2m×(2～3)m，初植密度 111～167 株/667m²。

④ 营造混交林：云杉栽植株行距 6m×6m，在云杉间隔中，可栽植杨树、桦树等园林树木，栽植株行距 1.5m×1.5m，1 行云杉配植 3 行杨树或桦树，株间也按同样的比例进行配置，在立地条件较好的地方，混交林栽植密度为云杉 19 株/667m^2＋杨树、桦树 235 株/667m^2。

⑤ 栽植方法：云杉春季带土球栽植，一般采用穴植，选择高 50cm 以上的云杉大苗，挖穴（40cm×40cm×50cm），穴底要平，苗木栽正，根系舒展，苗梢向山下，要适当深栽，使树苗 40cm 左右埋在穴内，扩大深根部位，增强抗寒能力，覆土细致，防止窝根，要分层踩实，在上面再覆些松土，使穴外高内低。

3.1.1.2 云杉养护技术

云杉栽后养护管理的主要内容是土壤管理和除草。当年栽植后，于 5 月下旬或 6 月上旬进行培土、扶苗和踩实。7 月下旬可进行 1 次小面积除草，只限穴的周围，不必全面除草，以防苗木日灼。根据天气情况和土壤湿度及时补水，盛夏季节移栽应进行叶面给水；定期叶面追肥；风雨天气要及时检查，发现树木歪斜和支撑松动时要及时扶正并进行支撑加固；定期喷洒农药预防松天牛、松毒蛾、袋蛾、蚜虫、根腐病、叶枯病、赤枯病、紫纹羽病等病虫害的发生。一般连续养护 3 年，前 2 年在炎热干旱季节浇水 4～5 次，5～7 月生长期追肥，休眠期施基肥；第 3 年主要是松土除草，剪除老树下部干枯枝条。

3.1.2 雪松

3.1.2.1 雪松栽培技术

① 园地选择：在年降水量 600～1000mm 的暖温带至中亚热带地区，最好选择光照充足、背风向阳的山地缓坡地带，土层深厚、土壤肥沃、土质疏松、排水良好的中性至微酸性沙壤土，也可选择平原地带、排水良好、地下水位低于－1.6m 的冲积土栽植雪松。但积水洼地或地下水位过高的地方均不适宜栽植雪松。

② 整地：整地前先撒施硫酸亚铁 26kg/667m^2，然后再进行全面整地深翻 20cm，再耙平做床，床宽 1.5m，长 20～50m，打埂做畦，

做好后在畦的中央按 1.5m×1.5m 的栽植株行距定点挖穴，穴的规格为 30cm×30cm×30cm，呈圆形，下留松土 4～5cm。

③ 栽植密度：雪松的一般栽植株行距 (1.5～2)m×(1.5～3)m，初植密度 111～296 株/667m²。

④ 营造混交林：雪松在高海拔地带常与冷杉混交，在低海拔地带常与栎类混交。

⑤ 栽植方法：雪松在春季 3～4 月萌芽前带土球栽植，先在回填了表土的栽植穴中挖一个比营养袋稍大的穴，然后将袋苗撕底后放入穴中，再覆土将营养袋全部覆盖，踩紧踩实；注意深浅适度，填土稍高于营养袋袋口 1cm 左右为宜。成年大雪松移栽时，除采用大穴、大土球外，还应实行浅穴堆土栽植，将 1/5 的土球露出地面并堆土捣实，浇透定根水后覆土成馒头状，然后立支架。

3.1.2.2 雪松养护技术

雪松栽植后适当疏剪枝条，拉长主干上的侧枝间距，短截过长枝。栽植后 1 周内浇 2 次水，以后可松土、保墒，到 5 月初再浇 1 次水，以后天气不旱不浇，到 6 月可施 1 次肥，8 月施 1 次硫酸亚铁。在株边挖穴点施。每 20 天进行一次松土锄草，要求认真细致，一般深达 4～5cm，要求锄匀，土松无土块，草锄净、拾净。成活后的中央领导枝常弯垂，应及时用细竹竿缚直。保留树冠下部大枝和小枝，行道树应剪除下枝而保持一定的枝下高度。注意防治枯梢病、溃疡病、松毛虫、茶袋蛾、介壳虫等病虫害。

3.1.3 华山松

3.1.3.1 华山松栽培技术

① 园地选择：宜选择在海拔 2000～2800m 的温凉地区，坡度平缓，坡向以阴坡、半阴坡为主，土壤以排水良好、土层深厚、湿润、疏松的中性或微酸性壤土上栽植华山松生长为好。盐碱土不适宜栽植华山松。

② 整地：华山松需在栽植前 3～4 个月进行整地，山地整地方式以穴状整地为主，按设计的株行距整地，规格为 50cm×50cm×50cm。整地时将表土与心土分开堆放，在定植前回填时先填表土，

再回填心土，并施底肥，回土应填满穴。

③ 栽植密度：华山松一般栽植株行距（1.5～3）m×（2～3）m，初植密度74～222株/667m²。

④ 栽植方法：华山松栽植于雨季来临的6～8月，选择在雨前雨后、毛毛阴天或阴雨天进行，宜早不宜迟，否则将难以保证定植苗木生长越冬。栽植时先在回填了表土的栽植穴中挖一个比营养袋稍大的穴，然后将袋苗撕底后放入穴中，再覆土将营养袋全部覆盖，踩紧踩实；注意深浅适度，填土稍高于营养袋袋口1cm左右为宜。

3.1.3.2 华山松养护技术

华山松栽植后的前3年，每年分别在5～6月、8～9月各进行1次除草、松土、施肥。中耕松土深度为10～20cm，当年稍浅，以后逐年加深；靠近树苗内稍浅，以外稍深。注意防治松瘤病、叶枯病、华山松大小蠹、松叶蜂、油松毛虫、松梢螟等病虫害。

3.1.4 白皮松

3.1.4.1 白皮松栽培技术

① 园地选择：在温凉地区，选择光照充足，温暖湿润、土层较厚、土壤肥沃、排水良好而又适当湿润的中性、酸性土壤，或pH 7.5～8的石灰性钙质土和黄土及轻度盐碱土壤栽植白皮松。湿热气候、低洼积水地均不适宜栽植白皮松。

② 整地：白皮松多采用穴状整地，整地规格为0.5m×0.5m×0.4m，栽植穴按设计的株行距采用三角形配置。整地时要求打碎土块、草皮，拣尽石块、杂草、残根等，整地可与植苗同时进行。

③ 栽植密度：白皮松培育目标不同，栽植密度也不同。一般栽植株行距（1.2～3）m×（1.7～3）m，初植密度74～330株/667m²。

④ 栽植方法：白皮松在春季苗木萌动之前，土壤解冻数天之后植苗，植苗时要深浅适度，栽正扶直，并保持根系舒展，掌握"三埋两踩一提苗"的栽植原则，分层填土踏实。

3.1.4.2 白皮松养护技术

白皮松栽植后要及时清除杂草、藤蔓。栽植后1～3年至少抚育2次/年；4～5年抚育1次/年。栽植1～3年的幼林，掌握在6月上、中旬抚育 1 次，8 月中、下旬抚育 1 次；4～5 年的幼林，在 8 月上旬抚育。发现缺苗时应及时用同龄苗木补植，并指派专人看管。同时注意防治红脂大小蠹、纵坑切梢小蠹、松大蚜、微红梢斑螟、松落针病、松针赤枯病、褐斑病、松赤落叶病、煤污病等病虫害。

3.1.5 油松

3.1.5.1 油松栽培技术

① 园地选择：最好选择油松自然分布范围内的土层深厚、土壤肥沃、排水通气良好、微酸性或中性沙壤土或壤土，油松扩大栽植范围的沙地和干旱黄土高原沟壑地只能选择阴坡、半阴坡栽植油松。盐碱地、地下水位过高的平地或有季节性积水的地方均不适宜栽植油松。

② 整地：油松需在栽植前 6 个月～1 年细致整地。石质山区多采用水平条整地，整地规格一般为长 3m 左右、宽 50cm、深 30cm、埂高 15～20cm，按设计的株行距呈品字形沿山坡等高线交错排列，条与条间的边缘距离为 1m，上下边距为 1～1.5m，要求埂牢，土松，拣尽草根和石块。华北山区一般采用鱼鳞穴整地，整地规格为长 1～1.2m、宽 60～70cm、深 30～40cm，每穴栽 2 丛。黄土高原地区多采用水平沟整地，整地规格一般为长 3～4m、上口宽 70～80cm、下底宽 50～60cm、深 40～60cm，其挖法和水平条相同，每沟内栽 4～6 丛。山坡上多采用反坡梯田整地，即在山坡沿等高线自上而下，里切外垫，将心土石块筑沿，修成里低外高的梯田，使田面形成 10°～20°的反坡，保持 30～50cm 深的活土层，宽度 1.2～2m，上下两个反坡梯田保留 0.3～1.0m 的距离。在已经固定的平沙地上尽量机械化全面整地；容易风蚀，存在重新起沙的威胁时，则用带状整地，带宽不等，因地制宜，带宽一般 1～3m，带向与主风向垂直，带间留 1～2m 宽的原生植被作保护带。

③ 栽植密度：油松一般栽植株行距（1～3）m×(1.5～3)m，初植密度 74～333 株/667m²，一般要求适当密植。

④ 营造混交林：油松一般与元宝枫、椴树、花曲柳、山杏等阔叶伴生树种作行间或带状混交栽植。

⑤ 栽植方法：油松在春季土壤解冻到一定深度开始泛浆时或在7月中、下旬雨季前期透雨之后的连阴天，选用顶芽饱满、根系发达、叶色浓绿、高径规格符合标准、没有病虫害的2年生播种苗，穴植，要求穴大根舒，深栽、实埋，分层填土踏实。

3.1.5.2 油松养护技术

油松栽植后前3年要搞好松土除草工作，幼树超出杂草层时即可停止松土除草工作，有条件时也可进行到5～6年，油松行内达到郁闭时才结束松土除草工作，1年内松土除草2～3次，其中以春季及初夏2次较为重要。春季土壤解冻泛浆时要松土保墒，初夏进入雨季时要及时消灭杂草，直播油松在雨季还要及时扶苗扒淤。

丛生油松丛生株数少的可在6～7年生幼林开始进入郁闭时进行1次间苗定株；丛生株数多的可在4～5年生及7～8年生时分2次间苗定株。

油松需在冬季适当进行人工修枝，要求修平勿伤皮，树高2～4m的修枝后树冠保持树高的2/3；4～8m的修枝后树冠保持树高的1/2；8m以上的修枝后树冠保持树高的1/3以上。

油松幼林郁闭后开始分化，需要间伐调整密度。在9～10年生时进行第1次间伐，保留250～300株/667m²，间伐间隔期5～7年，到20年生时保留130～180株/667m²。水肥条件较好的中山地带，可在类似年龄阶段保留较大的疏密度。

注意防治松大蚜、松针介壳虫、油松红蜘蛛、松赤枯病、松针落叶病等病虫害。

3.1.6 樟子松

3.1.6.1 樟子松栽培技术

① 园地选择：在冷凉地区，选择背风向阳、土质疏松、透气性良好、中性或微酸性风积沙土、砾质粗沙土、黑钙壤土栽植樟子松为好。pH值超过8、碳酸氢钠超过0.1%、过度水湿或积水的地方均不适宜栽植樟子松。

② 整地：樟子松需在栽植前6个月进行整地。坡度较大时采用小直穴整地，沿等高线品字形配置，挖东西向长25cm、南北向宽

20cm、深 40～50cm 的小直穴，然后将表土回填 10～20cm。平缓或起伏不大的固定沙地采用拖拉机牵引犁铧拉宽 50～100cm、深 20～30cm 的沟，沟间距 2m，栽植时把苗木栽在沟底部背阴处。在不流沙的地上一般采用防风背阴整地，即在整地后的不流沙的地上挖西南直立、东北倾斜深达 35cm 的栽植穴，栽植时把苗木栽在穴的南侧背阴处。

③ 栽植密度：樟子松一般栽植株行距 （2～3）m×（2～3）m，初植密度 74～167 株/667m²。

④ 营造混交林：樟子松可与落叶松、云杉、白桦、山杨、白榆、沙棘、胡枝子等块状或带状混交栽植。

⑤ 栽植方法：樟子松苗木春季刚要萌动时栽植最佳，东北在 10 月下旬至翌年 5 月下旬均可移栽，华北地区南部和西北地区南部可适当后推和前移。一般先对苗木修根并蘸泥浆，然后穴植，做到三埋两踩一提苗，分层填土踩实。

3.1.6.2　樟子松养护技术

樟子松栽植后要及时扶踩 1 次，扶正苗木和调节深浅度，踩紧。在雨季前以苗木为中心距苗 5cm 处下锄除草，要求里浅 3cm，外深 7cm，靠近苗木的草用手拔掉。当年新植苗在上冻前要埋比苗高 5cm 的土防寒。翌年 4 月分 2 次撤土，雨季再松土除草 1 次。注意防治油松球果螟、松梢螟、松纵坑切梢小蠹虫、落叶松毛虫、枯梢病、红斑病和针锈病等病虫害。

3.1.7　湿地松

3.1.7.1　湿地松栽培技术

① 园地选择：选择低山、丘陵、岗地、坡度 25°以下、背风向阳、土层较深厚肥沃、中性至强酸性红壤及表土 50～60cm 以下铁结核层和沙黏土地栽植湿地松。盐碱地及荫蔽的地方均不适宜栽植湿地松。

② 整地：湿地松需在栽植前 3 个月进行整地。坡度较小的低丘、岗地和滩地采用全面整地，即在园地上全面翻垦土地 30cm 左右；坡度较大的山坡地采用带状整地，即在整地带之间保留一定宽度的生草

带；常用的是穴状整地，即直接按设计的栽植株行距挖 60cm×
60cm×40cm 的栽植穴，然后将基肥与表土混合均匀后回填至穴满。

③ 栽植密度：湿地松一般栽植株行距（1.33～2）m×（1.67～
2.5)m，初植密度 133～300 株/667m²。

④ 营造混交林：湿地松可与多种阔叶树进行块状混交栽植。

⑤ 栽植方法：于冬、春两季选择阴天或细毛雨天气穴植，要求
随起苗随栽植，栽植时适当截根，保留根长 15cm 左右，栽植时在整
好地并回填的栽植穴内用植树镐刨一垂直的半明穴，将苗木紧贴垂直
壁后填土至 1/3 时，轻轻地提一下苗并使苗正根舒，用植树镐呈 45°
锤紧，再填土并分层踩实，最后培土呈馒头形。

3.1.7.2 湿地松养护技术

湿地松栽植当年松土除草 3 次，翌年 2 次，第三年 1 次。松土除
草要做到"三不伤、二净、一培土"，即：不伤根、不伤皮、不伤梢；
杂草除净、石块拣净；把锄松的土壤培到根部并覆盖杂草，以减少表
面水分蒸发和增加有机质以及抑制杂草生长；松土深度要适当，做到
里浅外深，坡地浅平地深，第 1 年松土浅，以后逐年加深。在冬季植
株进入休眠或半休眠期，要把瘦弱、病虫、枯死、过密的枝条剪掉。
注意防治马尾松毛虫、松梢螟、湿地松粉蚧、松梢枯病、松针褐斑病
等病虫害。

3.1.8 火炬松

3.1.8.1 火炬松栽培技术

① 园地选择：选择海拔高度 500m 以下，坡度 30°以下，背风向
阳，土层深厚、土壤肥沃、土质疏松、湿润，通透性良好，酸性至中
性的红壤、黄壤、黄红壤、黄棕壤、第四纪黏土等多种土壤栽植火炬
松，最适 pH 4.5～6.5，在黏土、石砾含量 50%左右的石砾土以及
岩石裸露、土层较为浅薄的丘陵岗地上火炬松也能生长。含碳酸盐的
土壤及低洼积水地均不适宜栽植火炬松。

② 整地：火炬松需在夏季进行块状整地，整地大小不小于
50cm×50cm，深度不小于 20cm。栽植穴底径不小于 30cm，深度不
小于 30cm。整地要求将表土翻向下面，定植前 1 个月回填表土。

③ 栽植密度：火炬松一般栽植株行距（1.5～2)m×(2～3)m，初植密度 111～222 株/667m²。

④ 营造混交林：火炬松可与刺槐、栎类块状混交栽植。

⑤ 栽植方法：火炬松于 12 月中、下旬至翌年 2 月中、下旬穴植，要求根系完整并稍带宿土，栽植前用黄土泥浆蘸根，栽植时掌握"深栽、实埋、不窝根"的栽植要点，适当深栽至苗木高度的 1/3～1/2 处，当填土至一半时，将苗木轻轻向上一提使根系伸展，避免窝根，然后覆土，使苗根部分与土壤紧密接触，分层填土踩实。

3.1.8.2 火炬松养护技术

火炬松栽植当年应在 3～5 月、8～10 月分别松土除草 1 次，最好施 1 次以农家肥为主或以氮肥为主并适量混加一些磷钾肥的追肥，氮磷钾比例为 2∶1∶2。第 2～3 年抚育 1～2 次/年。植株抚育面积要逐年扩大。除草松土不可损伤植株和根系，松土深度宜浅，不超过 10cm。从第 6 年开始在深秋或早春修枝，枝下高保留在 2m 左右，使干冠比例调整为 3∶2，以后每隔 2～3 年再修枝 1 次。注意防治叶枯病、松疱锈病、马尾松毛虫、松梢螟、松梢小卷叶蛾、松材线虫、松突圆蚧等病虫害。

3.1.9 马尾松

3.1.9.1 马尾松栽培技术

① 园地选择：最好选择背风向阳，土层深厚、土壤肥沃，通透性良好，酸性至微酸性（pH 4.5～6.5）的壤土栽植马尾松。但在石砾土、沙质土、黏土、山脊、阳坡的冲刷薄地上及岩石裸露的石缝里马尾松也能生长。低洼积水地、荫蔽度高的地方均不适宜栽植马尾松。

② 整地：马尾松需在栽植前 1 年秋冬穴状整地，整地规格 50cm×50cm×30cm。经约 1 个月风化后再放施钙镁磷肥 250g/穴，将肥料均匀撒入穴底，回填 1/3 深度的表土并与肥料搅拌均匀；经验收合格后即回土填满穴，回土必须是表土，且土块须敲碎（最大直径不超过 4cm），并拣净石块及草根等杂物；要求穴面外高内低（以穴中间为标准，高出 3～5cm），呈蝶形状，以便收集雨水。施基肥、回

填应该在栽植前 15 天完成，以便肥料充分发酵。

③ 栽植密度：一般栽植株行距（1.5～2)m×(2～3)m，初植密度 111～222 株/667m²。

④ 营造混交林：马尾松可以与木荷、杨梅、胡枝子、南岭黄檀等园林植物进行块状混交栽植。

⑤ 栽植方法：马尾松早春顶芽抽梢前，阴天毛毛细雨或雨后天晴土壤湿润时穴植，马尾松栽植时的基本要点是：分级栽植，深栽黄毛入土，不窝根，不吊空，根系舒展，扶正苗木，分层踩实。

3.1.9.2 马尾松养护技术

马尾松栽植后前 3 年在 4～10 月除草 2 次/年，原则上以杂草灌木不影响幼树生长为准。栽植当年第 1 次为带状挖草头，当大部分杂草灌木都长出后即可进行，以栽植行为中线，将树上方 60cm、下方 40cm 范围内的草头挖干净，带外的杂草灌木砍至 20cm 以下；当年第 2 次及翌年 2 次抚育均用带铲，将带内杂草灌木全部铲干净，带外的杂草灌木砍至 20cm 以下；第 3 年抚育为砍杂 2 次，要求将林地内的杂草灌木砍至 20cm 以下。注意防治叶枯病、赤枯病、松瘤病、马尾松毛虫、松梢螟等病虫害。

3.1.10 黑松

3.1.10.1 黑松栽培技术

① 园地选择：在温暖湿润的海洋性气候区域，最好选择背风向阳、土层深厚、土质疏松，且含有腐殖质的微酸性沙壤土栽植黑松。但黑松也可在海滩盐土地上生长。寒冷气候、低洼积水之地均不适宜栽植黑松。

② 整地：多采用穴状整地，整地规格 40cm×40cm×25cm。

③ 栽植密度：一般栽植株行距（1～1.5)m×(1.5～2)m，初植密度 222～444 株/667m²。

④ 营造混交林：黑松可与紫穗槐、相思树、杉木、湿地松等园林植物进行块状混交栽植。

⑤ 栽植方法：黑松于春季、雨季和冬季穴植，以早春开冻后栽

植最好。栽植方法因苗木的种类而异。容器苗带土坨，栽植过程中根系不易受损伤，因而成活率较高；裸根苗在起苗栽苗过程中，细小的活动根多半受损伤，其成活决定于根系的再生能力和环境条件，同时也受苗木质量、年龄、栽植季节和栽植方法等因素的影响；移植苗由于根系发达、根茎比大，成活率一般高于原生苗。无论采用哪种栽植方法，栽植前都要适当修剪受伤的和过长的侧根，保持苗根湿润，栽植时注意使根系舒展，分层覆土踏实。

3.1.10.2　黑松养护技术

黑松栽植后前 3 年，以松土除草保墒为主，每年分别按 3 次、2 次、1 次进行。第 4 年如尚未郁闭，继续松土除草 1 次。一般从第 6～7 年生开始进行人工整枝，每隔 3～4 年整枝 1 次，将所有枯枝和那些濒死的具有寄生性的枝条剪去。整枝强度，10 年生以前所留树冠为树高的 2/3，10～20 年生所留树冠为树高的 1/2，最大不能低于 1/3，20 年以后停止修枝。整枝季节以初冬或早春林木休眠时为宜。注意防治叶锈病、落针病、曲枝病、松瘤病、蚜虫、介壳虫、红蜘蛛和松梢螟等病虫害。

3.1.11　日本五针松

3.1.11.1　日本五针松栽培技术

① 园地选择：选择海拔 1000m 以上中山地带，背风向阳、地势高燥、土层深厚、土壤肥沃、排水良好而适当湿润的酸性沙土、沙壤土、轻壤土栽植日本五针松。碱性土及沙土、低洼积水地均不适宜栽植日本五针松。

② 整地：日本五针松一般需要在栽植前的冬季，对坡度 15°以下的山地采用全垦加大穴的整地方式进行整地，全垦深度 40cm 以上，穴的规格 40cm×40cm×40cm；坡度 25°以上的地块采用穴状整地，穴的规格 50cm×50cm×50cm。

③ 栽植密度：一般栽植株行距 2m×(2～3)m，初植密度 111～167 株/667m^2。

④ 栽植方法：春节后发芽前穴植，裸根苗采用"三埋两踩一提苗"的通用栽植方法；容器苗在土壤周围轻踩，使容器土壤与穴中土

壤充分密接。

3.1.11.2　日本五针松养护技术

日本五针松栽植后当年松土除草 3 次，全垦的可进行林农间作。前 5 年每年萌芽前在树冠周围施复合肥 250g/株。注意防治锈病、根腐病、煤污病、介壳虫、红蜘蛛、蚜虫等病虫害。

3.1.12　杉木

3.1.12.1　杉木栽培技术

① 园地选择：选择土层深厚、质地疏松、肥沃湿润的阳坡或半阳坡中下部、山洼、谷地及阴坡微酸性壤土栽植杉木。山脊、山坡的上部、阳坡，因日照长，温差大，湿度小，风力强，土壤肥力低，杉木生长差。矿岩类、碳酸盐岩类及残积母质发育的土壤，因土壤浅薄及保水保肥能力弱，第四纪红黏土、下蜀系黄土等因缺少有机质、土壤黏重板结，均不适宜栽植杉木。

② 整地：杉木栽植整地，20°以下的坡地采用全垦挖穴整地，20°以上的坡地采用带垦挖穴或块状挖穴整地。要求穴深 50cm，穴宽 70cm，穴距（1.5～2）m×2m。要回填细碎表土，并高出地面 20cm。

③ 栽植密度：一般栽植株行距（1.5～2）m×2m，初植密度 167～222 株/667m²。

④ 营造混交林：土壤较瘠薄的地方，应混栽 1/3 的马尾松苗，以形成杉松混交林，促进成林成材。阳坡多与阔叶树混交栽植。

⑤ 栽植方法：杉木于早春萌芽前起苗裸根栽植，栽植前用磷肥浆根（黄泥土 50kg＋磷矿粉 10kg 混合后用粪水泼湿堆沤充分发酵腐熟，每 250 株高 35cm 以上的 1 年生杉木苗约用混合后的磷肥 1kg），每穴栽 1 株，要做到苗根舒展，苗身端正，适当深栽，踩紧土壤，松土培蔸。如遇干旱天气栽植，应浇定根水。

3.1.12.2　杉木养护技术

杉木栽植当年 4～6 月块状松土除草 1 次，8～9 月全面松土除草 1 次，也可以间作木薯、豆类，以耕代抚。注意防治杉木炭疽病、杉木细菌性叶枯病、杉木生理性黄化病、杉梢小卷蛾、粗鞘双条杉天牛、黑翅土白蚁、黄翅大白蚁等病虫害。

3. 1. 13　柳杉

3. 1. 13. 1　柳杉栽培技术

① 园地选择：在温暖湿润或凉爽多雾的气候条件下，选择海拔 400~2500m 的山谷边、山谷溪边潮湿地方、山区缓坡的中、下部和冲沟、洼地以及土层深厚湿润、质地较好、疏松肥沃而排水良好的酸性土壤栽植柳杉。西晒强烈的黏土地、低洼积水地均不适宜栽植柳杉。

② 整地：柳杉栽植整地，缓坡地区宜采用带状整地，带宽 0.6~ 0.8m，深 30cm，带间距离依栽植株行距而定；陡坡地带宜采用穴状整地，整地规格为 50cm×50cm×40cm。

③ 栽植密度：一般植株行距 2m×(2~3)m，初植密度 111~167 株/667m^2。

④ 营造混交林：柳杉可与杉木营造混交林，混交方式常采用单行混交或单双行混交栽植。阳坡多与阔叶树混交栽植。

⑤ 栽植方法：柳杉于冬季或春季栽植，春季干旱严重地区宜雨季栽植。栽植时，先适当修剪苗木过长的根系，苗木入土深度约超过苗木原土痕 2~3cm，回填细土壅根后，稍向上提苗，再次填土踩紧压实，最后盖一层松土呈弧形。

3. 1. 13. 2　柳杉养护技术

柳杉栽植当年秋季松土除草 1 次；第 2~3 年春挖秋铲各 1 次；第 4~5 年，每年再松土除草 1 次。全垦整地栽植的柳杉林在栽植后的前 3~4 年尽可能进行林粮间作。注意防治赤枯病、瘿瘤病、柳杉云毛虫、金龟子、白蚁、天牛等病虫害。

3. 1. 14　侧柏

3. 1. 14. 1　侧柏栽培技术

① 园地选择：选择低山或中山海拔 1000m 以下阳坡、半阳坡的石质山地，干燥瘠薄的钙质土壤以及排水良好、湿润肥沃的轻盐碱地和沙地栽植侧柏。风口之地不适宜栽植侧柏。

② 整地：一般采用鱼鳞穴、窄幅梯田、水平阶、水平沟等方法整地。一般窄幅梯田整地规格为 0.8m×2m×0.4m，水平沟整地规

格为 0.5m×2.5m×0.4m。

③ 栽植密度：一般栽植株行距（1.5～2）m×（2～3）m，初植密度 111～222 株/667m²。

④ 营造混交林：侧柏可与油松、沙棘、火炬树、麻栎等园林植物进行块状或带状混交栽植。

⑤ 栽植方法：侧柏春季、秋季、雨季都可栽植，主要取决于土壤水分条件。侧柏雨季栽植容易成活，即在阴雨天用 1.5～2.5 年生苗栽植，随起苗、随栽植。在秋季雨水条件好或土壤墒情好时进行秋季栽植，即用 1 年生健壮苗两株丛植，注意适当深栽和埋实，栽后将苗尖向东南压弯，上部覆 10～15cm 高的土堆防寒，翌春针叶开始转绿时扒出并松土保墒。

3.1.14.2　侧柏养护技术

侧柏栽植后 3～4 年内，每年分别在 4 月下旬、7 月、10 月上旬松土除草 3 次，干旱地区松土要深一些，但要注意防止损伤苗木根系。侧柏栽植 5 年后，在秋末或春初将 1/3 的枝条进行修枝并做到不劈不裂，以后 2～3 年修枝一次。注意防治侧柏毛虫、侧柏大蚜、双条杉天牛、侧柏红蜘蛛、侧柏叶凋病、侧柏叶枯病等病虫害。

3.1.15　圆柏

3.1.15.1　圆柏栽培技术

① 园地选择：选择远离苹果园、梨园，阳坡、半阳坡及半阴坡，土层厚度 30cm 以上的微碱性土壤栽植圆柏，堆积层实 2～3 年的石渣地也可栽植圆柏。低洼积水地，梨园、苹果园、海棠园、石楠园等附近均不适宜栽植圆柏。

② 整地：一般采用穴状整地，整地规格为 60cm×60cm×40cm，栽前施放基肥，每穴施放腐熟猪粪 5kg 左右并与回填土混合均匀。

③ 栽植密度：一般栽植株行距为（1～2）m×2m，初植密度 167～333 株/667m²。做绿篱栽植时一般栽植株行距（30～40）cm×（30～40）cm，初植密度 4167～7407 株/667m²。

④ 营造混交林：圆柏可与榆叶梅、紫丁香、国槐等园林植物株间混交或行间混交栽植。

⑤ 栽植方法：圆柏于春季或雨季大苗带土球移栽，移栽过程中切忌使土球破裂。栽植时在树穴内先放水搅拌成泥浆后再栽植，可明显提高圆柏的栽植成活率。

3.1.15.2　圆柏养护技术

圆柏栽植后连续浇 3 次透水并施 1%～5% 的稀薄人粪水 5kg/（株·次），前 2 年每年分别在 4 月下旬、6 月下旬、8 月上旬和 10 月中旬松土除草 4 次，以后每年在夏冬两季松土除草 2 次，夏季结合抗旱施稀人粪尿 1～3 次，每次 5～10kg/株，还要做好梅雨季的开沟排水和夏天的抗旱工作。幼苗修剪时，将主干上距地面 20cm 范围内的枝全部疏剪掉，选好第 1 个主枝，剪除多余的枝条，每轮只留 1 个枝条作主枝。要求各主枝错落分布，下长上短，呈螺旋式上升。如创造龙游苗冠，可将各主枝短截，剪口留向上的小侧枝，以便使主枝下部侧芽大量萌生，向里生长出紧抱主干的小枝。在生长期内，当新枝长到 10～20cm 时修剪 1 次，全年修剪 2～4 次，抑制枝梢徒长，使枝叶稠密成为群龙抱柱形。剪去主干顶端的竞争枝，以免造成分叉苗木形。主干上主枝间隔 20～30cm，及时疏剪主枝间的弱枝，以利通风透光。对主枝上向外伸展的侧枝及时摘心、剪梢、短截，以改变侧枝生长方向，造成螺旋式上升的优美姿态。注意防治桧柏梨锈病、桧柏苹果锈病及桧柏石楠锈病、圆柏大痣小蜂等病虫害。

3.1.16　刺柏

3.1.16.1　刺柏栽培技术

① 园地选择：在海拔 1300～3400m 的冷凉地区，选择石灰岩、紫石页岩山地或山边地角，背风向阳的山坳山脚，土层深厚、湿润肥沃、通透性良好的钙质土、酸性土以至海边干燥的岩缝间和沙砾地，或土层厚度 30cm 以上堆积沉实 2～3 年的石渣地均可栽植刺柏。

② 整地：多采用穴状整地，整地规格 80cm×80cm×40cm，挖穴时土石分放。

③ 栽植密度：刺柏一般栽植株行距 (1.5～2)m×2m，初植密度 167～222 株/667m²。

④ 营造混交林：刺柏可与侧柏、紫穗槐、香花槐、火炬树等园

林植物行间或块状混交栽植。

⑤ 栽植方法：刺柏带土球穴植，适当深栽，边埋土边踩实，然后整理出 0.8 米见方、里低外高的树盘。

3.1.16.2 刺柏养护技术

刺柏栽后当天浇透定根水，然后将树盘覆盖 1 米见方的地膜，四周用土压实；适当修枝，以后每隔 20～30 天浇 1 次水。注意防治黑茎病、蚜虫等病虫害。

3.1.17 日本扁柏

3.1.17.1 日本扁柏栽培技术

① 园地选择：在海拔 1300～2800m 的温暖湿润地区，选择土层深厚、土壤肥沃、排水良好且适当湿润的微酸性至微碱性土壤栽植日本扁柏。日光直射的地方不适宜栽植日本扁柏。

② 整地：日本扁柏需在栽植前一个季节，在除草后水平带或大块状整地，一般整地规格为 80cm×80cm×30cm，回填表土。

③ 栽植密度：一般栽植株行距 (1.67～2)m×2m，初植密度 167～200 株/667m²。

④ 营造混交林：日本扁柏可和栎类等园林植物进行株间混交栽植。

⑤ 栽植方法：日本扁柏在春季、秋季、雨季都能穴植，主要取决于土壤水分条件。日本扁柏雨季栽植容易成活，即在阴雨天用 1.5～2.5 年生苗栽植，随起苗、随栽植。在秋季雨水条件好或土壤墒情好时进行秋季栽植，即用 1 年生健壮苗 2 株丛植，注意适当深栽和埋实，栽后将苗尖向东南压弯，上部覆 10～15cm 高的土堆防寒，翌春针叶开始转绿时扒出并松土保墒。

3.1.17.2 日本扁柏养护技术

日本扁柏苗木定植后及时浇足定根水，并委派专人管理，郁闭前要加强松土、除草、追肥。注意侧柏毒蛾、大蟋蟀等病虫害防治。

3.1.18 龙柏

3.1.18.1 龙柏栽培技术

① 园地选择：在暖温带选择地势高燥、背风向阳、土层深厚、

土壤肥沃、土质疏松、排水良好、富含腐殖质的微酸性、中性、微碱性沙壤土栽植龙柏。龙柏在 pH 8.7、含盐量 0.2％的轻盐土中也能正常生长，但低洼积水地不适宜栽植龙柏。

② 整地：龙柏一般采用穴状整地，整地规格为 60cm×60cm×40cm，整好地后施腐熟猪粪 5kg/穴左右作基肥并与回填土混合均匀。

③ 栽植密度：一般栽植株行距（1～2）m×2m，初植密度 167～333 株/667m²。

④ 营造混交林：龙柏可与榆叶梅、紫丁香、国槐等园林植物进行株间混交或行间混交栽植。

⑤ 栽植方法：龙柏于春季或雨季大苗带土球移栽，移栽过程中千万不要将土球撕裂。

3.1.18.2 龙柏养护技术

龙柏栽植后连浇透水 3 次并施 1％～5％的稀薄人粪水 5kg/株，前 2 年分别在 4 月下旬、6 月下旬、8 月上旬和 10 月中旬松土除草 4 次，以后每年在夏冬两季松土除草 1～2 次，夏季结合抗旱施稀人粪尿 1～3 次，每次 5～10kg/株，还要做好梅雨季的开沟排水和夏天的抗旱工作。幼苗木修剪时，将主干上距地面 20cm 范围内的枝全疏去，选好第一个主枝，剪除多余的枝条，每轮只留一个枝条作主枝。要求各主枝错落分布，下长上短，呈螺旋式上升。如创造龙游苗冠，可将各主枝短截，剪口留向上的小侧枝，以便使主枝下部侧芽大量萌生，向里生长出紧抱主干的小枝。在生长期内，当新枝长到 10～20cm 时修剪 1 次，全年修剪 2～4 次，抑制枝梢徒长，使枝叶稠密成为群龙抱柱形。剪去主干顶端的竞争枝，以免造成分叉苗木形。主干上主枝间隔 20～30cm，及时疏剪主枝间的弱枝，以利通风透光。对主枝上向外伸展的侧枝及时摘心、剪梢、短截，以改变侧枝生长方向，造成螺旋式上升的优美姿态。龙柏树形除自然生长成圆锥形外，还可将其攀揉盘扎成龙、马、狮、象等动物形象，或修剪成圆球形、鼓形、半球形等。注意防治梨赤星病、紫纹羽病、立枯病、枯枝病、布袋蛾、红蜘蛛、双条杉天牛、柏小爪螨、侧柏毒蛾、大蓑蛾、柏肤小蠹、桧柏牡蛎盾蚧等病虫害。

3.1.19 杜松

3.1.19.1 杜松栽培技术

① 园地选择：在高寒地区选择背风向阳、地下水位较低、土层深厚、土质疏松、土壤肥沃的石灰岩形成的栗钙土或黄土形成的灰钙土栽植杜松。也可在海边干燥的岩缝间或沙砾地栽植杜松。梨园周围不适宜栽植杜松。

② 整地：一般采用穴状整地，整地规格 50cm×50cm×50cm，大苗整地规格为苗高的 1/2，栽前回填表土后浇足水，并施入腐熟有机肥 10～20kg/穴并与回填土混合均匀。

③ 栽植密度：一般栽植株行距（2～3)m×(2～3)m，初植密度 74～167 株/667m²。

④ 营造混交林：杜松周围可配置一些花灌木营造混交林。

⑤ 栽植方法：杜松在春季平均气温 10℃ 以上、针叶由黄绿变为鲜绿且新生梢未出时，选在阴天或无风的清晨和傍晚，选用 3 年生换床苗现掘苗现定植，掘苗后不可断根修剪，要及时带土球定植。定植深度应比苗木原土痕略深 10cm 左右。定植时要挖大穴，摆正苗，快填土，慢提苗，踩严实，浇透水，保成活。

3.1.19.2 杜松养护技术

杜松苗木定植后要加强松土、除草、施肥、灌溉等养护管理工作，要及时浇透定根水并在水渗透完后在定植穴表面撒上一层干土，之后每 10 天浇 1 次水，连浇 3 次；大苗定植后还需搭设支撑杆。翌年春夏两季根据干旱情况，施用 2～4 次肥水，即先在根颈部以外 30～100cm 处开一圈宽、深都为 20cm 的小沟（植株越大，则离根颈部越远），沟内撒施有机肥 15～25kg/株或颗粒复合肥 0.1～0.3kg/株，然后浇上透水。入冬以后开春以前，照上述方法再施 1 次肥，但不用浇水。冬季植株进入休眠或半休眠期后，将瘦弱枝、病虫枝、枯死枝、过密枝修剪掉。注意杜松赤枯病、杜松皅粉蚧等病虫害防治。

3.1.20 红豆杉

3.1.20.1 红豆杉栽培技术

① 园地选择：在凉爽湿润气候条件下，选择坡度 35°以下的阴坡

或半阴坡的中下部、坡脚、沟槽、山湾、山谷等处的针阔混交林下或郁闭度 0.4 以下的人工幼林地内，在地势较平坦、土层深厚、土质疏松、土壤肥沃、排水良好且湿润、pH 4.5～7.0 的沙质壤土栽植红豆杉。低洼积水地不适宜栽植红豆杉。

② 整地：红豆杉一般采用带状或穴状整地。整地规格为 40cm×40cm×30cm。不同土地条件可根据土地肥力情况，结合整地施入腐熟有机肥 10～20kg/穴并与回填土混合均匀。

③ 栽植密度：一般栽植株行距（60～100）cm×（100～150）cm，初植密度 445～1111 株/667m²。

④ 营造混交林：红豆杉可与杉木等针叶树、喜树等阔叶树混交栽植。

⑤ 栽植方法：红豆杉多于春季 2～4 月或秋季 9～11 月栽植，栽植时选择苗高 100～150cm、地径 3～5cm、3 年生以上红豆杉小苗带土球进行移栽。栽植时不可将土球弄散，要确保苗木不盘根，根舒展，覆土时将苗向上，边提边用土轻压，覆土后将叶面泥土除掉。

3.1.20.2 红豆杉养护技术

红豆杉栽植后应及时浇足含有低浓度生根粉的定根水，1 周内每天浇喷定根水 1 次，1 周后隔天浇定根水 1 次，2 周后掌握保持根系周围土壤湿润但不能积水的原则，适时浇水，多雨季节或栽植地积水时要及时排水。苗木较大的还需打支撑架固定。成活后前 5 年每年应在 5～6 月、7 月、8～9 月松土除草 2～3 次。并从栽植后的次年开始每年 5 月结合松土除草进行追肥。从栽植后第 4 年起，每年结合修剪修枝剪叶采收原料，用于提取紫杉醇。注意防治茎腐病、白绢病、疫霉病、叶螨、蚜虫、介壳虫等病虫害。

3.1.21 罗汉松

3.1.21.1 罗汉松栽培技术

① 园地选择：在温暖湿润气候条件下，选择阳坡或半阳坡，土层深厚、疏松肥沃、排水透气性良好且湿润的微酸性沙质壤土栽植罗汉松。碱性土不适宜栽植罗汉松。

② 整地：罗汉松一般采用穴状整地，整地规格 50cm×50cm×

50cm，行间适当保留一些杂树灌木荫蔽。结合整地施入腐熟有机肥 10～20kg/穴并与回填土混合均匀。

③ 栽植密度：一般栽植株行距（2～3）m×（2～3）m，初植密度 74～167 株/667m²。

④ 营造混交林：罗汉松可与广玉兰、水杉、桂花、海棠等园林植物混交栽植。

⑤ 栽植方法：罗汉松一般于春季 3～4 月带宿土或土球移栽，也可盆栽。在栽植小苗时，栽植深度与苗木原土痕一致，不宜太深；栽植中等规格苗木时，土球面比地面高 10～15cm；壮龄以上大树须在梅雨季节带土球移栽。

3.1.21.2 罗汉松养护技术

罗汉松栽植后应浇透定根水，生长期保持土壤湿润。盛夏高温季节需放半阴处养护。每 2 个月施 1 次肥。冬季盆栽注意防寒，盆钵可埋入土内，并减少浇水。成活后可常年进行修剪，主要是及时短截生长较快的中央主枝以促发侧枝，还要剪去徒长枝和病枯枝以保持优美树形，开花时最好及时将花蕾摘去。注意防治红蜘蛛、叶斑病和炭疽病等病虫害。

3.1.22 竹柏

3.1.22.1 竹柏栽培技术

① 园地选择：在海拔 1600m 以下的温热湿润气候条件下，选择阴坡或半阴坡，湿润但无积水，沙页岩、花岗岩、变质岩等母岩发育的土层深厚、土质疏松、土壤湿润、富含腐殖质的酸性沙壤土至轻黏土较适宜，喜山地黄壤及棕色森林土壤，尤以沙质壤土栽植竹柏为好。石灰岩地、低洼积水地均不适宜栽植竹柏。

② 整地：竹柏整地，在坡度 20°以下的地块采用全垦挖穴整地，20°以上的坡地采用带状挖穴整地。穴距 1.5～2.0m，穴长、宽均为 70cm，深 50cm。施入厩肥或土杂肥 50kg/穴，回填表土，混合均匀肥料。

③ 栽植密度：一般栽植株行距（1.5～2）m×2m，初植密度 167～222 株/667m²。

④ 营造混交林：竹柏栽植时最好与等量的阔叶树苗混交栽植。

⑤ 栽植方法：竹柏在早春 2～3 月苗木萌芽前起苗栽植，要求小苗带宿土，大苗带土球。要做到苗根舒展、苗身端正、栽植深度适度、分层填土踩实使根土密接，然后用松土培蔸。公园、庭院、风景区可在较阴湿处成片或零星栽植。

3.1.22.2 竹柏养护技术

竹柏栽植后应及时浇透定根水，栽植当年要适时中耕除草、追施肥料，若遇干旱要浇水降温并遮草保墒。以后每年要中耕除草 1～2 次，生长期每 2～3 个月施 1 次肥，进入 9 月后控制水肥，直至郁闭成林或树高 3m 以上。10 年生植株应视生长情况进行间伐，去弱留强，去小留大，去密留稀，去劣留优，以促进植株生长发育。作为园林观赏用的植株，还应进行适当的整形修剪，以保持良好的树形，提高观赏价值。注意蚜虫、竹柏介壳虫、潜叶蛾、黑斑病、锈病、白粉病、炭疽病、煤污病等病虫害防治。

3.1.23 广玉兰

3.1.23.1 广玉兰栽培技术

① 园地选择：选择背风向阳、土层深厚、排水良好、通气透水性好、有保水保肥能力，以及土内水、肥、气、热协调的略带酸性的黄土或沙质壤土栽植广玉兰。碱性土、低洼积水地均不适宜栽植广玉兰。

② 整地：广玉兰多用穴状整地，1～2m 高的广玉兰，树穴规格以 100cm×100cm×80cm 为宜。结合整地施入腐熟有机肥 10～20kg/穴并与回填土混合均匀。

③ 栽植密度：一般栽植株行距 (2～2.5)m×(2.5～3)m，初植密度 89～133 株/667m²。

④ 营造混交林：广玉兰可与女贞、雪松、侧柏、黄杨等园林植物带状或块状混交栽植。

⑤ 栽植方法：春季 3～4 月广玉兰的根开始萌动后带土球移栽，在不破坏树形的原则下适当剪稀枝叶并摘光 1/3 枝条的叶片，然后穴植。

3.1.23.2　广玉兰养护技术

广玉兰栽植后要及时浇足、浇透定根水并立好支杆，定根水最好用高效生根剂"速生根"10mg/kg灌根，7～10天后浇第2次水，20天后再浇第3次水。栽植后15天内还要坚持每天用水给树体喷雾3～4次，以后根据天气情况酌减，前期也可用高效生根剂100mg/kg"速生根"对移栽广玉兰进行叶面喷雾。成活后要根据天气状况适时浇水，生长期施稀薄粪水1～2次，浇水后要及时松土除草，随时剪去枯枝、病虫枝或过密枝，及时摘除花后的败蕾。注意防治褐斑病、干腐病、介壳虫等病虫害。

3.1.24　枇杷

3.1.24.1　枇杷栽培技术

① 园地选择：选择背风向阳、海拔500～2000m、坡度20°以下的山坡、山谷、溪流或阔叶林内土层深厚、土壤肥沃、土质疏松湿润、富含有机质、保水保肥性能较好的中性或微酸性沙质土壤栽植枇杷。北方严寒地区不适宜栽植枇杷。

② 整地：枇杷多采用大穴整地，整地规格100cm×100cm×80cm，将表土与底土分开堆放，在定植前2个月施腐熟农家肥40kg/穴＋饼肥1kg/穴＋磷肥0.5kg/穴＋复合肥0.25kg/穴＋硼肥20g/穴＋硫酸镁20g/穴，与底土混合均匀作基肥，上面覆盖表土。

③ 栽植密度：一般栽植株行距(3～4)m×(4～5)m，初植密度33～56株/667m²。

④ 营造混交林：可在生态公益林的残次林内套种枇杷，形成阔叶树混交林。

⑤ 栽植方法：枇杷在春、秋两季均可栽植，但西南地区以春季2～3月栽植为好，栽植前先用黄泥浆蘸根并剪除2/3叶片，栽植时在栽植穴中挖小穴将苗木垂直栽下，分层填土踩实，栽植时深度比原土痕适当浅栽2cm。

3.1.24.2　枇杷养护技术

枇杷栽植后应及时浇足定根水，并用稻草覆盖树盘，然后用2.2L的可乐瓶并在瓶盖上打一个洞眼装满水倒挂在树的根部，给枇杷树滴灌。注意防治斑点病、角斑病、灰斑病、炭疽病、枇杷黄毛虫、苹果密蛎蚧、枇杷天牛等病虫害。

3.1.25 冬青

3.1.25.1 冬青栽培技术

① 园地选择：在凉爽气候环境下，选择阴坡、半阴坡或阔叶林下，肥沃湿润、深厚疏松的酸性、微酸性壤土栽植冬青。碱性土不适宜栽植冬青。

② 整地：冬青多采用全垦整地，整地深度 30cm，整地时拣净杂草、树根、石块，结合整地施入腐熟有机肥 1000～2000kg/667m^2 并与土壤混合均匀。

③ 栽植密度：一般栽植株行距（1～1.5）m×（1.2～1.5）m，初植密度 296～556 株/667m^2。

④ 营造混交林：冬青可与金丝垂柳、黄山栾村、光皮树等阔叶树进行异龄混交栽植。

⑤ 栽植方法：冬青在春季芽萌动前带土球移栽，穴植。

3.1.25.2 冬青养护技术

冬青栽植后应及时浇足定根水，栽植后 1 周内每天浇 1 次水，1个月后逢干旱季节每周浇 2 次水，结合中耕除草每年春、秋两季适当追肥 1～2 次，一般施以氮肥为主的稀薄液肥。夏季整形修剪 1 次，秋季可根据不同的绿化需求进行平剪或修剪成球形、圆锥形，并适当疏枝，保持一定的冠形枝态。冬季比较寒冷的地方可采取堆土防寒等措施。注意根腐病、黑腐病、茎腐病、叶斑病、角斑病、红蜘蛛、刺蛾、蚜虫、叶蝉、介壳虫等病虫害防治。

3.1.26 女贞

3.1.26.1 女贞栽培技术

① 园地选择：选择背风向阳、地势平坦开阔、土壤较肥沃、排水通畅且适当湿润、耕种层深厚、富含有机质、pH 6.5～8.5、全盐含量低于 0.3％的壤土、沙壤土、黏壤土、轻黏土栽植女贞。瘠薄土地不适宜栽植女贞。

② 整地：女贞一般在秋末冬初全垦整地，整地深度 40cm 以上，

结合整地施足以腐熟发酵有机肥为主的底肥（1000~2000kg/667m²）并与土壤混合均匀。

③ 栽植密度：一般栽植株行距（2~3)m×(2~4)m，初植密度56~167株/667m²。

④ 营造混交林：女贞可与黄连木、五角枫等阔叶树进行异龄混交栽植。

⑤ 栽植方法：女贞于春季苗根带土并蘸泥浆移栽，栽植前先将主干截去1/3，保留1个壮芽，剪去剪口下面第1对芽中的1个芽；保留3~4个主枝，每个主枝都要短截、留芽、剥芽；栽植时将苗木栽入穴中后扶正并分层填土踩实。

3.1.26.2　女贞养护技术

女贞栽植后应及时浇透定根水，早春时期栽植的浇1~2次透水并补充氮肥；夏季每20天浇1次透水并施入适量磷钾肥，还要将主干上主枝的竞争枝以及主干和根部的萌蘖枝修剪掉；秋冬季要根据土壤墒情和气候条件进行浇灌，但在入冬前要结合浇防冻水施用适量腐熟有机肥。翌年6月追施氮磷钾复合肥，10月补充施入腐熟有机肥，从第3年起以秋末施农家肥为主。适时中耕除草，深度3~5cm；除掉的杂草应及时运走。注意粉蚧、枯萎病、叶斑病等病虫害防治。

3.1.27　桂花

3.1.27.1　桂花栽培技术

① 园地选择：选择背风向阳、土层深厚、土壤肥沃、排水良好、富含腐殖质、偏酸性（pH 5.5~6.5）的沙壤土栽植桂花。碱性土、低洼地和过于黏重排水不畅的土壤均不适宜栽植桂花。

② 整地：桂花多采用穴状整地，整地规格60cm×60cm×60cm。整好地后要施足腐熟有机肥1000~2000kg/667m²并增施一些草木灰，将肥料与回填土混合均匀待栽植。

③ 栽植密度：一般栽植株行距为（2~2.5)m×(2.5~3)m，初植密度89~133株/667m²。

④ 营造混交林：桂花可与罗汉松、广玉兰、水杉、海棠等园林植物混交栽植。

⑤ 栽植方法：桂花于冬末春初带土球移栽，穴植，一般每穴栽植 1 株 3 年生苗，然后定苗，分层埋土踩实。

3.1.27.2 桂花养护技术

桂花栽植完毕后随即浇 1 次透水，栽植后的 1 个月内和栽植当年的夏季一定要浇透水，有条件的应对植株的树冠喷水，一般桂花浇水要掌握"见干、见湿"的原则，不干不浇、浇则浇透，夏季早晚浇，冬季中午浇。雨后要及时排涝。浇水或降雨后要在以主干为中心 1m 直径的树盘内松土和除草。成活后以速效氮肥为主薄肥勤施，翌年春季发芽后每隔约 10 天施用 1 次充分腐熟的稀薄饼肥水，7 月以后施以稀薄的腐熟鸡鸭粪水或鱼杂水，或在上述肥液中加入 0.5% 过磷酸钙，9 月初最后 1 次施以磷肥为主的液肥。注意防治炭疽病、叶斑病、腐烂病、吉丁虫、木虱、粉虱、介壳虫、刺蛾、卷叶蛾、蓑蛾和尺蠖等病虫害。

3.1.28　珊瑚树

3.1.28.1　珊瑚树栽培技术

① 园地选择：选择海拔 $100\sim600m$、温暖向阳、深厚肥沃、排水良好且适当湿润的中性至酸性沙壤土栽植珊瑚树。碱性土、低洼积水地均不适宜栽植珊瑚树。

② 整地：珊瑚树需在栽植前 1 个月全面耕翻整地，整地深度 30cm。结合整地施入腐熟的有机肥 $1000\sim2000kg/667m^2$ 作基肥，并与回填土混合均匀。

③ 栽植密度：一般栽植株行距 $(1\sim1.5)m\times(1.2\sim1.5)m$，初植密度 $296\sim556$ 株/$667m^2$。

④ 营造混交林：珊瑚树可与大叶黄杨、凤尾竹、香樟等园林植物块状混交栽植。

⑤ 栽植方法：珊瑚树于 3 月中旬至 4 月上旬将挖起的小苗带宿土移栽，大苗需带土球移栽，必须随起苗随移栽，采用穴植方法移栽。一般栽植成树墙或绿篱。

3.1.28.2　珊瑚树养护技术

珊瑚树栽植后应及时浇足定根水，以后见干就浇，早上浇水，但不宜过于积水。每年春秋季需各施1～2次追肥和松土除草，每年还需对它行1～2次修剪，创造树墙、绿篱等多种造型。注意防治根腐病、黑腐病、茎腐病、叶斑病、角斑病、介壳虫和刺蛾等病虫害。

3.1.29 棕榈

3.1.29.1 棕榈栽培技术

① 园地选择：在温暖湿润的气候条件下，选择光强为全光照的1/4～1/5、地势高燥、排水良好、湿润肥沃的中性、石灰性或微酸性壤土或沙壤土栽植棕榈。低洼积水地、风口之地均不适宜栽植棕榈。

② 整地：棕榈一般采用全垦整地，在移栽前一年的7～8月将地面杂草灌丛全部砍倒，翻耕30cm左右，把杂草灌丛埋入土中；待移栽时，打碎土块，拣除石块、树根等。

③ 栽植密度：棕榈林粮间作的一般栽植株行距1.3m×17m，初植密度30株/667m²；混交林一般栽植株行距（2～3）m×（2～3）m，初植密度74～167株/667m²；纯林一般栽植株行距（1～2）m×（1～2）m，初植密度167～667株/667m²，也可在草坪上疏植。

④ 营造混交林：棕榈可与枳木、油桐、香椿、泡桐等速生阔叶树进行行间混交栽植。

⑤ 栽植方法：棕榈穴植，穴的规格为40cm×40cm×35cm，带土球移栽，栽植不宜过深，盖土至苗木原土痕，穴面保持盘子形。

3.1.29.2 棕榈养护技术

棕榈栽后应剪除1/2叶片并及时浇透定根水，干旱时在晴天下午或傍晚适当浇水；雨季适当控制浇水，雨后及时排涝，做到雨过地干；天气寒冷之地冬季用草裹干。新叶发生、旧叶下垂时应及时剪去旧叶。每年冬春两季可施以豆饼肥或厩肥，平时可增施钾肥，也可分别施用生石灰、过磷酸钙等。经常修剪枯枝落叶，发现病株，及时清理，将其深埋或烧毁，病穴用石灰消毒。注意防治心腐病、炭疽病、叶斑病、假黑粉病、褐纹甘蔗象、椰心叶甲、红棕象甲、蛞蝓及蜗牛等病虫害。

3.1.30 假槟榔

3.1.30.1 假槟榔栽培技术

① 园地选择：在热带、南亚热带和中亚热带地区，选择高温高湿、排水良好、土壤质地疏松、肥沃、不积水、西北风影响小、富含腐殖质的微酸性沙质壤土栽植假槟榔。碱性土、低洼积水地均不适宜栽植假槟榔。

② 整地：假槟榔一般采用全垦整地，在移栽前一年的 7～8 月将地面杂草灌丛全部砍倒，翻耕 30cm 左右，把杂草灌丛埋入土中；待移栽时，打碎土块，拣除石块、树根等。结合整地施入腐熟有机肥 10～20kg/穴。

③ 栽植密度：一般栽植株行距 3m×4m，初植密度 56 株/667m²。

④ 营造混交林：假槟榔可与散尾葵、雪松等园林植物混交栽植。

⑤ 栽植方法：假槟榔于春季或秋季穴植，地栽小苗以容器苗为好，非容器小苗和大苗必须带土球移栽。

3.1.30.2 假槟榔养护技术

假槟榔栽植后立即浇足定根水，并做好护株固植工作。晴天移栽应灌透水，以后遇晴天于每天早晚向树干和叶片喷 2 次水，但要注意不要将过多的水分喷到根部。生长旺盛的 5～9 月每月要追施 1 次稀薄的沤熟饼肥液。注意防治沁茸毒蛾、绿绵蚧、叶斑病、炭疽病、腐芽病等病虫害。

3.1.31 鱼尾葵

3.1.31.1 鱼尾葵栽培技术

① 园地选择：在热带、南亚热带和中亚热带地区，选择阴坡或半阴坡的疏松、肥沃、湿润、富含腐殖质的中性壤土栽植鱼尾葵。土地干燥、阳光暴晒的地方不适宜栽植鱼尾葵。

② 整地：鱼尾葵多采用穴状整地，整地规格 50cm×50cm×50cm，心土、表土分放栽植穴的两旁，每穴放入农家肥、塘泥 10～20kg 或磷肥 3～4kg 拌表土入穴，回填 20cm 表土。

③ 栽植密度：一般栽植株行距 4m×（4～5）m，初植密度 33～42株/667m²。

④ 营造混交林：鱼尾葵可与短穗鱼尾葵、董棕、矮琼棕、琼棕、单穗鱼尾葵、水翁、蒲桃等园林植物块状混交栽植，也可散植在地毯草上。

⑤ 栽植方法：鱼尾葵在大寒前后雨后起苗，注意不伤根，起苗后用 20～50mg/kg ABT 生根粉 3 号药液与黄泥调配成泥浆后，再把苗根放入药泥浆中来回拖几下，使苗根蘸足药泥，上山定植。栽植时苗放正并紧靠栽植穴的上方边缘，根要舒展自然，不卷曲成团。填培土分 2 次入穴并分层踩实，使湿泥和根紧贴密接。

3.1.31.2　鱼尾葵养护技术

鱼尾葵栽植后应及时浇透定根水，生长季节应多供给水肥。盛夏每天浇水 2 次，秋天以后浇水稍加控制。肥料以氮肥为好，4～8 月每月施 1 次稀薄液肥。栽植后 1～2 年内每年夏秋季除草 2～3 次。注意防治灰霉病、霜霉病、叶斑病、介壳虫等病虫害。

3.1.32　蒲葵

3.1.32.1　蒲葵栽培技术

① 园地选择：在背风向阳之地或半阴坡、水分充足的平缓地，选择湿润肥沃、有机质丰富、排水良好的壤土、沙壤土、黏壤土栽植蒲葵。低洼积水地不适宜栽植蒲葵。

② 整地：蒲葵多采用穴状整地，整地规格 50cm×50cm×40cm。整好地后施干粪或垃圾肥 5～10kg/穴作基肥，并与回填土混合均匀。

③ 栽植密度：一般栽植株行距 (1.5～2)m×(1.5～2)m，初植密度 167～296 株/667m²。

④ 营造混交林：蒲葵可与其他棕榈科植物、羊蹄甲等园林植物进行块状混交栽植，也可散植在草坪上。

⑤ 栽植方法：蒲葵于春季带宿根土栽植，按照"三埋两踩一提苗"的栽植方法进行移栽，栽植埋土与苗木原土痕相平。

3.1.32.2　蒲葵养护技术

蒲葵生长期应注意浇水和施肥。春季正处于生长旺季，需水量大，必要时每天向周围环境喷水。除栽植时施足基肥以外，在生长期还应施稀薄的肥料，多以氮肥为主，每隔20～30天施1次20％的腐熟饼肥水或人粪尿。植株生长出新叶片后，要适当剪去部分老叶和全部枯叶，修剪后涂抹愈伤防腐膜。注意防治叶斑病、黑粉病和介壳虫等病虫害。

3.1.33 海枣

3.1.33.1 海枣栽培技术

① 园地选择：海枣喜温暖湿润的环境，喜光又耐阴，耐高温、耐水淹、耐干旱、耐盐碱、耐霜冻。1年生小苗适应较荫蔽的环境，一般遮阴50％为佳。成龄树适应阳光充足的环境。在滨海地带、海岸、沙土、微酸性土壤及石灰质土壤均可栽植海枣，但以土壤肥沃、土质疏松、通透性较好、排水良好且湿润的壤土较佳。

② 整地：海枣多采用穴状整地，穴要比先有的土球大20cm以上。

③ 栽植密度：海枣小苗一般栽植株行距1m×1.5m，初植密度445株/667m^2；成龄树移植株行距2m×3m，初植密度111株/667m^2。

④ 营造混交林：海枣一般可与灌木、草本植物混交栽植。

⑤ 栽植方法：海枣栽植前先在栽植穴底部放一层碎砖，上面再铺一层细沙后再栽植，然后用含腐殖质的壤土或沙质土壤分层踩实，定植后，土球要高出土表5～10cm，使之与土表成45°倾斜。成龄树移栽时要适当修剪掉部分叶片。

3.1.33.2 海枣养护技术

海枣定植后及时浇透定根水，然后用细沙覆盖树盘，树盘上部最好种上细小的植物。以后干了就浇水，不干就不用特别管理。在植株未生根时可用翠筠活力素500倍液或日本EM生物肥1000倍液进行根部浇灌，促进根系的生长。在新根未长出之前或根系不发达时，可用0.5％的尿素或0.2％的磷酸二氢钾进行叶面喷施，用量以喷至叶面滴水为度，可10天喷1次。成龄树栽植时可用3～4根竹竿、木条或钢丝绳作固定。注意防治心腐病、干腐病、根腐病、黑点病、红棕象甲等病虫害。

3.1.34　乐昌含笑

3.1.34.1　乐昌含笑栽培技术

①园地选择：在温暖湿润的气候条件下，选择阴坡或半阴坡、肥沃、排水良好的酸性土壤栽植乐昌含笑。过于干燥的土壤不适宜栽植乐昌含笑。

②整地：乐昌含笑一般采用穴状整地，整地规格50cm×50cm×40cm。

③栽植密度：一般栽植株行距3m×3m，初植密度74株/667m²。

④营造混交林：乐昌含笑可与栲树、米槠、石栎、石楠、红楠、木荷、木莲、构骨等园林植物混交栽植。

⑤栽植方法：乐昌含笑在春季、晚秋、初冬3个季节都可栽植，以春季为最佳栽植期。2年生苗要按照"三埋两踩一提苗"的方法带土移栽，栽植的时候，树穴壁要直，深度适宜，不窝根。

3.1.34.2　乐昌含笑养护技术

乐昌含笑栽植后，春秋季每2～3天浇1次水；夏季每天在傍晚浇1次水，空气干燥时，可喷洒地面和植株叶面；冬季不要多浇水，保持土壤略湿润即可。注意薄肥勤施，每隔10天左右施1次全效肥；孕蕾期适当多施磷、钾肥，秋季少施肥；开花期及冬季休眠或半休眠状态，停止施肥。注意防治炭疽病、介壳虫等病虫害。

3.1.35　深山含笑

3.1.35.1　深山含笑栽培技术

①园地选择：选择温暖湿润、通风良好、光照充足或半阴、土层深厚、土质疏松、土壤肥沃、排水良好且湿润的酸性或微酸性沙土、沙壤土、壤土栽植深山含笑。低温寒冷地区、低洼积水地、干旱瘠薄土地和日光暴晒的地方均不适宜栽植深山含笑。

②整地：深山含笑多于冬季或栽植前穴状整地，整地规格60cm×60cm×60cm，挖穴后回填混合复合肥0.25kg/穴或磷肥0.5kg/穴的炭土30～40cm厚。

③栽植密度：一般栽植株行距3m×(3～4)m，初植密度56～74

株/667m²。

④ 营造混交林：深山含笑可与杉木按（2～3）：1 的比例混交栽植。

⑤ 栽植方法：深山含笑一般于春季或冬季用大苗移栽，以春季 2～3 月深山含笑芽未萌动前栽植最好。穴植，栽植时保证根系舒展、苗正，边填土边踩实，使根土密接，栽植深度比苗木原土痕深 3～5cm。

3.1.35.2 深山含笑养护技术

深山含笑定植后要及时浇透定根水后覆土，隔 2～3 天浇足第 2 次水，再隔 7 天浇第 3 次水，以后根据天气和移栽苗木生长情况每隔 7～10 天浇 1 次水，直到苗木成活为止。在栽植后的前 3 年要在冬末春初及时剪除树根处的萌发枝、树干上的霸王枝以及树冠下部受光较少的枝条，保持树冠相当于树高的 2/3，确保主茎的生长，并将离地面树高 2/3 以下的嫩芽抹掉，减少养分消耗。以培育景观林为目的的，在保证不形成多个顶时，只修剪枯枝，不必修剪活枝。在栽植后的前 3 年要在每年深山含笑芽萌发前在树冠周围开沟施复合肥 0.25kg/株，每年松土除草 2～3 次，如能在林内间种农作物，以耕代抚是促进林木生长较有效的办法。注意根腐病、炭疽病、介壳虫等病虫害防治。

3.1.36 樟树

3.1.36.1 樟树栽培技术

① 园地选择：在海拔 600m 以下，年平均温度在 16℃ 以上，绝对最低温度不低于 −7℃ 的地方，选择土层深厚、湿润、肥沃、中性或酸性、质地疏松的山脚、山窝或地势开阔平缓的坡地栽植樟树。水涝地、干旱瘠薄地和盐碱土均不适宜栽植樟树。

② 整地：樟树宜在栽植前 2～3 个月开始至栽植前 1 个月完成穴状整地，整地规格 60cm×50cm×40cm，打好穴暴晒 10 天后，回填四周表土，做到表土归心，土块匀碎，拣去杂物草根。填土到 1/3 时，施放优质复合肥 500g/穴，充分混合均匀，再回填表土至馒头形。

③ 栽植密度：一般栽植株行距（2～3）m×（2～3）m，初植密度74～167株/667m²。

④ 营造混交林：樟树可与马尾松、杉木、枫香等园林植物进行株间或行间混交栽植。

⑤ 栽植方法：樟树栽植，南方地区从1月开始至新梢萌发前选择雨天过后马上用裸根苗剪叶或截干后穴植，苏南地区多用大苗带土栽植。用大田裸根苗栽植，在起苗前1天晚上要淋透水，起苗时尽量保留侧根，主根长度保留25cm左右，及时浆好根（浆泥选用黄心土拌少许生根粉或食盐兑水500倍搅拌黄心土，至黄心土黏而不滞、稀而不流，浆根池深50cm）。植苗时应选择根茎健壮、主茎通直、无病虫害、枝叶无损伤、未失水的苗木，把回填土扒开，至超过根系3～5cm深，将苗扶正，回填土至1/2时，将裸根苗轻提一下，踩实四周，回土至树苗根基，踩实四周，再回一层3～5cm薄表土。

3.1.36.2　樟树养护技术

樟树栽植后，如遇久旱晴天，要及时人工浇水2～3次，每次浇水1.0～1.5kg/株。植好苗7天后，马上进行补植，确保成活率在98%以上。栽植当年至幼树郁闭度达0.9或树高达5m以前都必须及时做好松土除草工作，做到除早、除了，若局部杂草灌木生长旺盛，还应进行第2次、第3次除草工作，做到始终保持草净状态。栽植当年4月在幼树两边30cm外沟施5：1的氮钾速效肥25g/株，翌年至幼树完全郁闭，每年4月和10月分别在幼树四周50cm外沟施优质复合肥750g/株和250g/株。栽植当年至幼树完全郁闭前，每年5月把侧芽、顶端分权芽抹去，10月剪除树冠下层1/3以下侧枝和顶端分权枝，对大的侧枝剪口涂上防腐剂。主要防治炭疽病、颈曼盲蝽、樟白轮蚧、银杏大蚕蛾、樟脊冠网蝽等病虫害。

3.1.37　榕树

3.1.37.1　榕树栽培技术

① 园地选择：在温暖多雨气候条件下，选择阳光充足、温暖湿润的河岸、湖畔、草坪、风景区或缓坡地，在土质疏松、土壤肥沃、酸性、微酸性和微碱性壤土孤植或群植榕树造景，也可用庭院等四旁

绿化栽植榕树。榕树在瘠薄的沙质土中也能生长，但在低温严寒地方、干燥气候、碱土、烈日暴晒之地均不适宜栽植榕树。

② 整地：榕树一般在植树前需提前进行穴状整地，整地规格为$80cm \times 80cm \times 50cm$。

③ 栽植密度：榕树一般群植株行距$4m \times (4\sim5)m$，初植密度$33\sim42$株/$667m^2$；四旁绿化一般栽植株行距多采用$4\sim8m$，园林绿化树或孤植树可根据设计要求，定点栽植。

④ 营造混交林：榕树可与耐阴花灌木、草本植物混交栽植。

⑤ 栽植方法：榕树多于冬末春初带土球移栽。栽植时先在栽植穴底部撒上一层$4\sim6cm$厚的有机肥料作为底肥，再覆上一层土并放入苗木，把肥料与根系分开，然后回填$1/3$深的土壤，把根系覆盖住、扶正苗木、踩紧，回填土壤到穴口，再把土壤踩实。

3.1.37.2 榕树养护技术

榕树栽植后应及时浇透定根水，浇水后如果土壤有下沉现象，再添加土壤，然后用小木棍把苗木绑扎牢固；栽植后$1\sim3$年，每年按冠幅扩穴松土除草$2\sim3$次；成活后注意施肥和浇水并严防摇动，当枝叶过密时及时修剪，中心主干达到所需高度后注意摘心整枝，培育树冠。注意防治木虱、蓟马、灰白蚕蛾、蚜虫、红蜘蛛、小蠹虫、嫩梢蛀螟、叶斑病等病虫害。

3.1.38 杜英

3.1.38.1 杜英栽培技术

① 园地选择：选择海拔$800m$以下（云南可上升到$2000m$）、背风向阳、温暖潮湿、土层深厚、土质疏松、土壤肥沃、排水良好的山坡、山谷地，中性至微酸性的红壤、山地黄壤、山地黄棕壤栽植杜英。低温寒冷地区、低洼积水之地均不适宜栽植杜英。

② 整地：杜英一般于栽植前1年的秋末冬初穴状整地，整地规格$60cm \times 60cm \times 50cm$。结合整地撒施粉状硫酸亚铁$15kg/667m^2$进行土壤消毒，并撒施腐熟厩肥$2000kg/667m^2$＋饼肥$100kg/667m^2$作基肥，与土壤混合均匀。有条件的地方，也可施放复合肥或饼肥$50g/$穴，并回填一层表土。

③ 栽植密度：一般栽植株行距（1.5～2）m×（1.5～2）m，初植密度167～296 株/667m²。

④ 营造混交林：杜英可与青枫栎、石栎、杉木、楮栲类、檫树、南酸枣、马褂木等园林植物进行行间混交或块状混交栽植。

⑤ 栽植方法：杜英于3月上旬至下旬选择阴天或小雨天随起苗随栽植。栽植时适当剪去部分枝叶和过长的根，严格做到苗正、根舒、深栽、踩紧等，栽植成活率可达95%以上。

3.1.38.2　杜英养护技术

杜英定植后要及时浇透定根水，并适时扶苗、培土和清除萌蘖或茎下部的徒长枝；栽植后的前3年每年在5～6月和8～9月2次生长高峰前松土除草2次，施肥2次，年施氮磷钾混合肥7～20kg/667m²。至第4～5年时树高可达5m以上，胸径5cm左右，杜英将郁闭成林。同时在每年冬季及时剪除顶芽附近的竞争枝。注意尺蠖、红蜡蚧、茶袋蛾、日灼病、叶枯病等病虫害防治。

3.1.39　天竺桂

3.1.39.1　天竺桂栽培技术

① 园地选择：在温暖湿润气候条件下，选择背风向阳、土层深厚肥沃、疏松湿润、排水良好的中性至微酸性壤土栽植天竺桂。阳光暴晒、低洼积水地均不适宜栽植天竺桂。

② 整地：天竺桂一般于栽植前进行穴状整地，整地规格60cm×60cm×60cm。整地时除尽杂草，并将表土、心土分开存放，分开回填。

③ 栽植密度：一般栽植株行距（2～3）m×（2～3）m，初植密度74～167 株/667m²。

④ 营造混交林：天竺桂可与樟树、羊蹄甲、桂花等园林植物株间或块状混交。

⑤ 栽植方法：天竺桂要选择阴天小雨时带土球移栽。栽植前适当修剪枝叶。如选用1年生苗切干栽植时，可先在离地5～10cm处切断，保持根系完整，栽植时苗干切面应与地平，萌蘖后留1株苗。如用大苗栽植，回填土至树根颈上5～6cm，再踩紧浇水，然后再回

土成龟背形，并保持土表疏松，栽植深度为根颈上 10cm。

3.1.39.2 天竺桂养护技术

天竺桂栽植后应及时浇透定根水，以后遇到晴天，1 周浇 1 次水。小苗注意松土除草，大苗要用支架固定。注意防治天竺桂粉实病、天竺桂叶斑病、茎腐病、蛀梢象鼻虫等病虫害。

3.1.40 火力楠

3.1.40.1 火力楠栽培技术

① 园地选择：在温暖湿润、阳光充足的环境下，选择海拔 500m以下、湿润的丘陵至低山山坡下部或山谷，在土层深厚、疏松肥沃、腐殖质较多、富含有机物、排水良好、通透性好、酸性至中性（pH 4.6～8.3）、由花岗岩、板岩、砂页岩风化后形成的红壤、黄壤、黄棕壤上栽植火力楠。干旱瘠薄地不适宜栽植火力楠。

② 整地：火力楠需在栽植前 1 年的秋冬季穴状整地，整地规格（40～50）cm×40cm×30cm。栽植前 1 个月回穴土，先回表土后回心土，回穴土至 1/2 时施放基肥，与底土充分混匀后继续回穴土至平穴备栽。

③ 栽植密度：一般栽植株行距 2m×（2～3）m，初植密度 111～167 株/667m²。

④ 营造混交林：火力楠可与杉木、马尾松、木荷、阿丁枫、桉树等园林植物混交栽植。

⑤ 栽植方法：火力楠在早春雨后的阴天或小雨天进行栽植，栽植时小心剥除营养袋后带土栽植。可适当深植，回土要细，适当压平压实后，用松土回填成"馒头"状。

3.1.40.2 火力楠养护技术

火力楠栽植后应及时浇透定根水，栽植当年 10～11 月的"小阳春"或翌年春进行补植。前 3～4 年时每年 4～5 月和 8～9 月各松土除草 1 次，3～4 月施放复合肥 50～100g/株。当林分郁闭度达 0.9 以上，被压木占 20%～30%时或混交林中主栽树种开始被压时，开始采用下层疏伐法间伐，疏伐后林分郁闭度应保持在 0.6～0.7。注意防治火力楠缺铁黄叶病、根腐病、茎腐病、藻斑病、蚜虫、蟋蟀、天牛等病虫害。

3.2 落叶乔木类园林植物的栽培与养护

3.2.1 银杏

3.2.1.1 银杏栽培技术

① 园地选择：选择气候温和、背风向阳、水分充足、排水良好、土层深厚、肥沃湿润的酸性或中性黄壤、红壤及石灰性（pH 8.0）壤土、沙壤土栽植银杏。干旱瘠薄地、低洼积水地均不适宜栽植银杏。

② 整地：银杏需在栽植前 1 个季节进行带状整地，带宽 1.5～2.0m，深 0.8m，先整平地面，挖出的表土放在沟的一边，心土放在另一边，经过冬季风化，早春向沟内回填，表土填下面，心土填上部，填土达沟深的 1/3 时，按 5000kg/667m² 施入腐熟厩肥，将厩肥与土壤混拌后继续填土，填平后连续浇水 2 次，使土壤密实、湿润。对不能进行带状整地的地方，可按预定的栽植株行距进行挖大穴整地，其规格为 100cm×100cm×80cm，施足基肥，挖土及回土方法同带状整地。

③ 栽植密度：一般分为群体栽植和散生栽植，一般成片（群体）栽植株行距为（6～8）m×（6～8）m，初植密度 10～19 株/667m²；早实丰产园一般栽植株行距为（2～3）m×（3～4）m，初植密度 56～111 株/667m²。

④ 营造混交林：银杏可与桃树、无花果、柳杉、金钱松、椴树、杉木、蓝果树、枫香、天目木姜子、香果树、响叶杨、交让木、毛竹等园林植物进行株间或块状混交栽植。还可与草地相结合，适当配置一些其他常绿落叶树种。

⑤ 栽植方法：银杏可在早春萌动前裸根栽植，但还是应尽量带宿土移栽，保持根系完整；确实不能带宿土移栽的苗木，可用 500mg/kg ABT3 号生粉溶液蘸根栽植。若根系过长，栽前还要适当修剪。栽时将苗木放入穴中，按前后左右对齐成线的要求确定好位

置，填土踩实，同时轻轻提苗，栽植深度以苗木在圃中原有深度为准。

3.2.1.2 银杏养护技术

银杏栽植后灌足水，并培土护苗，使栽植穴高于地面 20cm。以后每年春秋各施 1 次肥。注意保护好顶芽，雨季应及时排水，以免影响生长。注意防治银杏茎腐病、银杏叶枯病、银杏干枯病、银杏大蚕蛾、银杏超小卷叶蛾、桃蛀螟等病虫害。

3.2.2　羊蹄甲

3.2.2.1　羊蹄甲栽培技术

① 园地选择：选择温暖、阳光充足的环境，在湿润肥沃、排水良好的酸性沙质壤土栽植羊蹄甲。低温严寒的地方和低洼积水地均不适宜栽植羊蹄甲。

② 整地：羊蹄甲多采用穴状整地，整地规格 50cm×50cm×40cm。大苗移栽的穴为土球直径的 1.5 倍，深度为土球高度＋20cm。

③ 栽植密度：一般栽植株行距 2m×(2～2.5)m，初植密度 133～167 株/667m²。

④ 营造混交林：羊蹄甲可与秋枫、蒲桃等园林植物株间或行间混交栽植。

⑤ 栽植方法：羊蹄甲一般于早春 2～3 月移栽，小苗多带宿土移栽，大苗要带土球移栽。

3.2.2.2　羊蹄甲养护技术

羊蹄甲栽植后应及时浇足定根水，大苗栽植后应设立支架保护，成活后每年在生长期施 1～2 次液肥。注意防治蚜虫、褐边绿刺蛾、大蓑蛾、紫荆角斑病、紫荆枯萎病、紫荆叶枯病等病虫害。

3.2.3　合欢

3.2.3.1　合欢栽培技术

① 园地选择：选择阳光充足、地势高燥、湿润肥沃、排水良好的沙壤土栽植合欢。夏季烈日暴晒之处不适宜栽植合欢。

② 整地：在栽植前 1～3 个月采用穴垦整地，整地规格 40cm×40cm×30cm。整地要掌握深、净、平、松、牢 5 项要求（即达到要

求的深度、石块拣净、穴面平整、土壤疏松、外沿牢固）。

③ 栽植密度：在阳坡、山坡顶一般栽植株行距 $1.5m \times (1.5 \sim 2)m$，初植密度为 $222 \sim 296$ 株/667m²；在阴坡、凹地一般栽植株行距 $2m \times (2 \sim 3)m$，初植密度为 $111 \sim 167$ 株/667m²。

④ 营造混交林：合欢可与侧柏、栎类、楝树、刺槐等园林植物块状混交栽植。

⑤ 栽植方法：合欢小苗一般在春季萌芽之前移栽，合欢大苗要在春季萌芽前树液尚未流动时或秋季落叶之后至土壤封冻前带足土球移栽。栽植前，要先剪去侧枝叶，仅留主干，选择阴雨或土壤湿润时栽植。裸根苗木栽植用"三埋两踩一提苗"的方法，竖直放苗，根系要舒展，位置要合适，然后用掺入保水剂的湿土填埋，填土至 1/2 时要先提苗，使苗木根颈原土痕与地面相平或略高于地面 $2 \sim 3cm$ 处，然后踩实，再填土、再踩实。带土球苗栽植时将合欢小心放入穴内，然后回填细土压实，穴深以盖过苗木土球顶部 $3 \sim 5cm$ 为宜，回填土要高出穴面。栽植完后，以树干为中心，修 $60cm \times 60cm \times 60cm$ 的锅底形树盘，四周稍高于中心 $5 \sim 8cm$，中间略低，呈 "V" 字形，拣出树盘内的硬枝及锋利的砾石，以防盖膜时划破地膜。

3.2.3.2 合欢养护技术

合欢栽植后应及时浇足定根水和设立支架，将 $80cm \times 80cm$ 的地膜从中心处挖去略大于合欢地径的圆孔，从上往下套住幼树，拍平树盘四周，用细土压严踩实。栽植当年进行 1 次培蔸、除杂草；翌年进行 $1 \sim 2$ 次培蔸、施肥、除杂草、浇水、防人畜损害等工作，冬季在距树干基部约 30cm 处施放复合肥 100g/株，遇到干旱时要及时浇水。成活后要按照新栽标准进行补苗，以后每年秋末冬初时节施入基肥，同时修剪枝叶调整树态，保持其观赏效果。注意防治合欢枯萎病、合欢溃疡病、蔷薇窄吉丁、合欢木虱、合欢豆象等病虫害。

3.2.4 梅花

3.2.4.1 梅花栽培技术

① 园地选择：选择地势高燥、阳光充足的缓坡山地或平地，在排水透气良好且适当湿润、土层深厚、含腐殖质较多、pH $6.5 \sim 7.5$

的黏壤土、壤土或沙壤土栽植梅花最好；碱性土壤次之；光照不足、通风不良，则新梢长得细弱，花芽少且易发生病虫害。地下水位高、土质黏重、易积水的低洼地不适宜栽植梅花。

② 整地：梅花一般采用穴状整地，穴的规格 100cm×100cm×(60～70)cm。整好地后先在穴内填入 30～35cm 厚的肥土。

③ 栽植密度：一般栽植株行距 3m×(3～5)m，初植密度 45～74 株/667m²。

④ 营造混交林：梅花可与竹、松、杉等园林植物混交。

⑤ 栽植方法：3～5 年生梅花苗在冬季落叶后到春季花芽萌发前移栽，修剪根系后将根系放入加有生根粉、多菌灵、植物生长调节剂等的泥浆中蘸泥浆后栽植，栽植时把梅株放在穴的正中，边覆土边踩实，栽植深度与原苗木地平处相同。

3.2.4.2 梅花养护技术

梅花栽后浇透定根水，再用木杆三角形固定。小苗留 50～70cm 剪截，大苗在冬季按照"先疏后剪，去内留外"的原则进行修剪，保留四面均匀分布的向外垂枝，每枝留 3～4 个芽，剪口必须朝外，还要不断剪去砧木主干上萌发出的蘖枝。栽植后前 2 年上冻前要适当培土保护和浇水施肥。一般每年约施 3 次肥，即深秋落叶后施 1 次以饼肥、堆肥等为主的基肥，1 月初在梅花含苞待放时追施 1 次速效性催花肥，6 月下旬至 7 月上旬新梢停止生长后施 1 次速效性花芽肥。每次施肥后都要浇 1 次透水，并及时进行松土，以利于通气。种养梅花，浇水要适量，土壤缺水，易引起落青叶；土壤水分过多，易导致叶片发黄、脱落和烂根。雨季要及时做好排水工作。梅花修剪以疏枝为主，主要是剪去树干上位置不当的徒长枝、病枯枝、过密枝，对长枝适当短截。注意防治卷叶病、黄化病、炭疽病、枯枝流胶病、干腐流胶病、缩叶病、褐斑穿孔病、白粉病、膏药病、煤污病、锈病、根癌病、桃粉大蚜、梅毛虫、舟形毛虫、黄褐天幕毛虫、桃红颈天牛、介壳虫、红蜘蛛、卷叶蛾、袋蛾、刺蛾等病虫害。

3.2.5 桃花

3.2.5.1 桃花栽培技术

① 园地选择：选择坡度 15°以下、阳光充足、通风良好的堤岸、

阳坡、草坪、路旁的绿化带以及居民小区、庭院等地，在土层深厚、土质疏松、土壤肥沃、排水良好且湿润的微酸性（pH 6.5 左右）沙质壤土栽植桃花。低洼积水地、碱土、过于黏重的土壤均不适宜栽植桃花。

② 整地：桃花多采用穴状整地，整地规格（60～80）cm×（60～80）cm×（40～60）cm，挖好穴后施足腐熟的农家肥、饼肥等作基肥。

③ 栽植密度：一般栽植株行距（3～4）m×（4～5）m，初植密度33～56 株/667m²。

④ 营造混交林：桃花可与银杏、樱花等园林植物进行混交栽植。

⑤ 栽植方法：桃花一般于早春或秋季落叶后选择无风、晴朗的天气移栽，小苗可不带土球但要在根部打上泥浆，大苗一定要带土球移栽，栽植苗木时要做到随起、随运、随栽。按"三埋两踩一提苗"的方法栽植，要适当浅栽，栽后培土呈馒头状，以防积水。

3.2.5.2 桃花养护技术

桃花栽后浇 1 次透水。对于树冠较大的桃树栽后应用支撑架进行固定，以后每年的早春和秋末各浇 1 次开冻水和封冻水，夏季高温时如果持续干旱也要适当浇水，如果遇干热风天气，还要向植株周围的环境喷水，雨季注意排水，平时应注意中耕、松土、保墒，并消灭杂草。每年在开花前后及秋后在树干的一侧约 35cm 处各沟施 1 次腐熟的有机肥后覆土，然后浇水；次年再在树干的另一侧开沟施肥，这样每年轮换，并随着植株的生长，逐年增加与树干的距离；6～7 月追施 1～2 次速效磷钾肥。春季开花前剪除影响树形美观的枝条，花后再结合整形剪去病虫枝、内膛枝、枯死枝、徒长枝、交叉枝，并将开过花的枝条短截，只留基部的 2～3 个芽，这些枝条长到 30cm 左右时应及时摘心，夏季当枝条生长过旺时也要及时摘心，以促进腋芽饱满，多形成花枝。注意防治桃蚜、桃粉蚜、桃浮尘子、梨小食心虫、桃缩叶病、桃褐腐病、桃流胶病、桃穿孔病、桃炭疽病等病虫害。

3.2.6 樱花

3.2.6.1 樱花栽培技术

① 园地选择：选择温带、亚热带地区背风向阳的山坡、庭园、

建筑物前及路旁，在土层深厚、土质疏松、湿润肥沃而排水良好、pH 5.5～6.5、含腐殖质较多的沙质壤土和黏质壤土栽植樱花。盐碱地及低洼积水地均不适宜栽植樱花。

② 整地：樱花需在栽植前仔细整地，一般进行穴状整地，整地规格为(80～100)cm×(80～100)cm×(60～80)cm，穴挖好后先在穴内填约 1/2 深的改良土壤。

③ 栽植密度：一般栽植株行距(3～4)m×(4～5)m，初植密度 33～56 株/667m²。

④ 营造混交林：樱花可与银杏、桃花、油松、黑松等园林植物进行混交栽植。

⑤ 栽植方法：樱花落叶后至发芽前带土球移栽，栽植时把苗放入穴中央，使苗根向四方伸展。少量填土后，微向上提苗，使根系充分伸展，再行填土轻踩。栽苗深度要使最上层的苗根距地面 5cm。

3.2.6.2 樱花养护技术

樱花栽好后做 1 个积水窝，充分浇水并用与苗差不多高的竹片支撑，以后 8～10 天浇 1 次水，保持土壤潮湿但无积水。灌后及时松土，最好将地表薄薄覆盖一层草。在定植后 2～3 年内，还可用稻草包裹树干，在冬季或早春于树冠正投影线的边缘挖 1 条深约 10cm 的环形沟施用豆饼、鸡粪和腐熟肥料等有机肥，在落花后再施用硫酸铵、硫酸亚铁、过磷酸钙等速效肥料。2～3 年后，树苗长出新根，对环境的适应性逐渐增强，则不必再包草。剪去枯萎枝、徒长枝、重叠枝、病虫枝及基部多余枝条，并及时用药物消毒伤口。注意穿孔性褐斑病、叶枯病、根癌病、梨网蝽、小透翅蛾、红蜘蛛、蚜虫、介壳虫等病虫害防治。

3.2.7 苹果

3.2.7.1 苹果栽培技术

① 园地选择：在日照充足、冬无严寒、夏无酷暑的温带地区，选择年平均气温 9～14℃、冬季极端低温不低于−12℃、夏季最高月均温不高于 20℃、土层深厚、透气性好、排水良好和富含有机质、微酸性至中性的沙质壤土栽植苹果。南方温度高不适宜栽植苹果。

② 整地：苹果栽植前需在春季或秋季全面整地后挖穴，穴的规格(80～100)cm×(80～100)cm×(60～80)cm，每穴施放圈肥100kg、过磷酸钙2～3kg，与表土混合后填穴，填平后浇水使土沉实。

③ 栽植密度：苹果乔砧品种一般栽植株行距(3～4)m×(5～6)m，初植密度27～44株/667m²；苹果矮化中间砧品种一般栽植株行距(2.5～3)m×(4～5)m，初植密度40～66株/667m²。

④ 营造混交林：不同品种的苹果进行株间或行间混交栽植。株间配置的一般每4～5株配置1株授粉树，行间配置的每4～5行配1行授粉树。

⑤ 栽植方法：苹果在春、秋季都能定植。栽树时，边填土边摇晃树苗，使根系舒展，并与土壤紧密接触，埋深以苗木原土痕与地面相平为宜，最后踩实，浇水，水渗透后培土保墒。

3.2.7.2 苹果养护技术

苹果栽植后，浇水3～5次/年，生长季保持树盘内土松草净，落叶后深翻树盘深15～20cm；春、夏季结合浇水追施速效氮肥1～2次；春季发芽前在距地面100cm处选留6～8个饱满芽剪截定干，发芽后，要及时抹除距地面50cm间的萌芽。注意防治苹果腐烂病、苹果轮纹病、早期落叶病、桃小食心虫、红蜘蛛、金文细蛾等病虫害。

3.2.8 紫荆

3.2.8.1 紫荆栽培技术

① 园地选择：选择地势高燥、背风向阳、排水良好、土层深厚、疏松肥沃的沙质壤土栽植紫荆。低洼积水地不适宜栽植紫荆。

② 整地：紫荆多采用穴状整地，整地规格60cm×60cm×50cm。整好地后在穴内施入有机肥和回填表土。

③ 栽植密度：一般栽植株行距(2～2.5)m×(2.5～3)m，初植密度89～133株/667m²。

④ 营造混交林：紫荆可与香樟、杜英、大叶女贞、花石榴等园林植物进行行间混交栽植。

⑤ 栽植方法：紫荆一般于冬季落叶后的11～12月、翌年2～4

月发芽前带土球移栽，栽前适当短截长根和长枝。

3.2.8.2 紫荆养护技术

紫荆栽后及时浇透定根水，在生长期应适时中耕除草 2～3 次/年，成活后每年的早春、夏季、秋后各施 1 次腐熟的有机肥或适当施氮、磷、钾复合肥料并浇透水，天旱时注意浇水，雨季要及时排水防涝。冬季落叶后至春季萌芽前剪除病虫枝、交叉枝、重叠枝，及时剪除基部萌芽，花后注意摘除果荚。注意防治蚜虫、褐边绿刺蛾、大蓑蛾、紫荆角斑病、紫荆枯萎病、紫荆叶枯病等病虫害。

3.2.9 垂丝海棠

3.2.9.1 垂丝海棠栽培技术

① 园地选择：选择温暖向阳、背风之处，在土层深厚、疏松、湿润、肥沃、排水良好略带黏质的微酸至微碱性土壤栽植垂丝海棠。低洼积水地不适宜栽植垂丝海棠。

② 整地：垂丝海棠多采用穴状整地，整地规格 50cm×50cm×50cm。

③ 栽植密度：一般栽植株行距 1.6m×(1.6～2)m，初植密度 208～261 株/667m²。

④ 营造混交林：垂丝海棠可与香樟、枇杷等园林植物混交栽植。

⑤ 栽植方法：垂丝海棠在秋冬落叶后或春季萌芽前移栽，中小苗留宿土或裸根移栽，大苗需带土球移栽。

3.2.9.2 垂丝海棠养护技术

垂丝海棠栽后及时浇透定根水，生长季节应每月松土除草并施稀薄饼肥水 1 次；在现花蕾时追施 1 次速效磷肥；在花芽分化期间，连续追施 2～3 次速效磷肥；秋季落叶后至春季萌动前，应停止追肥。在花后或休眠期进行修剪，剪短过长枝条。注意锈病、褐斑病、红蜘蛛、角蜡蚧、苹果蚜、垂丝海棠舟形毛虫、铜绿金龟子等病虫害防治。

3.2.10 紫薇

3.2.10.1 紫薇栽培技术

① 园地选择：选择阳光充足、地下水位低、土壤深厚肥沃、疏

松湿润、排水良好、呈酸性至微酸性的壤土栽植紫薇。低洼积水地不适宜栽植紫薇。

② 整地：紫薇一般采用穴状整地，整地规格 50cm×50cm×40cm。整好地后施有机肥 1kg/穴，然后将挖起的表土打碎回填至1/2深度，肥和土混合均匀后，再回填表土至穴表面约 10cm 处。

③ 栽植密度：一般栽植株行距（1.5～2）m×（1.5～2）m，初植密度 167～296 株/667m^2。

④ 营造混交林：紫薇可与马尾松、秋枫、香樟、桉树等阔叶乔木和油茶、双荚槐等灌木混交栽植。

⑤ 栽植方法：紫薇于 11 月落叶后到翌年 3 月萌芽前剪去主干上部，预留 1～1.2m 高，小苗带宿土、大苗带土球移栽。栽植时要保持苗木宿土或土球不松散，将苗木置于穴正中并扶正，四周回表土压实，栽植深度比苗木原土痕浅 1cm 左右为宜。

3.2.10.2 紫薇养护技术

紫薇栽植后浇足定根水，7 天后再浇 1 次透水，以后适时浇水、松土除草，待当年生春梢长出后选留角度适宜的 3～4 个枝，在 3 月上旬施 1 次抽梢肥，5 月下旬至 6 月上旬追施 1 次磷钾肥，7 月下旬和 9 月上旬各追施 1 次饼肥水，冬季剪去主枝定干处的当年生枝条，适当修剪其他枝条。注意防治蚜虫、介壳虫、刺蛾、卷叶蛾、紫薇白粉病、褐斑病、煤污病等病虫害。

3.2.11 红叶李

3.2.11.1 红叶李栽培技术

① 园地选择：在温暖湿润的气候条件下，选择光照充足或半阴、地势高燥、土层深厚、疏松肥沃、排水良好且湿润的中性或酸性沙质壤土栽植红叶李。盐碱地、低洼积水地不适宜栽植红叶李。

② 整地：红叶李多采用穴状整地，整地规格 60cm×60cm×50cm。地整好后施腐熟有机肥 2～3kg/穴，回填表土至穴的 1/2 并与有机肥混合均匀。

③ 栽植密度：红叶李一般栽植株行距（2～3）m×（3～4）m，初植密度 56～111 株/667m^2。

④ 营造混交林：红叶李可与法国梧桐、紫玉兰、樱花、紫薇、白蜡、杨树、油松、樟树、紫叶李等园林植物进行块状混交栽植。

⑤ 栽植方法：红叶李在春秋两季均可带土球移栽，但以春季为好。栽植时将红叶李苗木放在穴中心扶正，分层填土踩实，再回填土做水堰。

3.2.11.2 红叶李养护技术

红叶李栽植后应及时浇透定根水，还应于 4 月、5 月、6 月、9 月各浇 1~2 次透水。每年生长期施 2~3 次肥。冬季注意剪除砧木的萌蘖条，并对长枝进行适当修剪。当幼树长到一定高度时，选留 3 个不同方向的枝条作为主枝，并对其进行摘心。每年冬季修剪各层主枝时，要注意配备适量的侧枝，使其错落分布。平时注意剪去枯死枝、病虫害枝、内向枝、重叠枝、交叉枝、过长过密的细弱枝。注意红叶李流胶病、蚜虫、红蜘蛛、刺蛾和布袋蛾等病虫害防治。

3.2.12 木芙蓉

3.2.12.1 木芙蓉栽培技术

① 园地选择：选择温暖湿润、通风良好、阳光充足或半阴、邻水之处，在土层深厚、疏松肥沃、透气性好、排水良好的沙壤土栽植木芙蓉。长江流域以北地区不适宜露地栽植木芙蓉。

② 整地：木芙蓉一般采用穴状整地，整地规格 $50cm \times 50cm \times 40cm$。

③ 栽植密度：一般栽植株行距(1.5~2)m×(2~3)m，初植密度 $111~222$ 株/$667m^2$。

④ 营造混交林：木芙蓉可与紫薇、木槿等园林植物按一定比例混交栽植。

⑤ 栽植方法：木芙蓉 2~3 月穴植或盆栽，湿土干栽。

3.2.12.2 木芙蓉养护技术

木芙蓉栽植后应及时浇透定根水，以后根据土壤实际干湿情况适时浇水，春季萌芽期多施肥水，花期前后追施少量的磷、钾肥。每年冬季或春季可在植株四周沟施腐熟有机肥，在花蕾透色时适当扣水。花后及春季萌芽前剪去枯枝、弱枝、内膛枝。注意防治木芙蓉白粉病、角斑毒蛾、小绿叶蝉等病虫害。

3.2.13 黄槐

3.2.13.1 黄槐栽培技术

① 园地选择：选择地势高燥、阳光充足、温暖湿润、避风的环境，在土层深厚、疏松肥沃、排水良好的土壤栽植黄槐。风口之地不适宜栽植黄槐。

② 整地：黄槐多采用穴状整地，整地规格 50cm×50cm×40cm。清除穴内的石块和建筑残余物，回填好土。植穴中施腐熟的粪肥或农家肥 2～3kg/穴，施于 20～30cm 深处并与土壤混合均匀。

③ 栽植密度：一般栽植株行距（0.5～1）m×1m，初植密度 667～1334 株/667m²。

④ 营造混交林：黄槐可与各种绿篱、草坪混交栽植。

⑤ 栽植方法：黄槐一般用容器苗或带土球移栽，栽植前先将植株去顶，注意不要弄散根团或泥团，尽量少伤根，将定植穴填平后，在中心挖一个与根团或泥团大小相应的小穴，将根团或泥团放入，使容器苗的根团或大苗的泥团表面与定植穴面相平，填土踩实，但不要重压。如种 1 年生苗，应使其根系舒展，苗木的根颈（原来的根与茎交接点）与地面相平，回填土壤 2～3 次，每次回填后都要踩实。移栽后在定植穴周围培一圆形土埂做围堰。

3.2.13.2 黄槐养护技术

黄槐栽植后浇足定根水，干旱季节每月浇 2～3 次水。成活后于 6 月和 7 月各追施 1 次复合肥或各种饼肥，每年松土除草 3～4 次并进行适当修剪。花期中随时摘除凋谢的花序。注意槐蚜、朱砂叶螨、槐尺蠖、锈色粒肩天牛、国槐叶小蛾、茎腐病等病虫害防治。

3.2.14 红枫

3.2.14.1 红枫栽培技术

① 园地选择：选择阳光充足、土层深厚、湿润肥沃、疏松、排水良好的土壤栽植红枫。低洼积水地、夏季烈日暴晒之处均不适宜栽植红枫。

② 整地：红枫多采用穴状整地，整地规格 60cm×60cm×60cm。

③ 栽植密度：一般栽植株行距（2～3）m×3m，初植密度74～111株/667m²。

④ 营造混交林：红枫可与桂花、玉兰等园林植物混交栽植。

⑤ 栽植方法：红枫2～3月移栽，生长季节移栽时要摘叶并带土球。

3.2.14.2 红枫养护技术

红枫栽植后应及时浇足定根水，最好连续浇3次水。适时松土除草，生长季节结合浇水每隔1个月水施复合肥15～20g/株。翌年3月成活的红枫发芽前剪除病残枝。注意防治叶蝉、刺蛾、天牛、穿孔病等病虫害。

3.2.15 木槿

3.2.15.1 木槿栽培技术

① 园地选择：选择背风向阳、湿润肥沃、排水良好、微酸性至微碱性的沙质壤土或砾质土栽植木槿。风口之地不适宜栽植木槿。

② 整地：木槿需在栽植前的秋冬季带状整地，带宽50～60cm，带间距110～120cm，整地深度25cm以上。整好地后施垃圾土或腐熟粪再配少量的复合肥作基肥。

③ 栽植密度：一般栽植株行距(50～60)cm×(110～120)cm，初植密度926～1213株/667m²。

④ 营造混交林：木槿可与竹类、碧桃、香椿、刺槐、女贞、红花槐等园林植物混交栽植。

⑤ 栽植方法：木槿最好在幼苗休眠期移栽定植，也可在多雨的生长季节移栽定植。移栽前先剪去部分枝叶，在整地带中间开栽植穴或栽植沟栽植。

3.2.15.2 木槿养护技术

木槿栽后及时浇足定根水，并保持土壤湿润，直到成活。每年生长期进行2～3次除草培土，夏季开花前用垃圾土拌适量的复合肥并结合除草培土施于基部。开花期遇天气干旱时要注意浇水，雨季注意排水防涝。秋末剪去迟秋梢、过密枝及弱小枝条，并灌1次秋后水。注意炭疽病、叶枯病、白粉病、红蜘蛛、蚜虫、蓑蛾、夜蛾、天牛等病虫害防治。

3. 2. 16 石榴

3. 2. 16. 1 石榴栽培技术

① 园地选择：在绝对最低气温高于$-17℃$、$\geqslant 10℃$的活动积温在3000℃以上的地段，选择背风向阳、土层深厚、地下水位低于1m、pH 4.5～8.2的沙质壤土栽植石榴。低洼积水地不适宜栽植石榴。

② 整地：石榴一般采用穴状整地，整地规格（80～100）cm×（80～100）cm×（60～80）cm。表心土分开，回填土时，分层施入杂草或厩肥100kg/穴＋磷、钾肥各5kg/穴，与土壤混合掺匀，施在穴内30cm以下，上边填土。

③ 栽植密度：一般栽植株行距（2～3）m×（3～4）m，初植密度56～111株/667m²。

④ 营造混交林：石榴可与香樟、杜英、大叶女贞、紫荆、红叶李等园林植物块状混交栽植。

⑤ 栽植方法：石榴春季带宿土或土球穴植，栽植时可稍深栽2～3cm。

3. 2. 16. 2 石榴养护技术

石榴栽植后应及时浇透定根水，以后根据天气情况，一般春季浇水2次即可，6月中、下旬结合浇水施复合肥150～200g/株。要经常进行中耕除草，保持园内清洁。落叶后，根据当地气温下降情况，一般在11月下旬至12月上旬进行防寒越冬。幼树防寒措施有2种方法：一是将主干压倒并在其上边培土30cm厚；二是将主干培土50cm高即可；3年生以后的树只用土培好树干即可；待解冻后除去培土。注意防治石榴干腐病、石榴褐斑病、桃蛀螟、石榴巾夜蛾、黄刺蛾、龟蜡蚧等病虫害。

3. 2. 17 杏

3. 2. 17. 1 杏栽培技术

① 园地选择：选择背风向阳或半阳的山地中上部，在土层深厚、排水良好、有灌溉条件的沙质壤土栽植杏树。低洼积涝地不适宜栽植

杏树。

② 整地：杏多采用穴状整地，整地规格（80～100）cm×（80～100）cm×（60～80）cm。整好地后施入优质农家肥 30～50kg/穴＋过磷酸钙 1.5kg/穴，一层粪肥一层土，穴内全部回填表土，不足时用周围的表土或客土补充，边回填边踩实。最后留低于园地表面 20cm 作为栽植水平面，同时浇水 30kg/穴左右。

③ 栽植密度：一般栽植株行距（3～4）m×5m，初植密度株 33～45株/667m²。

④ 营造混交林：杏可与桃、松等园林植物进行块状混交栽植。

⑤ 栽植方法：杏在春秋季节栽植时，先剪去劈裂根，把苗木置于穴中央，先埋表土，埋土至穴深 1/3 时将苗木向上提一下，让根系充分舒展，踩实后再填心土，严格按照"三埋两踩一提苗"的要求，把苗木扶正栽直踩紧，并随即灌 1 次透水。待能进地时对新植树苗进行扶苗培土。

3.2.17.2 杏养护技术

杏栽植后应及时浇透定根水，此后视具体情况确定浇水量和浇水时间。新梢长到 15cm 左右时开始至秋季落叶前追施尿素等速效肥料，地下追肥与叶面喷肥交替进行。9 月底至 10 月初秋梢停长后施 1 次鸡粪、堆肥等有机肥和复合肥。结果后，每年萌芽前施以速效氮肥为主的花前肥、谢花后至果实膨大期追施以氮磷为主的果实膨大肥（每隔 10～15 天喷施 1 次尿素和磷酸二氢钾或硫酸钾复合肥），此外，还可同时喷 500 倍增产菌，采果后还要施以复合肥为主的果实采后肥，每隔 3～4 年春秋季结合施肥深翻土壤 1 次。同时浇好花前水、硬核水、采果后水。按照"V"字形或开心形进行修枝整形。注意防治细菌性穿孔病、霉斑穿孔病、褐斑穿孔病、缩叶病、蚜虫、介壳虫、桃潜叶蛾及螨类等病虫害。

3.2.18 胡桃

3.2.18.1 胡桃栽培技术

① 园地选择：选择排灌方便、地下水位在 2m 以下、背风向阳的缓坡丘陵地及排水良好的平地，在土层深厚、疏松肥沃、通气良

好、微酸性至弱碱性的壤土、沙壤土、黏壤土栽植胡桃。盐碱地不适宜栽植胡桃。

② 整地：胡桃多采用穴状整地，整地规格（80～100）cm×（80～100）cm×（60～80）cm。施放优质农家肥 20～40kg/穴并与表层土混合均匀，再在带有肥料的土壤上面填入 20cm 的表层土。

③ 栽植密度：一般栽植株行距（3～4）m×5m，初植密度株33～45株/667m²。

④ 营造混交林：胡桃可与香樟等园林植物进行带状、块状、行间或株间混交栽植。

⑤ 栽植方法：胡桃在春季苗木萌芽前或秋季苗木落叶后移栽，栽植前先将苗木主根下部用修枝剪剪平，去掉劈裂部分和损伤部分，同时将苗木进行严格分级，然后将修根并分级后的苗木基部浸入清水中浸泡 12h 以上，从清水中捞出苗木再浸入石硫合剂 300 倍液或果树康 100 倍溶液中 1min 后，再将苗木根系放进 ABT 生根粉 3 号 2000倍液中浸泡 2～20min。栽植时将苗木放入穴内，使根系均匀舒展地分布在穴内，同时，校正栽植的位置，使株行之间尽可能整齐对正，并使苗木主干保持垂直。然后向栽植穴内灌清水 10～15kg/穴，待水渗下 1/2 时，立即向穴内填入土，待将根颈埋住后，轻踏踏实，再撒一薄层土。

3.2.18.2　胡桃养护技术

胡桃栽后可以马上定干，定干高度 60～120cm。栽后第 1 次水一定要浇透，待水完全渗入后及时在树盘内覆盖一层干土并把地整平，然后将 90cm×90cm 的地膜中心穿过苗木中心，压平铺好，用细土将四周及苗木根茎处压严。成活后的幼树每年春季萌芽前和秋季落叶后施 2 次肥。春季萌芽前或秋季采果后至落叶前，按照疏散分层形或开心形进行修剪。冬季深翻土壤，并刷白树干防寒。注意防治胡桃黑斑病、胡桃炭疽病、胡桃举肢蛾、胡桃小吉丁虫、木橑尺蠖、云斑天牛等病虫害。

3.2.19　板栗

3.2.19.1　板栗栽培技术

① 园地选择：选择背风向阳，土层深厚、土壤肥沃、pH 5.5～

6.5、排水良好且湿润的土壤栽植板栗。低洼积水地、碱性土壤均不适宜栽植板栗。

② 整地：板栗一般采用穴状整地，整地规格（80～100）cm×（80～100）cm×（60～80）cm。挖穴时底表土分开，穴内施有机肥30kg/穴，加少量磷肥，与表土充分混合后均匀填入穴内，浇水沉实。

③ 栽植密度：一般栽植株行距（3～4）m×（3～5）m，初植密度33～74 株/667m^2。

④ 营造混交林：不同板栗品种混交，按比例栽植授粉树。板栗还可与茶叶、油茶等园林植物混交栽植。

⑤ 栽植方法：板栗在春季萌芽前20天前后或秋季落叶后至封冻前20天栽植，栽植前先将选栽幼树的根系进行剪整，即用枝剪剪去幼树主根的较长部分；然后将整根后的幼树放入配有生根粉或根宝的泥浆池内浸泡10～30min。再将做过浆根处理的板栗幼树放入定植穴中心，用表层细土覆盖8～10cm 厚，但覆盖土厚度不能超过嫁接苗部位，严格按照"三埋两踩一提苗"的方法进行栽植，保证幼树苗正根伸直，分层回填盖土并踩实。

3.2.19.2 板栗养护技术

板栗栽植后应及时浇透定根水并立扶柱，同时用枝剪在幼树离地面50～60cm 处，根据树芽的饱满程度剪去上部树干并用油漆涂封截口。定植后第1年特别要加强肥水管理。每年春秋两季松土除草除杂2 次，成活后初栽板栗树春施尿素0.3～0.5kg/株，盛果期大树春施尿素2kg/株，追肥后结合浇水；7月下旬至8月中旬夏施速效氮肥和磷肥；同时重点搞好3 次根外追肥，第一次是早春枝条基部叶在刚开展由黄变绿时喷0.3％～0.5％尿素＋0.3％～0.5％硼砂，第二次和第三次是采收前1 个月和半个月间隔10～15 天喷2 次0.1％的磷酸二氢钾。此外，还应正确修枝，培养树形，一般在夏季和冬季按照主干疏层延迟开心形或开心形进行修枝整形。注意桃蛀螟、栗绛蚧、栗瘿蜂、板栗炭疽病、板栗皮疣枝枯病、缺素症等病虫害防治。

3. 2. 20　榆树

3. 2. 20.1　榆树栽培技术

① 园地选择：选择阳光充足、土壤深厚肥沃、疏松透气、排水良好、富含腐殖质、pH5.5～6的沙壤土、轻壤土栽植榆树。低洼积水地不适宜栽植榆树。

② 整地：榆树一般采用穴状整地，整地规格（40～60）cm×(40～60)cm×(40～50)cm。

③ 栽植密度：一般栽植株行距(2～3)m×(3～4)m，初植密度56～111株/667m²。

④ 营造混交林：榆树可与山杨、柞树、白桦、椴树、水曲柳、胡桃、色树、灌木柳等园林植物混交栽植。

⑤ 栽植方法：榆树在春季芽萌动前移栽，中小苗裸根蘸泥浆移栽，大苗需带土球移栽。采用穴植法栽植。

3. 2. 20.2　榆树养护技术

榆树栽后应及时浇透定根水，夏季根据"干透湿透，稍干无妨，不可过湿"的原则适时浇水，生长期经常修剪以剪去细密枝、交叉枝。4～10月生长期（梅雨天除外）每15～10天施1次稀薄有机肥或饼肥水。氮磷钾配合使用，修剪后2天左右，叶喷尿素，秋季落叶后浇1次以磷钾肥为主的有机肥或饼肥水，入冬后施1次饼肥屑作基肥。注意防治榆紫金花虫、榆天社蛾、榆毒蛾、黑绒金龟子、榆溃疡病、榆炭疽病、榆黑斑病、榆枯枝病等病虫害。

3. 2. 21　榔榆

3. 2. 21.1　榔榆栽培技术

① 园地选择：选择气候暖和、阳光充足的平原、丘陵、山坡、谷地，在土壤肥沃湿润、排水良好的中性壤土栽植榔榆。榔榆在酸性、碱性土壤中也能生长。

② 整地：榔榆多采用穴状整地，整地规格（40～60)cm×(40～60)cm×(40～50)cm。

③ 栽植密度：一般栽植株行距(2～3)m×(2～3)m，初植密度74～167株/667m²。

④ 营造混交林：榔榆可与栾树、合欢、乌桕、皂角、朴树、三角枫、五角枫、榉树等园林植物混交栽植。

⑤ 栽植方法：榔榆于春季芽萌动前穴植，中小苗裸根蘸泥浆移栽，大苗需带土球移栽。

3.2.21.2 榔榆养护技术

榔榆栽后应及时浇透定根水，以后浇水要充足，夏季温高光强应在早晚各浇 1 次水，秋季要少浇水，土不干不浇水。生长期经常修剪以剪去细密枝、交叉枝，用修剪法或结合用棕丝、金属丝攀扎造型，如直干式、斜干式、卧干式、悬崖式、附石式、合栽式等。4～10 月生长期（梅雨天除外）每 15～10 天施 1 次稀薄有机肥或饼肥水，同时配合施用氮磷钾，特别是在修剪后 2 天左右，叶喷尿素，秋季落叶浇 1 次以磷钾肥为主的有机肥或饼肥水，冬季施 1 次厩肥或饼肥作基肥。注意根腐病、枝梢丛枝病、榆叶金花虫、介壳虫、天牛、刺蛾和蓑蛾等病虫害防治。

3.2.22 桑树

3.2.22.1 桑树栽培技术

① 园地选择：选择土质肥沃、土层深厚、地面平整、能排能灌的土地栽植桑树。低洼积水地不适宜栽植桑树。

② 整地：春季栽植的一般在栽植前 1 年的冬季穴状整地，整地规格 50cm×50cm×40cm。整好地后每穴施放土杂肥 30kg＋钙镁磷肥或过磷酸钙 100g，然后回土拌肥，碎土填平。

③ 栽植密度：一般栽植株行距（80～100）cm×（100～130）cm，初植密度 513～834 株/667m²。

④ 营造混交林：桑树可与沙棘、白蜡、梨树、山楂、葡萄等园林植物进行块状混交栽植。

⑤ 栽植方法：秋季桑树落叶后或春季桑树萌芽前移栽，栽植深度以 30cm 为宜。

3.2.22.2 桑树养护技术

桑树栽后及时浇透定根水，在离地面 10cm 处剪去上部苗茎，如遇干旱还要淋水保苗。成活后在桑树发芽开叶期和夏秋期适时浇水；

每年春、夏、秋、冬进行 4 次中耕除草；冬季在桑树休眠时期开沟施腐熟的厩肥和土杂肥；春天桑树新梢长出 5～10cm 时，施复合肥 100kg/667m^2＋尿素 50kg/667m^2＋麸肥 25kg/667m^2；桑树夏伐后要疏除弱芽、过密芽，适量留芽；适时适度摘心。注意防治桑萎缩病、桑花叶病、桑疫病、桑青枯病、桑紫蚊羽病、桑赤锈病、桑炭疽病、南方根结线虫病、野蚕、桑蝗、桑尺蠖、桑螟、桑瘿蚊、桑毛虫、桑白蚧、桑蓟马、桑象虫、桑天牛、桑黄天牛和朱砂叶螨等病虫害。

3.2.23 白玉兰

3.2.23.1 白玉兰栽培技术

① 园地选择：选择背风向阳、地势高燥、温暖湿润的山坡、丘陵及房前屋后，在土质疏松、肥沃湿润、排水良好、通透性好的微酸性沙壤土和黄沙土栽植白玉兰，但白玉兰也能在轻度盐碱土（pH 8.2 以下，含盐量 0.2％以下）中正常生长。低洼积水地不适宜栽植白玉兰。

② 整地：白玉兰一般采用穴状整地，整地规格（60～80）cm×（60～80）cm×（50～60）cm。整好地后施入堆肥或火烧土 25kg/穴，上盖细的表土。

③ 栽植密度：一般栽植株行距 2m×（2.2～3.3）m，初植密度 101～152 株/667m^2。

④ 营造混交林：白玉兰可与马褂木、红豆杉、油桐等园林植物混交栽植。

⑤ 栽植方法：白玉兰于早春发芽前 10 天或花谢后展叶前带土球移栽，栽植后原土球表面略高于地面 2～3cm。

3.2.23.2 白玉兰养护技术

白玉兰栽后浇透定根水，保持土壤湿润，成活后生长季节每月浇 1 次水，雨季应停止浇水，雨后要及时排水，早春的返青水和初冬的防冻水要浇足浇透；连续高温干旱时除根部浇水外还应在早晨 8:00 以前和傍晚 18:00 以后向叶面喷雾化水。每年施 4 次肥，即花前施用 1 次氮、磷、钾复合肥，花后施用 1 次氮肥，在 7～8 月施用 1 次磷、钾复合肥，入冬前结合浇冬水再施用 1 次腐熟发酵的厩肥。当年栽植的白玉兰苗，如果长势不良还可以用 0.2％磷酸二氢钾溶液进行叶面喷施。注意白玉兰炭疽病、蚜虫、介壳虫等病虫害防治。

3.2.24　厚朴

3.2.24.1　厚朴栽培技术

① 园地选择：选择海拔 800～1800m，凉爽湿润的气候，坡向朝东北、东、东南方向，土层深厚、疏松肥沃、富含腐殖质、呈中性或微酸性的沙壤土和壤土栽植厚朴，山地黄壤、红黄壤也可栽植厚朴。高温干旱地区不适宜栽植厚朴。

② 整地：厚朴多采用穴状整地，整地规格 50cm×50cm×40cm。整好地后施入腐熟农家肥 30kg/穴＋过磷酸钙 500g/穴作基肥，先回填 1/3 深土与基肥充分混合均匀，再回填表土呈馒头形。

③ 栽植密度：一般栽植株行距 3m×(3～4)m，初植密度 56～74株/667m²。

④ 营造混交林：厚朴可与马尾松、杉木等园林植物混交栽植。

⑤ 栽植方法：厚朴一般在 2 月初发芽前栽植，栽前将主根剪短，栽时苗木宜靠近上坡壁，根部应伸展，覆土应做到"三埋两踩一提苗"，栽植入土深度较苗木原土痕深 5～8cm。

3.2.24.2　厚朴养护技术

厚朴定植后应经常浇水，到苗成活为止，浇灌定根水后要再盖一层疏松细土。栽植当年 5 月扩穴培土、扶正苗木、全面除草，施氮磷钾复合肥 100g/株，8 月下旬再除 1 次草。以后每年夏末松土除草 1次，但入土不宜过深。停止套种后可在春季结合压条，冬季结合培土，在株旁开穴，施入畜粪、堆肥或厩肥，施肥后在根际培土，移栽时如遇干旱，应抗旱保苗，确保成活。成林前禁止放牧、砍柴、割草等。注意防治叶枯病、根腐病、立枯病、煤污病、厚朴褐天牛等病虫害。

3.2.25　凹叶厚朴

3.2.25.1　凹叶厚朴栽培技术

① 园地选择：选择在海拔 600m 以下，温暖湿润，雾天多，相对湿度 80％以上，背风向阳、土层深厚肥沃、富含腐殖质、质地疏

松、通透性好、地下水位低、排水良好的山谷、山腰、山坡等地，微酸性至中性的山地黄壤、黄棕壤、沙壤土栽植凹叶厚朴。夏季酷暑和干热地区不适宜栽植凹叶厚朴。

② 整地：凹叶厚朴需在栽植前 1 年的 7 月中、下旬进行劈山，到 10 月中、下旬进行炼山，炼山时必须先修好避火道，然后进行带状整地，整地深度 25cm 以上，整地宽度 100cm，保留带宽 100～200cm。整好地后在整地带内撒施有机肥并与表土混合均匀。

③ 栽植密度：凹叶厚朴一般栽植株行距 2m×(2～3)m，初植密度 111～167 株/667m²。

④ 营造混交林：凹叶厚朴可与杉木、马尾松等园林植物混交栽植。

⑤ 栽植方法：凹叶厚朴宜在"冬至"至"大寒"或在"立春"至"惊蛰"期间移栽，栽之前先用过磷酸钙 3kg＋黄土 25kg＋水 100kg＋GGR 6 号植物生长调节素 25mg/kg 均匀搅拌成磷肥泥浆，再将凹叶厚朴苗根在磷肥泥浆中蘸一下（GGR 6 号植物生长调节素 1g 可处理凹叶厚朴苗 3000～6000 株）；在整地带内随挖穴随栽植，栽植时将苗木放在穴的上方，做到根部舒展，入土深度较苗木原土痕深 5cm，然后分层培土踩实，培土高出地面 5～10cm。

3.2.25.2 凹叶厚朴养护技术

凹叶厚朴栽植后应及时浇透定根水，以后连续 7 天不下雨就要浇水，连续干旱 1 个月以上时每隔 2～3 天浇 1 次水，每次都要浇透，梅雨季节要注意排水。适时松土除草。成活后翌年春季在离树干基部 25～30cm 处施放堆肥 2～3kg/株。及时对正常树冠以下的萌芽进行抹芽。郁闭后每隔 1～2 年在夏秋季中耕培土 1 次，注意不要伤到根系，结合中耕适量施肥。注意根腐病、天牛等病虫害防治。

3.2.26 二球悬铃木

3.2.26.1 二球悬铃木栽培技术

① 园地选择：选择阳光充足、温暖湿润、土壤深厚肥沃、排水良好的微酸性或中性壤土栽植二球悬铃木，二球悬铃木在微碱性或石灰性土中也能生长，但易发生黄叶病，短期水淹后能恢复生长。过于

阴蔽、风口之地不适宜栽植二球悬铃木。

② 整地：二球悬铃木多采用穴状整地，整地规格（60～80）cm×（60～80）cm×（50～60）cm。整好地后施入发酵腐熟后的有机肥 20～25kg/穴并与回填至穴内 1/2 高的表土混合均匀踩实，再回填表土至穴内 2/3 处浇水。

③ 栽植密度：一般栽植株行距(4～5)m×(5～6)m，初植密度 22～33 株/667m²。

④ 营造混交林：二球悬铃木可与香樟、松树、柏树等园林植物进行混交栽植。

⑤ 栽植方法：二球悬铃木春季发芽前小苗蘸泥浆或大苗带土球移栽，穴内浇水约 1h 水下渗后植苗，使栽植苗木原土痕与地面相平，分层回填土踩实，上盖细土。

3.2.26.2 二球悬铃木养护技术

二球悬铃木栽植后应及时整好树盘，浇足定根水并立好扶柱，相隔 10 天左右浇第 2 次水并封好树盘，成活后每年都要进行中耕除草，中耕深度 5～10cm，浇水后松土。生长期浇施氮肥，栽植行道树时要根据路况进行适当修剪。注意防治霉斑病、光肩星天牛、六星黑点蠹蛾、大袋蛾和褐边绿刺蛾等病虫害。

3.2.27　三球悬铃木

3.2.27.1 三球悬铃木栽培技术

① 园地选择：选择温暖湿润、排水良好的微酸性或中性土壤栽植三球悬铃木，三球悬铃木在微碱性土壤虽能生长但易发生黄化。风口之地不适宜栽植三球悬铃木。

② 整地：同"二球悬铃木"。

③ 栽植密度：同"二球悬铃木"。

④ 营造混交林：三球悬铃木可与紫藤、塔柏、刺柏、龙柏、马尾松、杨树、柳树、樟树等园林植物混交栽植。

⑤ 栽植方法：三球悬铃木春季发芽前小苗蘸泥浆移栽，大苗带土球移栽，栽植深度比苗木原土痕略深 3cm，栽植穴应使根系全部舒展开，不要使根弯曲。填土时应先填挖出的表土，填一层后用手往上

轻提一下苗使根须理顺后踩踏，踩时先用力将穴沿踩紧后再踩根颈下部，一定要踩实，然后再填下层土，再踩踏，直至填完并都踩紧。

3.2.27.2 三球悬铃木养护技术

三球悬铃木栽完一批后应立即浇透定根水，间隔5～7天浇透第2次水，再过约10天浇透第3次水，浇透3次水后地面见干要松土保墒，以后应视天气情况浇水。苗木发芽后需水量增加，切不可认为发芽了就不再浇水。春季栽苗待发芽生长到夏至后再施用稀薄的充分腐熟无大臭气的有机肥水。注意防治霉斑病、光肩星天牛、六星黑点蠹蛾和褐边绿刺蛾等病虫害。

3.2.28　白梨

3.2.28.1　白梨栽培技术

① 园地选择：选择干燥冷凉、阳光充足、土层深厚、土质疏松、土壤肥沃、地下水位较低、保水保肥力强、pH 5.8～7的沙质壤土栽植白梨。

② 整地：白梨一般采用穴状整地，整地规格（60～80）cm×（60～80）cm×（50～60）cm。整好地后施入发酵腐熟后的优质农家肥10kg/穴＋尿素0.3kg/穴＋专用复合肥2～3kg/穴，与细土混合均匀后回填到穴底部，然后回填泥土并把顶部堆成龟背形，顶部要比栽苗深度低6～8cm，如土壤偏酸，在回填泥土时可增施适量生石灰粉末。

③ 栽植密度：一般栽植株行距（3～4）m×（4～5）m，初植密度33～56株/667m²。

④ 营造混交林：白梨可与秋子梨等园林植物混交栽植。

⑤ 栽植方法：白梨春、秋、冬三季都可栽植，栽植时先在回填土顶部插1根木棍或竹棍，再将苗木立于回填土顶部，让白梨根系向四周自然舒展，然后分层回填细土并适当提苗，分层踩实。

3.2.28.2　白梨养护技术

白梨栽植后应及时浇1次稀粪水做定根水，然后用心土回填至高出地面5～6cm，轻踩几脚使虚土下沉与根系密接，再沿树穴周围做围堰并浇足清水，最后用小绳将苗木与木（竹）棍绑在一起。成活后每年10～12月沟施优质农家肥5kg/株＋菜枯饼0.5kg/株，并与细土混合均匀作基肥，如遇干旱还应同步浇水；春季萌芽后可喷施 0.2％尿素液 2～3 次，采果后再喷施 2～3 次。按疏散分层形进行修剪。注意防治梨黑星病、锈病、轮纹病、梨木虱、梨二叉蚜、梨茎蜂、梨小食心虫、吸果夜蛾、刺蛾等病虫害。

3.2.29 苦楝

3.2.29.1 苦楝栽培技术

① 园地选择：选择阳光充足、温暖湿润的缓坡地、旱地或荒田，在土层深厚、疏松肥沃、排水良好且湿润的酸性、中性、钙质土壤及含盐量 0.46％以下的盐碱土栽植苦楝。低温寒冷地区、低洼积水地均不适宜栽植苦楝。

② 整地：苦楝多采用穴状整地，整地规格 60cm×50cm×50cm，穴内施钙镁磷或过磷酸钙 500g/穴作基肥，然后覆一层土。

③ 栽植密度：一般栽植株行距（2～3）m×（3～4）m，初植密度 56～111 株/667m²。

④ 营造混交林：苦楝可与苏柳、女贞、黑松等园林植物进行块状混交栽植。

⑤ 栽植方法：苦楝一般于秋季落叶后至翌年春季萌芽前移栽，栽植前先剪去长根的先端，然后将苗根打泥浆，再把苗放穴中间，覆土至半穴，轻轻提苗，让根部疏展，再覆土压实，浇水，填平穴。如果采用截干栽植，则在苗起后，在距根颈 18～20cm 处截干，截口用黄黏土抹盖，苗根打泥浆后栽植，覆土至截口 2～3cm，踩实。

3.2.29.2 苦楝养护技术

苦楝栽植后应及时浇足定根水，栽植后前 3 年每年除草并按冠幅扩穴抚育 2～3 次，每年春冬两季在离根 30cm 处各沟施 1 次以人畜粪和饼肥为主的追肥，冬季追肥结合壅土培根，春季追肥可增施一些过磷酸钙。连续 2～3 年在早春萌芽前用利刀斩梢 1/3～1/2，切口务求平滑，呈马耳形，并在生长季节及时摘去侧芽，仅留近切口处 1 个壮芽作主干培养。

截干栽植的在栽植当年 4 月选择 1 条健壮的萌条培育主干，其余抹去后培土；5～6 月除草，并施尿素 150g/株；第 2～3 年的每年

"雨水"后，追施尿素 250g/株，且及时除草。同时必须斩梢灭芽，即在"立春"至"雨水"间，将幼树主梢上部分削成斜面斩掉，萌发新枝后，在靠近切口处选留 1 个粗壮新枝培育主干，其余的芽抹去；翌年依此法斩去新梢的不成熟部分，尽可能在上 1 年留枝相对的方向选留一个新枝培养主干，如此进行 2～3 年，可培育成高大通直的主干。

3.2.30 火炬树

3.2.30.1 火炬树栽培技术

① 园地选择：选择石质山地和沙质土地栽植火炬树，有独树成林的效果。

② 整地：火炬树多采用穴状整地，整地规格 80cm×50cm×40cm，拣净穴内石块、草根，将表土回填穴底。

③ 栽植密度：火炬树一般栽植株行距 2m×（2～2.5）m，初植密度 133～167 株/667m²。

④ 营造混交林：火炬树可与刺槐、臭椿等园林植物混交栽植。

⑤ 栽植方法：火炬树在深秋落叶后至翌春发芽前移栽。栽时采用"三埋两踩一提苗"的方法，要求苗正、根舒，栽后大苗宜立支柱。干旱瘠薄山地栽植时需截干栽植，在距苗木根颈原土痕处 18～20cm 处平剪，起苗后将过长的主侧根剪去，保留根长 25cm。

3.2.30.2 火炬树养护技术

火炬树栽植后要每年松土除草 3 次以上，除草后及时中耕。结合中耕除草，在距根部 60cm 处用利刀切断侧根。注意白粉病、黄褐天幕毛虫和舟形毛虫等病虫害防治。

3.2.31 五角枫

3.2.31.1 五角枫栽培技术

① 园地选择：选择温凉湿润、阳光充足、坡度较小、土层深厚、土质疏松、土壤肥沃湿润的沙壤土、山地褐土栽植五角枫。五角枫在酸性、石灰性土壤中均能生长，但干冷地区及地势高燥处不适宜栽植五角枫。

② 整地：五角枫一般在冬季土壤封冻前穴状整地，荒山栽植整

地规格 40cm×40cm×30cm；行道树栽植整地规格 80cm×80cm×60cm。挖穴时将表土和心土分别放置。在土层较薄、重黏土、沙砾土及垃圾填充的地段，挖穴时应培土或换土。

③ 栽植密度：五角枫纯林一般栽植株行距（1~1.5）m×2m，初植密度 222~333 株/667m²；五角枫混交林一般栽植株行距 2m×（2~2.5）m，初植密度 133~167 株/667m²；五角枫作行道树时一般栽植株距 4~5m。

④ 营造混交林：五角枫可与油松、栎类、刺槐等园林植物混交栽植。

⑤ 栽植方法：五角枫春季栽植应在早春土壤解冻后至萌芽前进行，宜早不宜晚。秋冬季节栽植时应在秋季落叶后至冬季土壤封冻前进行，宜晚不宜早。苗木多采用 2 年生大苗，栽植时应采取截冠措施，即根据一定的干高（3~3.5m）要求，对苗木进行截冠处理，剪口要平滑，伤口要涂刷石蜡等保护剂。

五角枫在既干旱又缺乏灌溉条件的地方应于雨季栽植，7~9 月雨水充沛，为最佳栽植时间，应栽植容器苗或 1 年生苗。栽植后要压实，最好铺塑料薄膜保墒。

五角枫裸根苗木栽植时一般采用"三埋两踩一提苗"方法。放苗时苗木要竖直，根系要舒展，位置要合适。填土至穴深 1/2 时要先提苗，使苗木根颈处原土痕与地面相平或略高于地面 2~3cm，然后踩实，再填土、踩实。最后覆上虚土，做好树盘，并浇透定根水，浇水后封土。

五角枫带土球苗木栽植时一般采用"分层夯实"方法，即放苗前先量土球高度与栽植穴深度，使两者一致。放苗时保持土球上表面与地面相平或略高，位置要合适，苗木竖直。边填土边踏踩结实，最后做好树盘，浇透水，2~3 天再浇 1 次水后封土。

3.2.31.2 五角枫养护技术

五角枫栽植后应及时浇透定根水，栽植后前 5 年每年抚育 1~2次，抚育时施氮肥或复合肥 50~100g/株，查苗补缺，松土培穴，剪除根部萌蘖和基干下部徒长枝。

五角枫作行道树的，每年在土壤封冻前浇 1 次越冬水，土壤解冻后浇 1 次解冻水，其他时间如何浇水，根据天气情况而定。

五角枫栽植后每年主干要涂白，涂抹高度为 1m。涂白剂的配方为水：生石灰：石硫合剂原液：食盐＝10：3：0.5：0.5。

五角枫主要病害是立枯病、漆叶斑病，主要虫害是光肩星天牛、星天牛、蚜虫，要及时防治。

3.2.32 三角枫

3.2.32.1 三角枫栽培技术

① 园地选择：选择温凉的半阴坡，在土层深厚、肥沃湿润的中性、酸性及石灰质土壤栽植三角枫。

② 整地：见"五角枫"。

③ 栽植密度：见"五角枫"。

④ 营造混交林：见"五角枫"。

⑤ 栽植方法：见"五角枫"。

3.2.32.2 三角枫养护技术

三角枫栽植后应及时浇透定根水，栽植后前 5 年每年抚育 1～2 次，抚育时施氮肥或复合肥 50～100g/株，查苗补缺，松土培穴，剪除根部萌蘖和基干下部徒长枝。

三角枫对作行道树的，每年在土壤封冻前浇一次越冬水，土壤解冻后浇一次解冻水，其他时间如何浇水，根据天气情况而定。

三角枫栽植后每年主干要涂白，涂抹高度为 1m。涂白剂的配方为水：生石灰：石硫合剂原液：食盐＝10：3：0.5：0.5。

三角枫主要病害是根腐病、褐斑病，主要虫害是樟刺蛾、蚜虫，要及时防治。

3.2.33 鸡爪槭

3.2.33.1 鸡爪槭栽培技术

① 园地选择：选择背阴或有其他树遮阴且土壤湿润肥沃、排水良好的酸性土、中性土以及石灰质土栽植鸡爪槭。土地干燥、阳光暴晒的地方均不适宜栽植鸡爪槭。

② 整地：鸡爪槭多采用穴状整地，整地规格 60cm×60cm×60cm。

③ 栽植密度：一般栽植株行距（2～3)m×3m，初植密度 74～111 株/667m²。

④ 营造混交林：鸡爪槭可与桂花、玉兰等园林植物混交栽植。

⑤ 栽植方法：鸡爪槭在秋冬落叶后或春季萌芽前采用大苗带土球移栽。

3.2.33.2 鸡爪槭养护技术

鸡爪槭栽植后应及时浇透定根水，成活后春夏间宜施 2～3 次速效肥，夏季保持土壤适当湿润，入秋后土壤以偏干为宜。适时松土除草，12 月至翌年 2 月鸡爪槭发芽前剪除病残枝，5～6 月及时将徒长枝从基部剪去并短剪保留枝调整新枝分布，成年树在冬季修剪直立枝、重叠枝、徒长枝、枯枝、逆枝以及基部长出的无用枝，尽量避免对粗枝的大剪，10～11 月剪去对生树枝其中的一个，以形成相互错落的生长形式。注意防治炭疽病、刺蛾、蚜虫、天牛、光肩星天牛等病虫害。

3.2.34　七叶树

3.2.34.1　七叶树栽培技术

① 园地选择：在亚热带北缘及温带，选择海拔 700m 以下、坡度 25°以下，夏季凉爽湿润的山地，在深厚、疏松、肥沃、湿润而排水良好的半向阳沙质壤土或腐殖质土栽植七叶树。阳光过强直射、西晒及土壤过于干燥的地方均不适宜栽植七叶树。

② 整地：七叶树需在栽植前进行穴状整地，整地规格(60～80)cm×(60～80)cm×(50～60)cm。

③ 栽植密度：一般栽植株行距（4～5)m×(4～5)m，初植密度 27～42 株/667m²。

④ 营造混交林：七叶树可与黄檀、香椿、朴树、枫香、无患子、黄山栾树等园林植物混交栽植。

⑤ 栽植方法：七叶树在深秋落叶后至翌春发芽前选 1～2 年生优质壮苗带土球移栽，采取大穴、大苗、深栽的技术措施。随起随栽或栽前用清水浸泡 1～2 天。栽时蘸泥浆，将苗放入穴中间，疏展根系，扶直苗干，再先回填拌肥土，后回填心土至土与穴表面相平时，轻轻

提一下苗，用脚把土踩实，达到半穴土，再把穴填平，再踩实。

3.2.34.2 七叶树养护技术

七叶树栽植后，土面比穴沿低5cm左右，浇水至穴满，待水完全渗下后，用干碎土封穴至满，上盖杂草、秸秆或塑料薄膜，保温保湿。栽后7天不下雨，每穴补浇1桶水，之后15天不下雨，再补浇1桶水。同时用草绳卷干以防树皮受日灼之害，成活后要注意旱时浇水，关键水有4次，即花前水、花后水、果实膨大水和封冻水，每1次浇水都很重要，并且要浇足水。适当施肥，10月以后至树停止生长前施以迟效性肥为主（如草木灰、绿肥等）的基肥，小树可1次施足基肥，大树应在开花前后追施1次速效性肥，并在春梢生长接近停止前再施1次人粪尿，促进花芽分化和果实膨大；施肥要注意树势，强壮树少施并以磷、钾肥为主，弱树，特别是开花结果多的树应多施肥。深秋及早春要在树干上刷白。每年冬季或翌春发芽前主要根据树冠需要短截过长枝条，刺激形成完美的树冠；还要剪除枯枝、内膛枝、纤细枝、病虫枝及生长不良枝，有利于养分集中供应，形成良好树冠。注意叶斑病、白粉病、炭疽病、落叶病、根腐病、介壳虫、天牛、吉丁虫、金毛虫和金龟子等病虫害防治。

3.2.35 栾树

3.2.35.1 栾树栽培技术

① 园地选择：选择交通方便、土层深厚、土壤肥沃、石砾含量小、坡度小于10°的丘陵岗地或排水良好的平地栽植栾树。低洼积水地不适宜栽植栾树。

② 整地：栾树在栽植前1个月内完成穴状整地，先要对栽植地进行全面清理（清理杂灌丛、树头等），然后根据设计栽植密度确定栽植穴，栽植穴规格60cm×60cm×50cm，保证底部长度和宽度。整好地后均匀撒施复合肥0.2kg/穴，并与周围的泥土混匀，施后及时回填细土覆盖。

③ 栽植密度：一般栽植株行距为（2～3）m×（3～4）m，初植密度56～111株/667m²。

④ 营造混交林：栾树可与杜英、黄连木、黄山栾树等园林植物

混交栽植。

⑤ 栽植方法：栾树 12 月至次年 1 月在阴雨或土壤湿润时移栽，栽植时将栾树苗小心放入穴内，然后覆土压实，穴深以刚好盖过苗木基部原土痕以上 3～5cm 为宜，覆土高出穴面。

3.2.35.2 栾树养护技术

在晴天或土壤湿度不够时栽植的栾树，栽植后要淋足定根水，幼苗成活后要注意控制周围杂草，栽植当年进行 1 次培蔸、除杂草；翌年进行 1～2 次培蔸、施肥、除杂草、浇水、防治病虫害及人畜损害等。翌年春季在距栾树基部约 30cm 处施放氮肥 0.1kg/株。干旱时要及时浇水。加强栾多态毛蚜、杧果蚜、栾树毡蚧、枣大球坚蚧、朱砂叶螨、桑褐翅天蛾、流胶病等病虫害防治，采取有效措施防止人畜对苗木的损害。

3.2.36　文冠果

3.2.36.1　文冠果栽培技术

① 园地选择：选择光照充足、地势高燥，土层深厚、土质疏松、土壤肥沃、通气性好、无积水、有灌溉条件、pH 7.5～8.0 的微碱性黄土、沙土、砾石土等栽植文冠果。背阴处、潮湿地均不适合栽植文冠果。

② 整地：文冠果一般采用穴状整地，整地规格（60～80）cm×（60～80）cm×（50～60）cm，施入土杂肥 70kg/穴＋碳铵或过磷酸钙 0.5～1.0kg/穴。

③ 栽植密度：一般栽植株行距（2～3）m×3m，初植密度密度 74～111 株/667m²。

④ 营造混交林：文冠果可与玫瑰、油松、刺槐等园林植物混交栽植。

⑤ 栽植方法：文冠果既可秋栽，也可春季早栽，春季于 3 月中、下旬文冠果萌芽前定植，秋季在文冠果落叶后定植。栽植时深度比苗木原土痕适当浅栽 1～2cm。

3.2.36.2　文冠果养护技术

文冠果栽植后要根据各地环境和土壤情况，注意浇水和施肥。萌芽前及时定干，定干高度80cm左右，选留顶部生长健壮、分布均匀的3～4个主枝，其余摘心或剪除。夏季修剪主要包括抹芽、除萌、摘心、剪枝、扭枝。冬季修剪主要是修剪骨干枝和各类结果枝，疏去过密枝、重叠枝、交叉枝、纤弱枝和病虫枝等，千万不要剪除文冠果的顶花芽。1年中分别在萌芽前、花后和果实膨大期追3～4次肥。每年秋季10月中、上旬结合深翻改土施土杂肥2000～3000kg/667m²＋复合肥基肥0.5～1.5kg/株作为基肥，结合施肥浇水，并注意防涝、排涝。注意防治黄化病、煤污病、根螨、木虱、锈壁虱、刺蛾等病虫害。

3.2.37 梧桐

3.2.37.1 梧桐栽培技术

① 园地选择：选择阳光充足、温暖湿润、土层深厚、肥沃湿润、排水良好、含钙丰富的酸性土、中性土及钙质土栽植梧桐。积水洼地、盐碱地均不适宜栽植梧桐。

② 整地：梧桐一般采用穴状整地，整地规格（60～80）cm×（60～80）cm×（50～60）cm。

③ 栽植密度：梧桐一般栽植株行距(3～4)m×(4～5)m，初植密度33～56株/667m²。

④ 营造混交林：梧桐可与侧柏、栾树等园林植物混交栽植。

⑤ 栽植方法：梧桐栽植以春季为好，栽前要灌足底水和基肥，栽植时分层填土分层踩实。

3.2.37.2 梧桐养护技术

梧桐栽植后应及时灌足定根水，天旱时需在夜间及时浇水，雨后要及时排水。施肥以磷肥（基肥）为主，追肥（速效氮肥＋钾肥）为辅，每年施肥2～3次。同时注意防治梧桐藻斑病、小黑刺蛾、黄刺蛾、梧桐裂头木虱、中华薄翅天牛等病虫害。

3.2.38 珙桐

3.2.38.1 珙桐栽培技术

① 园地选择：选择喜欢生长在海拔1500～2200m的湿润的常绿阔叶落叶混交林中。多生长于空气阴湿之处。喜中性或微酸性、腐殖

质深厚、土层疏松、团粒结构好、排水良好、肥沃的土壤。干燥多风、日光直射或西晒之处和干旱瘠薄地均不适宜栽植珙桐。

② 整地：珙桐一般采用穴状整地，整地规格 50cm×50cm×30cm，整好地后施足基肥并与回填表土混合均匀。

③ 栽植密度：一般栽植株行距（1.5～2）m×（2～3）m，株行距111～222 株/667m²。

④ 营造混交林：珙桐喜凉爽、湿度大的环境，宜与其他阔叶树种混栽，营造阔叶混交林是最佳选择。

⑤ 栽植方法：珙桐一般在秋季落叶后或春季芽苞萌动前移栽，起苗时不可伤根皮和顶芽，对一些长侧根、侧枝可以适当修剪，栽植时将苗木放置于栽植穴中，把根系摆放平直，然后回填表土，而后再回填心土。回填土壤时把土中的石头清理出去，并一边回填一边踩实。土壤回填完后做圆形树盘。

3.2.38.2 珙桐养护技术

珙桐栽植后应及时灌足定根水。珙桐成活后，一般在秋季进行除草清灌，清除的草要及时清理出园。5～6 月施放尿素 0.25kg/株，连续干旱时浇水。目前，珙桐在世界各地的园林中还属于稀有珍贵树种，园艺界对其整形修剪还没有提出一套可靠办法，还需要探索珙桐的修剪方法。同时注意蜗牛、金龟子、茎腐病、根腐病等病虫害防治。

3.2.39 山茱萸

3.2.39.1 山茱萸栽培技术

① 园地选择：在暖温带和北亚热带海拔 600～1000m 阴凉、湿润、背风的山沟、溪边、路旁等地，选择腐殖质土层深厚、排水良好、肥沃疏松的微酸性至中性沙壤土或壤土栽植山茱萸。低洼积水地不适宜栽植山茱萸。

② 整地：山茱萸一般采用穴状整地，整地规格 50cm×50cm×50cm，施放农家肥 20～25kg/穴，并与回填土混合均匀。

③ 栽植密度：山茱萸一般栽植株行距 2m×（2～3）m，初植密度111～167 株/667m²。

④ 营造混交林：山茱萸可与山核桃、板栗、杨梅、金银花等园林植物混交栽植。

⑤ 栽植方法：山茱萸一般于春季萌芽前或秋季落叶后移栽，栽植时将苗木放入穴内，分层埋土、踩实，要求根系舒展，栽植时深度比苗木原土痕适当深栽 3cm，上培松土。

3.2.39.2 山茱萸养护技术

山茱萸栽植成活后，每年中耕除草 4～5 次，春秋两季各追肥 1 次。10 年生以上大树于 4 月中旬幼果初期施人粪尿 5～10kg/株，生长期间还可叶面喷施 0.4%磷酸二氢钾或磷酸二氢铵 1～2 次。幼树高 1m 左右时于 2 月打去顶梢。幼树期，每年早春剪除树基丛生枝条，修剪方法以轻剪为主，剪除过密、过细及徒长的枝条。主干内侧的枝条，可在 6 月采用环剥、摘心、扭枝等方法。幼树每年培土 1～2 次，成年树可 2～3 年培土 1 次，老根部露出地表时应及时壅根。在灌溉方便的地方，每年应分别在春季发芽开花前、夏季果实灌浆期、入冬前浇 3 次大水。注意灰色膏药病、炭疽病、蛀果蛾、避债蛾和尺蠖等病虫害防治。

3.2.40 泡桐

3.2.40.1 泡桐栽培技术

① 园地选择：选择海拔 800m 以下山地、丘陵、岗地、旱地等，阳光充足，坡度平缓，土层深厚、土质疏松、肥沃湿润、排水良好、通透性好、pH 5～7.5 的红壤、黄红壤、壤土栽植泡桐。低洼积水地不适宜栽植泡桐。

② 整地：泡桐通常在 9～12 月进行带状整地，带宽 1.5～2m，带距 3～4m，深 30cm，然后在整地带内挖穴，1 年生苗穴的规格为 80cm×80cm×60cm，0.5 年生苗的规格为 60cm×60cm×50cm。挖好穴后先回填 10cm 深的表土，再施放枯饼肥 1kg/穴，或复合肥 0.3～0.5kg/穴，或磷肥：钾肥：氮肥＝1.0：0.3：0.2 的氮磷钾混合肥 0.5～1kg/穴作基肥，将基肥与表土充分混匀，然后再回填 10～15cm 深的表土。

③ 栽植密度：一般栽植株行距（3～4）m×（3～4）m，初植密度

$42\sim74$ 株$/667m^2$。

④ 营造混交林：泡桐可与楠木、木荷、马褂木、毛红椿、杜仲、厚朴、樟树、杜英、胡枝子等园林植物混交栽植。

⑤ 栽植方法：泡桐一般在入冬后至新梢萌动前选择雨前或雨后栽植，栽植时将苗木根系放在回填土上面，分层填土踩实，做到苗正、根舒、土实，栽植深度与苗木原土痕齐平或略深。

3.2.40.2 泡桐养护技术

泡桐栽植后应在苗木基部覆盖一层松土，堆成馒头形，并对新栽植株进行培土、扶正。栽植后前 2 年分别在 $5\sim6$ 月和 $8\sim9$ 月全面割灌、锄草、扩穴培土 2 次。泡桐栽植后 3 年内每年结合抚育沟施复合肥 $0.5\sim1kg/$株。栽植后第 2 年生长季开始前在离地面 $2\sim3cm$ 处平茬，待新梢萌发后保留 1 枝优势健壮枝条接杆，及时摘去腋芽中萌生的嫩芽，使当年无节苗干高度达到 4m 以上。注意在 $7\sim10$ 月高温干旱季节适时适量浇水，并注意泡桐丛枝病、泡桐炭疽病、泡桐黑痘病、泡桐腐烂病、线虫病、泡桐网蝽、龟甲、蒲瑞大袋蛾等病虫害防治。

3.2.41 楸树

3.2.41.1 楸树栽培技术

① 园地选择：在海拔 800m 以下的低山丘陵区和排水良好的平坝区，年平均气温 $10\sim15℃$，年降水量 $500\sim1200mm$ 的气候条件下，选择光照充足、地下水位在 1m 以下、土层深厚、土质疏松、湿润肥沃、pH $6.5\sim7.5$ 的壤土、沙壤土、黏土或钙质土栽植楸树。楸树在含盐量低于 0.1% 的轻盐碱土上也能正常生长。但低洼积水地、干旱瘠薄地均不适宜栽植楸树。

② 整地：以秋末初冬，雨季刚过，土壤疏松湿润，机械阻力不大时整地为好。一般采用穴状整地，整地规格为 $(50\sim80)cm\times(50\sim80)cm\times(40\sim50)cm$。整地时将表土和心土分开堆放，并拣净穴中石块和树根。

③ 栽植密度：楸树一般栽植株行距 $(2\sim3)m\times(3\sim4)m$，初植密度 $56\sim111$ 株$/667m^2$。

④ 营造混交林：楸树可与泡桐、小叶杨、沙兰杨、杞柳、白蜡、紫穗槐、胡枝子、花椒、柿树、刺槐、杨树、柳树、榆树、椿树、苦楝、国槐等园林植物混交栽植。

⑤ 栽植方法：楸树在春秋两季均可移栽，春栽为3月上旬～4月上旬，秋栽为11月中、下旬。苗木栽植前先截梢，即在梢头25cm左右选饱满芽上方1.5cm处截断，截口要平，截后对截口涂漆，并适当修剪受伤的根系，然后将已经截梢和修根后的苗木放在水中浸根24h左右后穴植。严格按照"三埋两踩一提苗"的栽植技术进行栽植，将苗木直立于栽植穴中央，用手舒展根系，填表土覆盖根系，轻轻提苗2～3cm，填土到高过地平面2～3cm，踩实，再填土，再踩实，最后再填一层松土。

3.2.41.2　楸树养护技术

楸树栽植后应浇透定根水，并及时对倾倒的树苗培土、扶直。栽植当年在4月中、下旬萌芽条长至5～10cm高时抹芽，保留健壮条2～3枝/株，并浇1次水；在5月上、中旬萌芽条长至20～40cm高时再次抹芽，保留健壮条1枝/株，再浇1次水。栽植后前3年要适时进行松土除草，每年春季3～4月施1次有机肥料，每年生长高峰期施2～3次氮肥。在树龄3～8年时修枝，保留树冠高与树高之比为1/3～2/3，以后每2～3年修1次枝。同时还要注意楸螟、木尺蠖、斑衣蜡蝉、楸根瘤线虫病、锈病、梢枯病等病虫害防治。

3.2.42　金钱松

3.2.42.1　金钱松栽培技术

① 园地选择：选择温暖、多雨、土层深厚、肥沃、排水良好的酸性土栽植金钱松。干旱瘠薄地、盐碱地和积水的低洼地均不适宜栽植金钱松。

② 整地：金钱松一般采用穴状整地，整地规格（50～80）cm×（50～80）cm×（50～80）cm。

③ 栽植密度：一般栽植株行距1.7m×1.7m或1.5m×2m；初植密度222～231株/667m²。

④ 营造混交林：金钱松可与马尾松、檫树、竹类等园林植物混

交栽植。

⑤ 栽植方法：金钱松一般于冬季落叶后至翌年春季萌发前选用2～3年生苗木带土球移栽，要求随挖随栽，保持湿润并保护好菌根。

3.2.42.2 金钱松养护技术

金钱松栽植后结合间种套种，每年松土除草2～3次，干旱时适时浇水并向叶面及枝干喷水，保持土壤湿润但不积水，雨季注意排涝。生长期间每月应施稀薄的腐熟有机肥1次，高温及多雨季节停止施肥。金钱松不宜打枝，一般5～6年即可郁闭。郁闭后，每隔3～4年砍杂、除蔓1次。同时注意茎腐病、松落叶病、大袋蛾等病虫害的防治。

3.2.43 水杉

3.2.43.1 水杉栽培技术

① 园地选择：选择坝区四旁、沟谷、溪旁、山洼，以及河流冲积台地，土壤湿润、肥沃、深厚、排水良好的酸性山地黄壤、紫色土或冲积土栽植水杉。水杉在轻盐碱地也可以生长，但长期积水排水不良的地方不适宜栽植水杉。

② 整地：水杉需在栽植前20天进行穴状整地，整地规格60cm×60cm×50cm，保证底部长度和宽度。栽植前每个穴位施复合肥0.2kg，注意撒施均匀，肥料要与周围的泥土混匀，成块的肥料要粉碎，施后及时回填细土，回填土高出穴面。

③ 栽植密度：一般栽植株行距（2～3）m×3m，初植密度74～111株/667m²。

④ 营造混交林：水杉可与池杉、刺槐、垂柳等园林植物混交栽植。

⑤ 栽植方法：水杉一般于冬季落叶后和早春萌芽前选择阴雨或土壤湿润时移栽，栽植时将水杉小心放入穴内，然后分层填土压实，栽植深度比苗木原土痕深3～5cm为宜，回填土要高出穴面。

3.2.43.2 水杉养护技术

水杉栽植后淋足定根水，成活后按照新栽标准进行补苗，栽植当年进行1次培蔸、除杂草，翌年进行1～2次培蔸、施肥、除杂草、浇水工作，在夏季施 1 次复合肥 0.1kg/株，遇到干旱要及时浇水。按照自然直干形进行修枝整形，一般采用疏枝和短截的方法及时疏剪过密枝、病虫枝、重叠枝、内膛枝和扰乱树形的枝条。注意防治桑寄生、水杉赤枯病、水杉叶枯病、水杉卷叶蛾、黑翅大白蚁等病虫害。

3.2.44 池杉

3.2.44.1 池杉栽培技术

① 园地选择：选择地形平坦、土壤深厚肥沃、土质疏松湿润的酸性或中性土壤栽植池杉。但池杉在江苏里下河地区湖荡滩地因土壤湿润、肥沃，pH 7.8 以下的条件下也能生长良好。池杉耐水，但不喜水，长期在土壤水饱和的状况下或水稻田里则生长不良。

② 整地：一般在土壤封冻前进行穴状整地，整地规格（70～80）cm×(70～80)cm×(50～60)cm。地下水位过高的荡滩可以采用挖沟筑垛的方式整地，抬高植树垛面高程，使栽植地的地下水位在 80cm 以下，然后在垛面栽植，在沟里可种藕、养鱼、种慈菇等。

③ 栽植密度：池杉栽植株行距多采用 2m×3m 或 1.5m×4m，初植密度约 111 株/667m^2。

④ 营造混交林：池杉常与水杉、落羽杉、墨西哥落羽杉、银杏、青枫、黄连木等园林植物混交栽植。

⑤ 栽植方法：早春土壤解冻后池杉小苗根蘸泥浆、大苗带土球移栽，随起随运随栽。

3.2.44.2 池杉养护技术

池杉栽植后应及时漫灌 1 次水。栽后 3～5 年内，进行林下合理间种，在管理间作物的同时，管好幼林，促进幼林生长。池杉幼林期不宜过早修枝，只需剪除并头枝、竞争枝和病虫枝。注意池杉黄化病、茎腐病、大袋蛾等病虫害防治。

3.2.45 落羽杉

3.2.45.1 落羽杉栽培技术

① 园地选择：选择平原滩地、河流两岸、湖泊与水库四周、水渠或道路两旁、山区及丘陵谷地、洼地和缓坡地，土壤湿润、疏松、深厚、肥沃、富含腐殖质的土壤栽植落羽杉。落羽杉在浅沼泽地中也

能正常生长。

② 整地：一般采用穴状整地，整地规格 50cm×50cm×50cm，表土和心土分堆放。整好地后将表土打碎回填至穴内并与施入的磷肥（0.5kg/穴）混合均匀。

③ 栽植密度：一般栽植株行距（2～3)m×3m，初植密度 74～111 株/667m²。

④ 营造混交林：落羽杉可与中山杉、水杉、池杉等园林植物混交栽植。

⑤ 栽植方法：落羽杉一般于春季 3 月萌芽前移栽，小苗可裸根移栽，大苗带土球移栽。栽植时将苗木放入穴中，回填湿碎表土，略向上提一下苗，使苗根舒展，踩实后浇足定根水，再回填湿碎土至穴满，再踩实，使土壤与根系密接，最后再覆盖一层虚土呈山丘形。

3.2.45.2 落羽杉养护技术

落羽杉栽植后 3 年内，每年松土除草 2～3 次，干旱季节要适时浇水抗旱。双梢树要注意剪除其中生长细弱的一个梢头。及时剪去树冠下部生长不良的侧枝以及在树冠内部显著影响生长的特别粗大的侧枝。注意落羽杉干腐病、袋蛾等病虫害防治。

3.2.46 水松

3.2.46.1 水松栽培技术

① 园地选择：喜阳光充足、温暖湿润的气候及水湿环境，多生于河流两岸、堤围及田埂上，在潮水线上 15～30cm 的立地上生长最好。在中性或微碱性（pH 7～8）、有机质含量高的冲积土或肥沃疏松、湿润但又排水良好的沙质土壤栽植水松最好。水松能耐盐碱土。水松长期浸淹在水中虽能正常生长和开花结实，但生长缓慢，尖削度大。

② 整地：一般采用穴状整地，整地规格（40～80)cm×（40～80)cm×（30～60)cm。整好地后施放腐熟猪厩肥等农家肥 5～7kg/穴，并与回填表土混合均匀作基肥，然后再回填10cm的表土。

③ 栽植密度：一般栽植株行距 1.5m×（1.5～2)m，初植密度 222～296 株/667m²。

④ 营造混交林：水松可与池杉、柳树、落羽杉、中山杉等园林植物混交栽植。

⑤ 栽植方法：一般在冬末或春初水松萌动前用地径1cm、高度60cm以上的移栽苗栽植，其他季节栽植必须带大量宿土才容易成活，3年生以上水松苗需带土球移栽。栽植时把水松苗放于穴中，分层填土踩实。

3.2.46.2 水松养护技术

水松栽植后要保证水分充足，采用绑缚技术促进其直立生长。2～3年内应注意保护幼树主干顶芽，每年5～8月份施用复合肥3次，每次20～25kg/667m²，同时还要适时松土除草、培土和浇水。注意尺蠖、水松苗期猝倒病等病虫害防治。

3.2.47 紫玉兰

3.2.47.1 紫玉兰栽培技术

① 园地选择：选择气候温暖、阳光充足、土层深厚、土质疏松、排水透气性好、湿润肥沃的酸性、微酸性土栽植紫玉兰。紫玉兰在弱碱性土（pH 7～8）中也能生长，但低洼积水地不适宜栽植紫玉兰。

② 整地：多采用穴状整地，整地规格（60～80)cm×（60～80)cm×（50～60)cm。整好地后施放腐熟农家肥15kg/穴＋磷肥1kg/穴作基肥，并与回填土混合均匀，然后再回填10cm的表土。

③ 栽植密度：一般栽植株行距2m×（2～3)m，初植密度111～167株/667m²。

④ 营造混交林：紫玉兰可与罗汉松、绵柏、水杉、赤松、桂花、海棠等园林植物混交栽植。

⑤ 栽植方法：紫玉兰一般在春季开花前或花谢而刚展叶时带土球移栽最好，秋季则以仲秋移栽为宜，过迟则根系伤口愈合缓慢。栽植前先适当疏芽或剪叶，剪叶时应留叶柄以便保护幼芽。

3.2.47.2 紫玉兰养护技术

紫玉兰栽植后要适时适量浇水，任何时候都不能干旱，也不能渍水，特别是雨季要注意排水防涝；每年在夏、秋两季各中耕除草1次，并将杂草覆盖根际。紫玉兰喜肥，定植时应施足基肥，在冬季适施堆肥，或在春季施人畜粪水，促进苗木迅速成林。始花后，在绿化养护中施肥要抓住花前 2 个月和花后 5 个月这两个关键时机，10 天左右施 1 次氮磷钾复合肥，前者使花蕾膨大，鲜花开放，后者促进多孕花蕾，翌春花多。入冬落叶时再施 1 次以磷钾肥为主的肥料，增强其抗寒越冬能力，其余时间少施或不施。为了避免树形过于高大，矮化树干，主干长至 1m 高时打去顶芽，促使分枝。在植株基部选留 3 个主枝向四方发展，各级侧生的短枝和中枝一般不修剪，长枝保留 20～25cm 短截。每年修剪的原则是，以轻剪长枝为主，重剪为辅，以截枝为主，疏枝为辅，在 8 月中旬还要注意摘心，控制顶端优势，促其翌年多抽发新生花枝。同时注意炭疽病、褐斑病、黑斑病、蚜虫、介壳虫、红蜘蛛等病虫害防治。

3.2.48　二乔玉兰

3.2.48.1　二乔玉兰栽培技术

① 园地选择：参见"紫玉兰"。

② 整地：参见"紫玉兰"。

③ 栽植密度：参见"紫玉兰"。

④ 营造混交林：参见"紫玉兰"。

⑤ 栽植方法：二乔玉兰一般在早春发芽前 10 天或花谢后展叶前带土球移栽，尽量不要损伤根系。

3.2.48.2　二乔玉兰养护技术

二乔玉兰栽植成活后的冬季在 50cm 高处打顶定干，按自然开心形培育 3～4 大主枝，以后多在夏季采用摘心、短截、拉枝、吊枝、疏删等手法修剪长枝，各级侧生的短枝和中枝一般不剪。栽植后前 5 年，每年除草 3～4 次，每次逐株施放有机肥 12～15kg/株＋碳酸氢铵 100g/株；以后每年除草 1～2 次，施磷肥 0.5kg/株，冬季施人畜粪水 10kg/株。同时注意防治叶斑病、蚜虫、广翅蜡蝉等病虫害。

3.2.49　鹅掌楸

3.2.49.1　鹅掌楸栽培技术

① 园地选择：选择温暖湿润、避风向阳或半阴的沟谷地或平缓的山坡中下部，在土层深厚肥沃、湿润、排水良好、pH 4.5～6.5

的酸性土栽植鹅掌楸。干旱瘠薄地、低洼积水地均不适宜栽植鹅掌楸。

② 整地：鹅掌楸一般在栽植前的秋末冬初劈山炼山后进行穴状整地，整地规格 $(50\sim60)\mathrm{cm}\times(50\sim60)\mathrm{cm}\times(40\sim50)\mathrm{cm}$。翌年早春回填表土并施基肥后栽植。

③ 栽植密度：一般栽植株行距 $(2\sim2.5)\mathrm{m}\times(2\sim2.5)\mathrm{m}$，初植密度 $107\sim167$ 株/$667\mathrm{m}^2$。

④ 营造混交林：鹅掌楸可与青冈、苦槠、松树、檫树、杉木、桤木、拟赤杨、柳杉、木荷、火力楠等园林植物混交栽植。

⑤ 栽植方法：鹅掌楸宜在早春发芽前带土球移栽，栽植时要做到苗正、根舒，泥土和根系紧密接触。大树移栽，必须分年进行，逐步实施，先切根，后移栽，否则即使移栽成活，恢复也比较困难，长期生长不良。

3.2.49.2 鹅掌楸养护技术

鹅掌楸栽植后一般需要连续养护 3 年，第 1 年 3～4 月扩穴培土，第 2～3 年每年 5～6 月与 8～9 月全面松土锄草，还可施氮肥埋青或套种豆类。从栽植后的第 3 年开始每年冬季休眠期可适当修枝，整枝高度为树高的 1/3，这样既能使其生长强健，又能造型，提高观赏价值。同时注意日灼病、大袋蛾、凤蝶、樗蚕、马褂木卷叶蛾等病虫害防治。

3.2.50 北美鹅掌楸

3.2.50.1 北美鹅掌楸栽培技术

① 园地选择：选择温暖湿润和阳光充足的环境，在土壤深厚、肥沃、湿润、排水良好、pH 4.5～6.5 的沙质土壤栽植北美鹅掌楸。干旱贫瘠地、低洼积水地均不适宜栽植北美鹅掌楸。

② 整地：多采用穴状整地，整地规格 $(40\sim100)\mathrm{cm}\times(40\sim100)\mathrm{cm}\times(40\sim50)\mathrm{cm}$，土质疏松肥沃的可小些，石砾土、城市杂土应大些；苗木胸径小的可小些，苗木胸径大的应大些。挖穴时，穴壁要垂直，呈圆筒状。

③ 栽植密度：一般栽植株行距 $2\mathrm{m}\times(2\sim3)\mathrm{m}$，初植密度 111～

167株/667m²。

④ 营造混交林：北美鹅掌楸可与红叶李、樱花、红枫、鸡爪槭、紫薇等园林植物混交栽植。

⑤ 栽植方法：北美鹅掌楸栽植前先在穴中回填15～20cm厚的松土，然后把苗木直立放于穴中，使基部略下沉5～10cm，分层填土踩实。

3.2.50.2 北美鹅掌楸养护技术

北美鹅掌楸栽植后，一般在大雨过后或浇水后及时松土锄草，每年在夏季中耕除草2～3次，并坚持做到树冠下浅锄7～10cm，冠外深锄25～30cm。还要及时进行施肥、培土，于每年秋末冬初进行整枝。同时注意日灼病、卷叶蛾、大袋蛾等病虫害防治。

3.2.51 檫木

3.2.51.1 檫木栽培技术

① 园地选择：喜温暖湿润气候，在土层深厚、土质疏松、水分充足、通气排水良好的酸性红壤土或微酸性黄壤土、沙壤土、黑沙土及其他类型的填方土等栽植檫木生长良好。水湿或低洼地不适宜栽植檫木。

② 整地：一般采用穴状整地，整地规格50cm×50cm×30cm。整好地后施放过磷酸钙和钾肥（共计0.25kg/穴）作基肥，与回填土混合均匀。

③ 栽植密度：一般栽植株行距2m×3m或2.5m×2.5m，初植密度107～111株/667m²。

④ 营造混交林：檫木可与杉木、马尾松、南酸枣、鹅掌楸、木荷等园林植物混交栽植。

⑤ 栽植方法：檫木落叶后冬季移栽，植苗或截干栽植。

3.2.51.2 檫木养护技术

檫木栽植后，在幼林期间要全垦深翻埋青，或以耕代抚间种豆类和绿肥，并做好补植、除萌、开沟排水、扶正培土、除草松土等工作。同时还要做好檫树叶斑病、檫树透翅蛾、檫树长足象、黄翅大白蚁、檫树白轮蚧等病虫害防治工作。

3.2.52　枫香

3.2.52.1　枫香栽培技术

① 园地选择：选择背风向阳的阳坡或半阴坡，在中低山、丘陵、平原、谷地上应选择肥沃的土壤栽植枫香。但枫香也能在较瘠薄的山脊、山坡、峭壁、石缝中生长。低洼积水地、盐碱地均不适宜栽植枫香。

② 整地：多采用穴状整地，整地规格 60cm×60cm×40cm，整好地后回填表土。

③ 栽植密度：一般栽植株行距 2m×(2～3)m，初植密度 111～167 株/667m²。

④ 营造混交林：枫香可与马尾松、杉木、毛竹等园林植物混交栽植。

⑤ 栽植方法：枫香栽植时间在 12 月至翌年 2 月，选择在小雨天或雨后随起随栽，也可截干栽植，栽植时将主根切断能恢复垂直根系使其深扎，但晴天、天旱土干时不宜栽植。裸根苗栽植时要做好苗木浆根工作，以定植点为中心，清除穴内杂物，打碎土块，回填表土，扶正苗木，当回填到 2/3 左右穴深时，把苗木向上轻提，使苗木根舒展，压实踏紧，最后覆细土，使覆土面呈"馒头状"，做到苗正、根舒、压实。

3.2.52.2　枫香养护技术

枫香栽植后当年秋季可对林中主干明显的植株从靠近地面的基部进行截干处理，到翌年长出新枝后进行除萌并选留主干。栽植后前 3～4 年，每年分别在 5～6 月、8～9 月全面砍草、扩穴、根际壅土、除萌 2 次，直至郁闭成林。注意防治漆斑病、黑斑病、白粉病、樟蚕、天幕毛虫、银杏大蚕蛾等病虫害。

3.2.53　杜仲

3.2.53.1　杜仲栽培技术

① 园地选择：选择温暖湿润、避风向阳的缓坡、山脚、山坡中下部及山间台地，在土层深厚、疏松、肥沃、排水良好且适当湿润的微酸性、中性、石灰性沙壤土栽植杜仲。但石灰岩裸露的石山夹缝只

要土层深厚也可以栽植杜仲。过度荫蔽之地不适宜栽植杜仲。

② 整地：杜仲一般采用穴状整地，整地规格 80cm×80cm×60cm，整好地后回填表土。

③ 栽植密度：一般栽植株行距（1.5～2）m×（2～3）m，初植密度 111～222 株/667m²，以 2m×2m 株行距最佳。

④ 营造混交林：杜仲可与茶树、马尾松、毛竹、辛夷、厚朴、核桃等园林植物混交栽植。

⑤ 栽植方法：杜仲苗木栽植前根系要蘸泥浆，苗木要端立在穴中央，一手扶苗，一手铲土，然后把苗轻轻往上一提，使苗木根系舒展。栽植深度稍深于苗木原土痕，切忌过深，分层回填表土，层层踩实，上覆一层松土。

3.2.53.2 杜仲养护技术

杜仲栽植后要尽早摘去干茎下部侧芽，只留顶端 1～2 个健壮饱满侧芽；在树木发芽后的第 3 个月内，应将过多侧枝剪掉，只保持 6～8 个侧枝最好。每年应分别在 4 月上旬、6 月上旬进行 2 次松土除草，还可结合深翻土地，进行林粮间作，以耕代抚。每年追施氮肥 8～12kg/667m²、磷肥 8～12kg/667m²、钾肥 4～6kg/667m²，北方 8 月停止施肥。还要经常对地面上的萌蘖枝和侧旁枝及时进行修剪，秋季或翌春要及时剪除基生枝条和交叉过密枝条。注意根腐病、叶枯病、杜仲角斑病、杜仲褐斑病、杜仲灰斑病、杜仲枝枯病、豹纹木蠹蛾、咖啡豹蠹蛾、刺蛾、茶翅椿象等病虫害防治。

3.2.54 榉树

3.2.54.1 榉树栽培技术

① 园地选择：选择温暖湿润、阳光充足，坡度 30°以下，低山丘陵区、群山中下部、谷地、溪边、土层深厚、土壤肥沃、湿润、保水较好的酸性、中性、碱性土及轻度盐碱土栽植榉树。干旱贫瘠地、低洼积水地均不适宜栽植榉树。

② 整地：榉树一般采用穴状整地，整地规格 50cm×50cm×40cm。

③ 栽植密度：一般栽植株行距（1～1.5）m×（2～3）m，初植密

度 148～333 株/667m²。

④ 营造混交林：榉树可与马尾松、栎类、杉木等园林植物进行块状或行状混交栽植。

⑤ 栽植方法：2 月上旬至 3 月上旬选取无风阴天或小雨天气，用榉树 1 年生实生苗起苗起苗栽植，起苗时应用利铲先将周围根切断方可挖取，以免撕裂根皮。栽植前先用 10%～15% 过磷酸钙泥浆蘸根，栽植时要做到根舒、苗正、分层填土踩实，栽植深度比苗木原土痕深 3～6cm。

3.2.54.2 榉树养护技术

榉树栽植后前 3 年每年分别于 6 月和 10 月松土除草 2 次，且随时培蔸、扶正，剪除干上的丛生小枝和分叉枝中弱的分枝，每年至少 1 次清除绕干的藤本。3 年后用刀砍去杂灌。前 5 年可结合松土除草加施复合肥或尿素 100g/株，撒于树蔸周围表土内。持续修枝直至枝下高达到 5m 以上。注意防治叶斑病、褐斑病、天牛、蚜虫、尺蠖、叶螟、毒蛾、袋蛾等病虫害。

3.2.55 朴树

3.2.55.1 朴树栽培技术

① 园地选择：选择阳光充足或半阴，通风透气，土地深厚肥沃、土质疏松湿润、排水良好的微酸性、微碱性、中性和石灰性土壤栽植朴树。朴树在轻度盐碱土中也可生长。

② 整地：朴树一般采用穴状整地，整地规格 60cm×60cm×50cm，整好地后施放厩肥或土杂肥（10kg/穴）作基肥，将肥土混合均匀。

③ 栽植密度：一般栽植株行距 2.5m×(2.5～3)m，初植密度 89～107 株/667m²。

④ 营造混交林：可与樟树、榉树、木麻黄、乌桕、油茶、黄连等园林植物混交栽植。

⑤ 栽植方法：朴树秋季落叶后至春季萌芽前移栽，小苗和中苗不必带土球只需用泥浆蘸根即可移栽，大苗须带土球移栽。栽植深度与苗木原土痕相平为宜。

3.2.55.2　朴树养护技术

朴树栽植后浇足定根水，使土壤和根系紧密结合，当年不修枝，只在深秋落叶后适当疏除多余簇生无用芽，剪除平衡枝、丛生枝；朴树幼苗树干易弯曲，翌年当枝条达到一定粗度后要及时修剪，培养通直的树干和树冠。同时注意白粉病、煤污病、木虱、红蜘蛛等病虫害防治。

3.2.56　珊瑚朴

3.2.56.1　珊瑚朴栽培技术

① 园地选择：选择阳光充足或半阴，地势平缓，温暖湿润，土壤深厚肥沃、土质疏松、排水良好的微酸性、中性及石灰性土壤栽植珊瑚朴。

② 整地：珊瑚朴多采用穴状整地，整地规格 60cm×60cm×50cm。整好地后施放土杂肥 15～20kg/穴＋氮磷钾三元素复合肥 150～200g/穴。

③ 栽植密度：一般栽植株行距 2m×（2.5～3）m，初植密度 111～133 株/667m²。

④ 营造混交林：珊瑚朴可与紫弹朴、枫香等园林植物混交栽植。

⑤ 栽植方法：珊瑚朴秋季落叶后至春季萌芽前起苗栽植，起苗时不可损伤根皮和顶芽，小苗可裸根移栽，大苗需带土球移栽。裸根栽植前先适当修剪长侧根、侧枝，然后用含 10%～15%过磷酸钙泥浆充分蘸根，严格按照"三埋两踩一提苗"的原则进行栽植。栽植时要求做到穴大底平，苗正根展，分层填土踩实。

3.2.56.2　珊瑚朴养护技术

珊瑚朴栽植后及时灌足定根水，并参照 3.2.55.2 朴树养护技术，适时排灌、施肥、中耕除草、抹芽，并按照高干自然式回头形进行整形修剪，注意防治灰霉病、叶斑病、根腐病、黑腐病、轮斑病、褐斑病、卷叶病、介壳虫、刺蛾、叶蝉、沙朴棉蚜、沙朴木虱等病虫害。

3.2.57　薄壳山核桃

3.2.57.1　薄壳山核桃栽培技术

① 园地选择：选择土层深厚、土质疏松、肥沃湿润的平地或丘

陵缓坡地、塘沟旁边或河堤岸上以及"四旁"隙地，微酸性至微碱性土壤栽植薄壳山核桃。干旱瘠薄地不适宜栽植薄壳山核桃。

② 整地：薄壳山核桃多采用穴状整地，整地规格（50～100）cm×（50～100）cm×（50～70）cm，小苗宜小，大苗宜大。整好地后，可施有机肥15～25kg/穴＋过磷酸钙0.25～0.50kg/穴，与回填土混合均匀。

③ 栽植密度：一般栽植株行距（4～5）m×（4～5）m，初植密度27～42株/667m²。

④ 营造混交林：薄壳山核桃可与桃树、茶树等园林植物混交栽植。

⑤ 栽植方法：薄壳山核桃从落叶后至发芽前都可进行定植。1～2年生小苗可不带土球定植，但根系一定要保护好，特别是嫁接苗主根至少要留20cm左右长，并保留一侧根及部分须根，苗挖出后应立即蘸泥浆。大苗移栽需带土球，把苗放入穴内，摆好根系再覆土，压实。

3.2.57.2 薄壳山核桃养护技术

薄壳山核桃栽植后要做好树窝并充分浇水。大苗栽后地上部要适当修剪。作为果用树在幼林时以疏散分层形进行整形修剪。幼树在3月底萌芽后及6～7月各追肥1次，结果树除在果实采收后施1次基肥外也要在3月底萌芽后及6～7月各追肥1次，有条件的还可在冬季施1次有机肥作基肥并结合进行深耕。同时注意叶斑病、疮痂病、木蠹蛾、大蓑蛾、刺蛾、蚜虫、吉丁虫等病虫害防治。

3.2.58 枫杨

3.2.58.1 枫杨栽培技术

① 园地选择：选择阳光充足，温暖湿润，地势平坦，水源充足、排水良好的河滩地、平坦地，在土壤深厚、肥沃、湿润的酸性及微酸性沙壤土栽植枫杨。枫杨在中性土及轻度盐碱土中也能正常生长。

② 整地：枫杨一般采用穴状整地，整地规格（60～80）cm×（60～80）cm×（60～80）cm，穴底施好有机肥，基肥与回填土充分混合均匀。

③ 栽植密度：一般栽植株行距（2～3）m×（3～4）m，初植密度56～111株/667m²。

④ 营造混交林：枫杨可与杉木、核桃、樟树等园林植物混交栽植。

⑤ 栽植方法：枫杨在春季芽萌动前移栽，大苗移栽前应进行截干处理并及时处理伤口。大、小苗栽植前均需对过长根系进行适当修剪，栽植深度一般比苗木原土痕深5～10cm为宜。

3.2.58.2　枫杨养护技术

枫杨移栽后及时浇水、踩实、扶正，成活后当剪口下萌发的新枝达到40cm长时，选择分布均匀、离主干顶端较近、长势健壮的3～4个枝作主枝培养，其余枝条全部从基部疏除。并依次培养二级侧枝。一般4～5年修剪至树高1/3处，6～10年修剪至树高1/2处，10年以上修剪到树高的1/3～1/2处，同时要及时剪除萌条枝、病死枝、枯枝。还要适时浇水、适时适量施肥，并注意防治白粉病、珀蟆、金绿真蟆、日本履绵蚧、褐足角胸甲、圆斑卷叶象虫等病虫害。

3.2.59　紫椴

3.2.59.1　紫椴栽培技术

① 园地选择：选择阴坡或半阴半阳的凹形坡中部，郁闭度0.4～0.5的有林地，在土层深厚、土质疏松、土壤肥沃、湿润、排水良好的暗棕壤、沙质壤土栽植紫椴。水湿地和沼泽地不适宜栽植紫椴。

② 整地：紫椴一般在栽植前一年的秋季进行穴状整地，整地规格50cm×50cm×30cm。

③ 栽植密度：一般栽植株行距（1～1.5）m×1.5m，初植密度296～445株/667m²。

④ 营造混交林：紫椴可与落叶松、红松等园林植物带状混交栽植。

⑤ 栽植方法：紫椴多采用春季顶浆栽植，即当土壤晚间结冻，白天化冻层达到刚能栽入苗根深度（30cm以上）时即可栽植。

3.2.59.2　紫椴养护技术

紫椴栽植后当年进行1次扩穴、扶正、踩实，并进行2次除草、浇水，如此连续养护5年。同时注意椴毛毡病、紫椴黑小蠹等病虫害和鼠害防治。

3.2.60 木棉

3.2.60.1 木棉栽培技术

① 园地选择：选择在干热河谷或低山丘陵、四旁和河谷两岸，背风向阳，土层深厚肥沃的酸性、中性、微碱性的石灰岩、沙岩、页岩土壤及红色石灰土、紫色土和河流冲积土栽植木棉。但木棉在贫瘠山地上也能生长。强酸性的黏土不适宜栽植木棉。

② 整地：木棉多采用穴状整地，整地规格60cm×60cm×50cm。

③ 栽植密度：木棉一般栽植株行距（4～5）m×6m，初植密度22～28株/667m²。

④ 营造混交林：木棉可与竹子、香椿、任豆等园林植物混交栽植。

⑤ 栽植方法：木棉一般雨季栽植，可用播种、扦插和分株繁殖。扦插的直接将插穗插入土内30～40cm即可。

3.2.60.2 木棉养护技术

木棉栽植后，每年除草、松土、培土2～3次，在春夏季生育旺期每2～3个月施1次肥，并充分浇水。木棉在整形修枝上仅作维护性局部整枝，不可重剪。同时注意木棉茎腐病、木棉炭疽病、木棉乔木虱、离斑棉红蝽、红蜡蚧、双条合欢天牛、棉卷叶野螟等病虫害防治。

3.2.61 旱柳

3.2.61.1 旱柳栽培技术

① 园地选择：选择河岸、河漫滩地、沟谷、低湿地、"四旁"，或地下水位1.5～3m的冲积平原、平地、缓坡地，水分条件好的沙丘边缘的沙土至黏壤土栽植旱柳。但干旱沙丘地、山梁地、排水不良的黏土以及未经改良的中度以上盐碱土不适宜栽植旱柳。

② 整地：旱柳一般在栽植前一季进行穴状整地，整地规格60cm×60cm×50cm。

③ 栽植密度：一般栽植株行距（2～2.5）m×（2.5～3）m，初植

密度 89～133 株/667m²。

④ 营造混交林：旱柳可与小叶杨、沙柳、沙棘、花棒、刺槐等园林植物进行带状或块状混交栽植。

⑤ 栽植方法：旱柳栽植方法主要有插干（包括高干和低干）、插条和植苗，各地可因地、因苗制宜选择栽植方法。

3.2.61.2 旱柳养护技术

旱柳栽植后至幼林郁闭前可进行林粮间种（豆类或低秆作物）；及时中耕除草；每年修枝 1 次。注意防治柳树锈病、光肩星天牛、大蓑蛾、刺蛾、李叶甲、柳叶甲、蚱蝉等病虫害。

3.2.62 木瓜

3.2.62.1 木瓜栽培技术

① 园地选择：选择地势高燥、阳光充足、地下水位低、土层深厚、土质疏松、肥沃湿润、富含有机质、排水良好、通气性良好的微酸性至微碱性壤土或沙壤土栽植木瓜，也可利用田边地角、山坡地、房前屋后栽植木瓜。风口之地、低洼积水地均不适宜栽植木瓜。

② 整地：木瓜一般采用穴状整地，整地规格（60～80）cm×(60～80)cm×(50～60)cm。整好地后，施放堆肥或厩肥 5～10kg/穴，同泥土混合后作底肥。

③ 栽植密度：一般栽植株行距（1.5～2）m×（2～2.5）m，初植密度 296～445 株/667m²。

④ 营造混交林：木瓜可与香蕉等园林植物混交栽植。

⑤ 栽植方法：木瓜多在春季 3 月前后采用分株繁殖法，可将幼根从老株根部掘起并连带须根移栽。小的植株可分株育苗，当分株苗、扦插苗、实生苗长到 1m 高时即可出圃定植，栽植时呈三角形栽苗，分层覆土踩实。

3.2.62.2 木瓜养护技术

木瓜栽植后应及时浇透定根水，并在地上 70～80cm 处定干。发芽时及时抹除根蘖和主干基部 50cm 内的萌芽，适当疏除过密新梢。盛果期的木瓜在花前施果树专用肥 0.2～0.3kg/株，平时结合防治病虫害喷施 0.2％尿素和 0.2％磷酸二氢钾，果实膨大期以施磷钾肥为主。秋施基肥，结果树施有机肥 10～15kg/株＋三元复合肥 0.5～1.0kg/株，幼树施肥量酌减。施肥后灌一次透水，花期注意控水。干旱地区栽植后树盘内应覆盖地膜或覆草保墒。木瓜修剪以疏为主，生长季注意剪除主干竞争枝、冠内直立徒长枝、过密枝、细弱枝、病虫枝等。缺枝部位可留 1～2 芽重短截，促生分枝，衰老的结果枝组应及时回缩更新。同时注意叶斑病、轮纹病、炭疽病、干腐病、蚜虫、红蜘蛛、木瓜螟、桃小食心虫、梨木虱、刺蛾等病虫害防治。

3.2.63　西府海棠

3.2.63.1　西府海棠栽培技术

① 园地选择：西府海棠喜光，耐寒，忌水涝，忌空气过湿，较耐干旱，对土质和水分要求不严，最适生于肥沃、疏松又排水良好的沙质壤土。因此，要选择阳光充足、温暖湿润、土层深厚、土质疏松、土壤肥沃、排水良好的沙质壤土栽植西府海棠。低洼积水地不适宜栽植西府海棠。

② 整地：西府海棠一般采用穴状整地，整地规格50cm×50cm×50cm。整好地后施入腐熟的有机肥。

③ 栽植密度：一般栽植株行距 1.6m×(1.6～2)m，初植密度 208～261 株/667m^2。

④ 营造混交林：西府海棠要避免与桧柏属的针叶树相互混交栽植。

⑤ 栽植方法：西府海棠一般以早春萌芽前或初冬落叶后移栽为宜。小苗留宿土移栽，大苗带土球移栽。

3.2.63.2　西府海棠养护技术

西府海棠栽植后要经常保持土壤疏松肥沃，幼苗期浇水要勤，保持土壤湿润，但不能积水，雨季需及时排涝，每隔 2～3 周需松土除草 1 次；每年秋季落叶后在其根际周围挖个环形沟，施入腐熟有机肥，覆土后浇透水。在落叶后至早春萌芽前修剪 1 次，剪除枯弱枝、病虫枝，短截徒长枝，结果枝、蹭枝则不必修剪。生长期及时摘心，早期限制营养生长，则效果更为显著。注意防治贴梗海棠锈病、烂皮病、褐边绿刺蛾、桃红颈天牛、角斑古毒蛾、桑天牛、舞毒蛾、梨冠网蝽、梨星毛虫、苹果球蚧等病虫害。

3.2.64　榆叶梅

3.2.64.1　榆叶梅栽培技术

① 园地选择：选择阳光充足、地势较高、土壤肥沃、土质疏松、排水良好而不积水的中性至微碱性沙壤土栽植榆叶梅。低洼积水地不适宜栽植榆叶梅。

② 整地：榆叶梅一般采用穴状整地，整地规格 50cm×50cm×50cm。整好地后穴内要施足腐熟的厩肥或其他有机肥作基肥。

③ 栽植密度：一般栽植株行距 2m×(2～3)m，初植密度 111～167 株/667m²。

④ 营造混交林：榆叶梅可与垂柳、白蜡、柳树、国槐等园林植物株间混交栽植。

⑤ 栽植方法：榆叶梅宜在春季花芽萌发前或秋季落叶后选择阴雨天进行移栽。秋植适于南方，春植适于北方。移栽时尽量保证根系完整，还必须根据胸径选择土球的大小，带土球栽植。

3.2.64.2　榆叶梅养护技术

榆叶梅栽植后要浇透定根水。每年春季干燥时要浇 2～3 次水，平时不用浇水，同时要注意雨季排涝。每年 5～6 月可施追肥 1～2 次。生长过程中，要注意修剪枝条。可在花谢后对花枝进行适度短剪，每一健壮枝上留 3～5 个芽即可。入伏后再进行一次修剪，并打顶摘心。修剪后可施 1 次液肥。平时还要及时清除杂草。注意防治褐斑病、白纹羽病、蚜虫、刺蛾、红蜘蛛、卷叶蛾、舟形毛虫等病虫害。

3.2.65　皂荚

3.2.65.1　皂荚栽培技术

① 园地选择：在无霜期 180 天以上、光照 2400h 以上、年降雨量 300mm 以上、极端最低温度－20℃以上地区选择阳光充足、排水良好、土层深厚、土壤肥沃的中性至酸性土壤栽植皂荚，但皂荚在石灰质及轻盐碱地甚至黏土或沙土上也能正常生长。土壤过于黏重或排水不良的地方均不宜栽植皂荚。

② 整地：皂荚一般采用穴状整地。土质差的宜采用大穴整地，整地规格100cm×100cm×100cm；土质疏松采用小穴整地，整地规格50cm×50cm×30cm。

③ 栽植密度：皂荚一般栽植株行距1.5m×（1.8～2.2）m，初植密度202～247株/667m²。

④ 营造混交林：皂荚可与松树、小叶朴、暴马子丁香、怀槐、千金榆等园林植物混交栽植。

⑤ 栽植方法：皂荚宜在10月下旬至11月落叶后或翌年3月发芽前栽植，但应避开严冬栽植。栽植前，适当修剪苗木根系。将苗木根系放入清水或生根剂水中浸泡12h以上，促使苗木充分吸水。栽植时保持根系舒展，埋土至苗木原土痕以上5cm处，尽量踩实。树穴整成漏斗形。

3.2.65.2 皂荚养护技术

皂荚栽植后应及时浇透定根水，覆盖1米见方的地膜。生长季节及时除草。每年10月进行翻耕。适于耕种的皂荚幼林地可套种花生、豆类等低秆经济作物或绿肥，应保留1米见方的树穴。雨季注意及时排水，严防受涝；干旱时可适当灌溉。每年分别在3月中旬、6月上中旬施有机肥或施N、P、K三元复合肥2次，年施肥量折算为复合肥0.25～0.5kg/株；栽植后1～3年，离幼树30cm处沟施。3年后，沿幼树树冠投影线沟施。注意防治炭疽病、立枯病、白粉病、褐斑病、煤污病、蚜虫、凤蝶、介壳虫、天牛等病虫害。

3.2.66 凤凰木

3.2.66.1 凤凰木栽培技术

① 园地选择：在冬季温度不低于5℃的热带地区，选择高温多湿、阳光充足、坡度较缓、土层深厚、土质疏松、土壤肥沃、排水良好、富含腐殖质的沙质壤土栽植凤凰木。低温严寒的地方、过于干旱瘠薄的土壤、低洼积水地均不适宜栽植凤凰木。

② 整地：凤凰木一般采用穴状整地，整地规格50cm×50cm×50cm。整好地后施放复合肥100g/穴＋过磷酸钙200g/穴作基肥，与回填的表土混合均匀。

③ 栽植密度：一般栽植株行距 2m×(2～3)m，初植密度 111～167 株/667m²。

④ 营造混交林：凤凰木可与香樟、火力楠、尖叶杜英、枫香、蓝花楹、红花荷、黄花风铃木、红花风铃木、黄槐、山杜鹃等园林植物混交栽植。

⑤ 栽植方法：凤凰木宜在春季 3～4 月期间春梢尚未萌动或刚萌动时选择阴雨天栽植。

3.2.66.2　凤凰木养护技术

凤凰木栽植后遇到干旱要浇水但不能积水，成活后春秋两季各追肥 1 次，每年早春进行 1 次修剪整枝，老化的植株需施以重剪。同时注意防治凤凰木根腐病、叶斑病、凤凰木夜蛾、天牛等害虫。

3.2.67　国槐

3.2.67.1　国槐栽培技术

① 园地选择：选择阳光充足、土层深厚、土质疏松、土壤肥沃、湿润且排水良好的石灰性、中性和酸性土壤栽植国槐。阴湿之地不适宜栽植国槐。

② 整地：国槐一般采用穴状整地，整地规格 50cm×50cm×50cm。

③ 栽植密度：国槐一般栽植株行距 2m×(2.5～3)m，初植密度 111～133 株/667m²。

④ 营造混交林：国槐可与刺槐、金银木、油松、白皮松、海棠、垂柳等园林植物混交栽植。

⑤ 栽植方法：国槐宜在春季裸根植苗移栽，对树冠行重剪，必要时可截去树冠以利成活，待成活后重新养冠。国槐的栽植穴宜深，务使根系舒展，根与土壤密接。

3.2.67.2　国槐养护技术

国槐栽后应浇 3～5 次水，并适当施肥，冬季封冻前浇 1 次透水防寒。国槐栽后 2～3 年内要注意调整枝条的主从关系，多余的枝条可疏除，如树木上方有线路通过，应采用自然开心形的树冠。注意槐树锈病、槐蚜、槐尺蠖、朱砂叶螨、锈色粒肩天牛、国槐叶小蛾等病虫害防治。

3.2.68 刺槐

3.2.68.1 刺槐栽培技术

① 园地选择：选择丘陵山区阳坡、半阳坡中下部、低谷，具有壤质间层的河漫滩，在地表 40～80cm 以下有沙壤至黏壤土的粉沙地、细沙地，土层深厚的石灰岩和页岩山地，黄土高原沟谷坡地栽植刺槐。但风口地、含盐量在 0.3% 以上的盐碱地、地下水位高于0.5m 的低洼积水地、过于干旱的粗沙地、重黏土地等均不适宜栽植刺槐。

② 整地：刺槐一般在雨季末至春季 3 月初采用穴状整地，整地规格 50cm×50cm×50cm。

③ 栽植密度：刺槐一般栽植株行距 2m×(1.7～3)m，初植密度111～196 株/667m²。由于刺槐成枝杈多，干形弯曲，为促进树高生长，培养优良干形，对于刺槐纯林，可适当加大初植密度，可采用1m×2m 的株行距栽植，初植密度 333 株/667m²。

④ 营造混交林：刺槐可与杨树、白榆、臭椿、侧柏、紫穗槐等园林植物混交栽植。

⑤ 栽植方法：刺槐春、秋两季都能栽植，但最好选择在春季 3月初树叶还没有开始萌动的下雨天或雨后湿润的阴天栽植。栽植方法因地而异。在冬、春季多风、比较干燥寒冷的地区，可在秋季落叶后至土壤封冻前或早春采用截干栽植；在气候温暖湿润而风少的地方，可在春季芽苞绽放时带干栽植。截干栽植的在起苗时对地上部分保留苗高 15～20cm 进行短截，栽植时先将苗木根系蘸泥浆保湿后放入已挖好的栽植穴中，扶正苗木，舒展根系，分层填土踩实，且必须埋土越冬；春季栽植时将苗木放直，分层覆土并从四周侧向压紧，不须埋土。注意栽植不宜过深，一般栽植深度比苗木根颈原土痕深 1～3cm，覆高 15～20cm 的小土堆埋住苗干，埋土不宜过深，应与苗木埋平或苗干外露 1～3cm；土堆不要打实，到春季不要刨去土堆，以保持苗木周围土壤湿度。

3.2.68.2 刺槐养护技术

刺槐栽植后应及时浇足定根水，然后将地膜中间剪 7～10cm 长的缝隙并穿过苗干呈锅底形覆膜，地膜上覆盖一层 2cm 厚的土，同时注意松土除草、适时适量浇水施肥、除蘖抹芽、修枝去梢、雨季及时排涝等工作，还要注意刺槐紫纹羽病、刺槐尺蠖、刺槐种小蜂、蚜虫等病虫害防治。

3.2.69 喜树

3.2.69.1 喜树栽培技术

① 园地选择：选择海拔 1000m 以下，土层厚 100cm 以上，东南坡或南坡中下部，土层深厚、土壤肥沃、疏松湿润的向阳山谷，石灰岩分化的土壤和冲积土栽植喜树。喜树在酸性、中性、弱碱性土中均能正常生长。干旱瘠薄地不适宜栽植喜树。

② 整地：喜树一般在栽植前 1 个月进行穴状整地，整地规格 60cm×40cm×40cm。回填土时施放基肥过磷酸钙 150g/穴并与回填土混合均匀。

③ 栽植密度：一般栽植株行距（2～2.5）m×2.5m，初植密度 107～133 株/667m²。

④ 营造混交林：喜树可选择与香椿、红豆杉、杉木等树冠较小的树种带状混交栽植。

⑤ 栽植方法：喜树一般在春季 1～2 月栽植。在新叶没有长出时，可不截干栽植，栽植时苗木直立，根系舒展。新叶长出后，为提高栽植成活率，可截干栽植，不宜深栽，比苗木原土痕深 3～5cm 即可，截干露头也不宜过高，高出地面 2～3cm 为好。

3.2.69.2 喜树养护技术

喜树栽植成活后要注意春季抹芽修枝，截干栽植的应及时除去多余萌条并培土。栽植当年 8～9 月应进行 1 次全面劈草，并结合进行穴状松土，松土深度 5～10cm，挖尽栽植穴内的草根。翌年 5～6 月进行全面锄草，扩穴培土，追施氮肥。第 3 年在 5～6 月或 8～9 月全面劈草。注意防治根腐病、黑斑病、角斑病、刺蛾等病虫害。

3.2.70 乌桕

3.2.70.1 乌桕栽培技术

① 园地选择：选择温暖湿润、阳光充足、年平均气温15℃以上、

年降水量 700mm 以上、土层深厚、疏松肥沃、湿润、中性或酸性的沿河两岸冲积土、平原水稻土、低山丘陵黏质红壤、山地红黄壤及沙质壤土栽植乌桕。乌桕在短期积水或干旱、含盐量 0.3% 以下的地方也能正常生长。

② 整地：乌桕一般采用穴状整地，整地规格 50cm×50cm×50cm。

③ 栽植密度：一般栽植株行距（3~4）m×4m，初植密度 42~56 株/667m²。

④ 营造混交林：乌桕可与茶树、竹柏等园林植物混交栽植。

⑤ 栽植方法：乌桕宜在冬季到翌年春季 3 月人工植苗，栽植时要做到先填表土，后回心土，并要栽紧、踩实，同时要做到根系舒展，不窝不露。

3.2.70.2 乌桕养护技术

乌桕栽植后要全面砍草除杂、除草松土，最好能与大麦、小麦、蚕豆、油菜等春花作物，屎豆、乌豇豆、印尼绿豆等夏季绿肥，黄豆、绿豆、赤豆、玉米等秋作物，紫花苕子、肥田萝卜等冬季绿肥套种。除套种外，还可采用"冬挖、伏铲、春施肥"的办法，即冬季深挖并结合施有机肥，春季在春梢萌发前或初期的 4~5 月施入速效肥，7 月以后增施磷、钾肥并进行铲山、松土除草。注意防治轮斑病、褐斑病、刺蛾、大蓑蛾、乌桕毒蛾、樗蚕、柳兰叶甲等病虫害。

3.2.71 重阳木

3.2.71.1 重阳木栽培技术

① 园地选择：选择温暖湿润、阳光充足的山地、丘陵、平原，在深厚肥沃、疏松湿润、排灌方便的微酸性至微碱性（pH 5.5~8.0）沙壤土、黏壤土栽植重阳木。低温寒冷地区不适宜栽植重阳木。

② 整地：重阳木一般在栽植前 1~2 个月进行穴状整地，整地规格 70cm×70cm×70cm，整好地后施放土杂肥 5~100kg/穴＋磷肥 0.1~0.2kg/穴（或复合肥 0.05~0.1kg/穴）。

③ 栽植密度：一般栽植株行距 2m×（2~3）m，初植密度 111~167 株/667m²。

④ 营造混交林：重阳木可与栾树、樟树等园林植物混交栽植。

⑤ 栽植方法：重阳木宜春季萌芽前移栽，随起随栽，栽植时要做到根舒苗正、分层回填分层踩实，栽植时深度比苗木原土痕适当深栽 2～3cm 为宜。

3.2.71.2 重阳木养护技术

重阳木栽后及时浇好定根水，然后用细土堆成龟背形以防积水，再在饱满芽上方齐芽平茬。栽植成活后及时做好除萌、修枝和松土除草工作，栽植后前 3 年每年分别在 6 月上旬割草除萌、8 月下旬定向喷洒草甘膦除草剂（注意千万不要喷洒到树叶上），同时注意及早防治重阳木丛枝病、锦斑蛾、黄刺蛾、褐边绿刺蛾、小袋蛾、绿尾大蚕蛾、咖啡木蠹蛾、相思拟木蠹蛾、吉丁虫、红蜡蚧等病虫害。

3.2.72 无患子

3.2.72.1 无患子栽培技术

① 园地选择：选择海拔 1000m 以下的阳坡、半阳坡，排水良好，土层深厚，坡度≤30°的低山或丘陵地的荒山荒地、火烧迹地、采伐迹地、低产果园、疏林地等栽植无患子。低洼积水地不适宜栽植无患子。

② 整地：无患子一般在栽植前一年的 9～12 月进行穴状整地，整地规格 60cm×50cm×50cm，整好地后结合回填表土施放有机肥 2～5kg/穴或复合肥 0.05～0.1kg/穴作基肥，并与回填的表土混合均匀，再用表土盖面。

③ 栽植密度：一般栽植株行距（1.7～4）m×4m，初植密度 42～98株/667m²。

④ 营造混交林：无患子可与杉木、马尾松等园林植物混交栽植。

⑤ 栽植方法：无患子一般在春季萌芽前用蘸泥浆或生根粉裸根苗栽植，栽植时要做到根舒苗正、分层回填分层踏紧、不吊空、不窝根，栽植深度与苗木原土痕相平即可。

3.2.72.2 无患子养护技术

无患子栽植后应将枯枝落叶或割下周围的杂草覆盖在栽植穴面，

然后浇透定根水，并在距地面 0.5~1m 处定干。栽植后前 3 年每年在 5~6 月、8~9 月分 2 次在树冠内松土除草、在 80~100cm 范围内扩穴并施放复合肥 0.2kg/（株·次）。成活后特别是挂果后每年在 7~9 月要合理增加灌溉，但在雨季要及时排涝。采用伞形或开心形修枝整形。注意无患子溃疡病、蜡蝉、天牛、桑褐刺蛾等病虫害防治。

3.2.73 黄连木

3.2.73.1 黄连木栽培技术

① 园地选择：选择温暖湿润，阳光充足，海拔 300~800m，母岩以石灰岩为主，砂岩、片麻岩也可，土层厚度应在 20cm 以上（土层深厚较好）的山坡、山地，在微酸性、中性和微碱性的沙质、黏质土栽植黄连木。黄连木在肥沃、湿润而排水良好的石灰岩山地生长最好。低温寒冷地区不适宜栽植黄连木。

② 整地：黄连木多在栽植前的 10~11 月进行穴状整地，整地规格 40cm×40cm×30cm，整好地后施三元复合肥 50g/穴或厩肥 5kg/穴作基肥，并与回填表土混合均匀，上覆 10cm 表土盖面。

③ 栽植密度：黄连木一般栽植株行距（2~3）m×（3~4）m，初植密度 56~111 株/667m²。

④ 营造混交林：黄连木可与火炬树、湿地松、栎类、油茶、刺槐、侧柏等园林植物进行行状混交栽植。

⑤ 栽植方法：黄连木一般在秋季落叶后或春季萌芽前栽植，随起随运随栽。为防止风干冻害，应进行截干栽植，即从地面 10~15cm 以上进行截干，栽植时做到根系舒展、不窝根。栽植时深度比苗木原土痕适当深栽 3~5cm。

3.2.73.2 黄连木养护技术

黄连木栽植后当年要做好松土、除草、灌溉、施肥等养护工作，使移植出圃时损伤的根系和枝条尽快得到恢复。栽植后前 3 年每年松土除草 2~3 次，或实行林粮间作，以耕代抚。同时注意防治炭疽病、立枯病、黄连木尺蠖、黄连木种小蜂、缀叶螟等病虫害。幼树成林后，施肥要与修剪相结合。

3.2.74 南酸枣

3.2.74.1 南酸枣栽培技术

① 园地选择：选择温暖湿润，海拔 900m 以下，阳坡或半阴半阳的山谷、坡地、疏林地、荒山荒地、迹地、沟边、四旁等地，在土层深厚、土壤肥沃、排水良好、pH 5.0～7.0 的酸性土、中性土和石灰岩风化的钙质土栽植南酸枣。南酸枣在玄武岩发育的暗红壤上生长最好，在花岗岩、砂岩、石灰岩发育的山地红壤上生长较好，在紫砂岩发育的紫色土上生长较差，在日照长、土层瘠薄的山顶、阳坡上部生长不良而难以成材。低温寒冷地区不适宜栽植南酸枣。

② 整地：南酸枣提倡穴状整地，整地规格 60cm×60cm×40cm。整地时要求打碎土，表土回穴，拣净石块、树根、草根，再施入碎饼肥或复合肥 50g/穴。

③ 栽植密度：南酸枣纯林一般栽植株行距（1.5～2）m×（2～2.5）m，初植密度 133～222 株/667m^2。

④ 营造混交林：南酸枣可与木荷、檫木、木莲、樟树、杜英、青杠、枫香、丝栗栲等阔叶树和藏柏、杉木等常绿针叶树混交栽植。

⑤ 栽植方法：南酸枣一般于 3 月上旬嫩叶尚未萌发前的雨后栽植地潮湿时起苗移栽，起苗时带宿土并用薄膜包装，随起苗随栽植。栽时做到苗正、根舒、土实，并覆土将树根处培成馒头形。为了能培育出干形圆满、通直的大径级优质用材，应在苗木栽好后，离地面 20cm 或 40cm 处截干。

3.2.74.2 南酸枣养护技术

南酸枣栽植后至郁闭前，每年分别在 5～6 月和 7～8 月结合中耕除草各施追肥 1 次，每次施用尿素（含氮 46%）0.1kg/株或尿素（含氮 46%）0.1kg/株＋钾肥（含氯化钾 60%）20g/株。郁闭成林后于每年秋末冬初修剪过低分枝，注意不能损伤树皮；对修枝口的萌芽应及时抹芽；修枝抹芽应坚持 1～4 年，待主干长到 5～8m 以后再让其分枝。当林木出现分化时，应酌情疏伐，伐去病虫为害木、弯曲木、断梢木以及密度大的小径木。同时注意茎腐病、黄刺蛾、金花虫、大小避债蛾等病虫害防治。

3.2.75 香椿

3.2.75.1 香椿栽培技术

① 园地选择：在年平均气温 10℃ 以上、极端最低气温 −25℃ 以上的地区，选择阳光充足，河边、宅院周围等处，土层深厚、土质疏松、肥沃湿润、pH 5.5～8.0 的酸性、中性及微碱性沙质土壤栽植香椿。

② 整地：香椿一般采取穴状整地，整地规格 50cm×50cm×50cm。整好地后施厩肥 15kg/穴＋氮肥 190g/穴＋磷肥 130g/穴，并与回填土混合均匀，再回填 10cm 土盖面。

③ 栽植密度：一般栽植株行距（1.5～2）m×2m，初植密度 167～222 株/667m^2。菜用林矮化密植株行距（60～70）cm×（15～20）cm，初植密度 4762～7407 株/667m^2。

④ 营造混交林：香椿可与杉木、湿地松等针叶树或任豆等阔叶树混交栽植。

⑤ 栽植方法：香椿宜在落叶后至翌年早春萌芽前裸根移栽，穴植，1 株/穴。

3.2.75.2 香椿养护技术

香椿栽植后应及时除草、松土、追肥、浇水、除萌条等。春栽后浇水 2～3 次，秋栽后浇透水并及时覆土保墒。栽植当年开始每年分别在 4 月、7 月各追施复合肥 50g/株。以摘取幼叶为经营目的的菜用林，应在芽开始萌动前，摘去顶芽或在 1m 左右高处截干；以用材为目的的材用林，可栽植稀些，侧芽萌发后及时摘除，减少其他部分的营养吸收，促其生长。注意防治根腐病、叶锈病、干枯病、白粉病、芳香木蠹蛾、褐边绿刺蛾、云斑天牛、锯锹甲、草履蚧、香椿毛虫等病虫害。

3.2.76 刺楸

3.2.76.1 刺楸栽培技术

① 园地选择：选择阳光充足、水肥条件较好、湿润凉爽、有侧方荫蔽的山地中上部富含腐殖质、土层深厚、土质疏松、土壤肥沃、通气和排水良好的中性或微酸性土壤栽植刺楸。低洼积水地不适宜栽

植刺楸。

② 整地：刺楸一般采用穴状整地，整地规格50cm×50cm× 40cm。

③ 栽植密度：一般栽植株行距 2m×（2～2.5）m，初植密度 133～167 株/667m^2。

④ 营造混交林：刺楸可与红松、落叶松、日本落叶松、杉木等 针叶树和赤杨、椴、槭、核桃楸、杜英、桤木等阔叶树混交栽植。

⑤ 栽植方法：刺楸一般在秋季落叶后栽植为宜，栽时要使根系 舒展，防止窝根与倒根，分层回填土并踩实。

3.2.76.2　刺楸养护技术

刺楸栽后灌足定根水，待水渗完后用土封穴。栽植后前4年宜实 行林粮间作，以耕代抚。栽植后5～6年停止生成大量枯梢以后应及 时除萌定干。并注意枯梢病、破腹病、叶斑病、褐斑病、刺蛾等病虫 害的防治。

3.2.77　白蜡

3.2.77.1　白蜡栽培技术

① 园地选择：选择阳光充足、湿润肥沃、土层比较深厚的碱性、 中性、酸性壤土、沙壤土或腐殖质土栽植白蜡。白蜡在钙质土、土壤 含盐量 0.5%以下的土壤中也能生长，但在短期缺水和重盐渍化的土 地上生长不良。

② 整地：白蜡多采用穴状整地，整地规格 60cm×60cm×50cm， 整好地后加施土杂肥 10kg/穴作基肥，并与回填土混合均匀，再覆盖 10cm 的土盖面。

③ 栽植密度：一般栽植株行距（1.5～2）m×2m，初植密度 167～222 株/667m^2。

④ 营造混交林：白蜡可与刺槐、紫穗槐等园林植物混交栽植。

⑤ 栽植方法：白蜡春、秋两季均可移栽，栽植时要做到苗根舒 展，踩实，扶正。

3.2.77.2　白蜡养护技术

白蜡定植后浇透定根水，及时松土除草、除萌条。栽植后前 2 年可在行间套种豆科植物；成活后每年浇5～6次水并保持土壤湿润；追施3～4次肥，每次施尿素或磷酸二铵10～15kg/667m²；修枝初期不宜留枝过高，也不宜剪去下枝，以免徒长，上重下轻，易遭风折或使主干弯曲。并注意煤污病、牛癣病、水曲柳巢蛾、白蜡梢距甲、灰盔蜡蚧、四点象天牛、花海小蠹、白蜡蠹蛾等病虫害防治。

3.2.78　梓树

3.2.78.1　梓树栽培技术

① 园地选择：选择阳光充足、土层深厚、通透性好、湿润肥沃、排水良好的沙壤土和夹沙土栽植梓树。梓树在pH 8.7、含盐量0.15％的轻度盐碱土中也能正常生长。干旱瘠薄地不适宜栽植梓树。

② 整地：梓树一般采用穴状整地，整地规格60cm×60cm×50cm，并加施适量的腐熟农家肥作基肥，基肥应与栽植土充分混合均匀。

③ 栽植密度：一般栽植株行距（1.5～2）m×2m，初植密度167～222株/667m²。

④ 营造混交林：梓树可与杉木、松树等针叶树种混交栽植。

⑤ 栽植方法：梓树春秋两季均可栽植，秋季落叶后至早春发芽前挖起幼苗，将根部稍加修剪并按要求对苗木进行截干处理，在选好的地上，按设计的株行距穴植，分层盖土压紧。春季栽植应适当浅栽，秋季栽植应适当深栽，但翌年春天应将表土适当挖出一部分。

3.2.78.2　梓树养护技术

梓树移栽后要及时浇足定根水，5天后浇第2次水，再过5～7天浇第3次水，以后可每月浇1次透水，雨季注意排涝，11月下旬至12月中旬视当年气温情况浇封冻水。春季栽植的苗木应在当年6月初施入适量氮肥，秋末结合浇封冻水，施用1次农家肥。第2年初夏施用1次氮磷钾复合肥，秋末施用农家肥，从第3年起可每年只需在秋末结合浇冻水施用1次农家肥即可。秋末栽植的梓树可按春季栽植的苗木第2年及以后的施肥方法进行管理。栽后的3～5年内，每年都要在春、夏、冬季松土除草3次，并自第3年起每年冬季要适当剪去侧枝，培育主干，以利生长。在郁闭以后，即可不加管理，但还是要注意防治叶斑病、棉蚜、康氏粉蚧、朱砂叶螨、泡桐龟甲、楸蠹野螟、天牛、楸蛾等病虫害。

3.2.79　金银忍冬

3.2.79.1　金银忍冬栽培技术

①园地选择：选择温暖湿润，阳坡或半阳坡、草坪、林缘、路边或建筑物北侧、疏林下等荫蔽处深厚肥沃的沙质壤土或钙质土栽植金银忍冬。

②整地：金银忍冬多采用穴状整地，整地规格 $60cm \times 60cm \times 50cm$，并加施充分腐熟的堆肥作基肥，基肥应与栽植土充分混合均匀。

③栽植密度：一般栽植株行距（1.5～2）$m \times 2m$，初植密度 $167～222$ 株/667m^2。

④营造混交林：金银忍冬可与刺槐、国槐、小叶女贞、白杨、毛白杨、元宝枫、碧桃、山楂、榆叶梅、珍珠梅、银杏、栾树、合欢、紫叶小檗、月季、悬铃木等阔叶植物和白皮松、桧柏、侧柏、云杉等针叶植物以及玉簪、早熟禾、大花萱草、崂峪苔草、阔叶土麦冬等草本植物混交栽植。

⑤栽植方法：金银忍冬春季 3 月上、中旬或秋季落叶后移栽。苗木起挖时应带宿土，并勿碰伤细根。

3.2.79.2　金银忍冬养护技术

金银忍冬定植后需连灌 3 次透水。成活后，每年适时浇水、疏除过密枝，根据长势可 2～3 年施 1 次基肥。从春季萌动至开花期间可浇水 3～4 次，虽然金银木耐旱，但在夏季干旱时也要浇水 2～3 次，入冬前灌 1 次冻水。秋季落叶后剪除杂乱的过密枝、交叉枝以及弱枝、病虫枝、徒长枝，并注意调整枝条的分布，以保持树形的美观。同时注意叶斑病、蚜虫、桑刺尺蠖等病虫害防治。

3.2.80　蓝花楹

3.2.80.1　蓝花楹栽培技术

①园地选择：选择气候温暖、阳光充足或半阴、肥沃湿润的中性和微酸性沙壤土或壤土栽植蓝花楹。低温寒冷地区不适宜栽植蓝

花楹。

② 整地：蓝花楹一般采用穴状整地，整地规格 50cm×50cm× 40cm。整好地后先回填 1/3～1/2 的表土，施放羊粪 0.2kg/穴，将肥料与土充分混合均匀，然后再回土满穴。

③ 栽植密度：一般栽植株行距（1.5～2）m×2m，初植密度 167～222 株/667m²。

④ 营造混交林：蓝花楹可与凤凰木等园林植物混交栽植。

⑤ 栽植方法：蓝花楹一般在雨季移栽，栽植时按"三埋两踩一提苗"的操作程序进行定植，回土时铲穴壁的表层土回填。

3.2.80.2 蓝花楹养护技术

蓝花楹栽植后每年 5 月、10 月各松土除草 1 次，并在 5 月结合松土除草沟施氮磷钾复合肥 0.2kg/株。每年早春进行一次修剪整枝，老化的植株需施以重剪，并在修剪口涂抹愈伤防腐膜防止水分蒸发和营养消耗，促进伤口组织愈合。注意防治细菌性叶缘焦枯病、天牛等病虫害。

3.3 常绿灌木类园林植物的栽培与养护

3.3.1 香柏

3.3.1.1 香柏栽培技术

① 园地选择：选择海拔 1500m 以下的山地阳坡、半阳坡，以及轻盐碱地和沙地栽植香柏。水湿低洼地、风口山地、风速较大的地方均不适宜栽植香柏。

② 整地：香柏多在栽植前 1 个季节进行穴状整地，整地规格 40cm×40cm×30cm。

③ 栽植密度：一般栽植株行距 1m×（1.7～2）m，初植密度 333～392 株/667m²。如要栽植绿篱，可采用双行栽植，加大初植密度。

④ 营造混交林：香柏可与油松、元宝枫、刺槐、圆柏、落叶松、柳树等乔木树种，刺柏、杜松、杜鹃、紫穗槐、沙棘、胡颓子、绣线菊等灌木树种，泡沙参、青蒿、小檗、苔草等草本植物混交栽植。避

免与海棠、山楂、梨、苹果等蔷薇科植物混交栽植。

⑤ 栽植方法：香柏可选择春季，也可选择雨季或秋季移栽。通常选用1～3年生裸根苗、1～2年生容器苗、2～3年生移栽苗栽植，也可采用大苗栽植，但大苗栽植需要经过多次移栽并带土球栽植。栽植不宜过深，与苗木原土痕相平即可。

3.3.1.2 香柏养护技术

香柏栽后立即浇透水，若有倒伏或露根的要及时扶正或培土，并适时松土除草，最好林粮间作以耕代抚，5～6月疏剪树冠内部枯枝、病虫枝、密生枝、衰弱枝，绿篱一般每年修剪3次，越冬时还要覆土覆草和涂白防寒，同时注意防治锈病、叶枯病、侧柏毒蛾、双条杉天牛、松梢小卷蛾等病虫害。

3.3.2 翠柏

3.3.2.1 翠柏栽培技术

① 园地选择：选择背风向阳、空气流通、土壤肥沃、湿润、富含有机质或腐殖质、排水良好的半沙质土壤或石灰质土壤栽植翠柏。过于潮湿的地方或低洼积水地不适宜栽植翠柏。

② 整地：翠柏一般采用穴状整地，整地规格 40cm × 40cm × 40cm，穴内施足基肥。

③ 栽植密度：一般栽植株行距（3～4）m×4m，初植密度 42～56 株/667m²。

④ 营造混交林：翠柏可与五针松、旱冬瓜、杜英、大头茶、黄皮花树、云南油杉等园林植物混交栽植。避免与海棠、山楂、梨、苹果等蔷薇科植物混交栽植。

⑤ 栽植方法：翠柏一般在早春萌动前后带土球移栽。

3.3.2.2 翠柏养护技术

翠柏栽植后浇足水。成活后每年春季修剪，剪除影响造型美观的平行枝、重叠枝及枯弱枝；夏季松土除草，入冬前结合浇封冻水施用腐熟油渣、豆饼或干粪 300～400g 与土混合肥，施后浇透水，生长季节要保持土壤湿润。同时注意梨树锈病、柏蚜和红蜘蛛等病虫害防治。

3.3.3 沙地柏

3.3.3.1 沙地柏栽培技术

① 园地选择：在干旱、半干旱沙漠地区，选择凉爽干燥的平地、阳坡和半阳坡，沙盖黄土丘陵地及肥沃通透湿润的土壤栽植沙地柏。低洼积水地不适宜栽植沙地柏。

② 整地：沙地柏多采用穴状整地，整地规格 40cm×40cm×40cm，穴内施磷肥 100g/穴作基肥，并与回填土混合均匀。

③ 栽植密度：一般栽植株行距 1.5m×(1.5～2)m，初植密度 222～296 株/667m²。

④ 营造混交林：沙地柏可与刺槐、油松等园林植物混交栽植。避免与海棠、山楂、梨、苹果等蔷薇科植物混交栽植。

⑤ 栽植方法：沙地柏一般在雨季或连续阴天带宿土或带泥浆栽植。栽植时将苗木放入穴中后，回填土壤盖住根系，分层踩实，做到"深埋、少露、踩实"。

3.3.3.2 沙地柏养护技术

沙地柏栽植后浇透定根水，之后的 45 天每 5～7 天浇 1 次水。成活后在春季和夏季，根据土壤和气候状况施用 2～4 次有机施并配合施少量的复合肥，施肥后浇透水。每年 6 月、8 月各松土除草 1 次，冬季苗木休眠期可以根据情况进行修剪，剪去病枝、弱枝、枯枝和过密的枝条。注意沙地柏锈病、生理性黄化病、天牛等病虫害防治。

3.3.4 十大功劳

3.3.4.1 十大功劳栽培技术

① 园地选择：选择温暖湿润、阳光充足或半阴、通风良好、土壤疏松肥沃、排水良好且湿润的中性至微酸性沙壤土、冲积土或腐殖土栽植十大功劳。空气干燥的地方、盐碱地、低洼积水地均不适宜栽植十大功劳。

② 整地：十大功劳多采用穴状整地，整地规格 30cm×30cm×30cm，整好地后施放厩肥或草皮 3kg/穴等作基肥，并与回填土混合均匀。

③ 栽植密度：一般栽植株行距 1m×(1.2～1.5)m，初植密度 445～556 株/667m²。

④ 营造混交林：十大功劳多生长于常绿阔叶林或常绿落叶阔叶混交林下。

⑤ 栽植方法：十大功劳春秋两季留宿土或带土球移栽。栽植前先剪去苗木部分叶片。

3.3.4.2　十大功劳养护技术

十大功劳移栽后压实土，浇透水，干旱时可采用沟灌、喷灌、浇灌等方式浇水。每年早春适量施入饼肥，生长旺季分 2～3 次追施 N：P：K=2.5：1.5：3.0 的复合肥 150g/株或腐熟的稀薄液肥，入冬前施 1 次腐熟饼肥或禽畜粪肥。每年中耕锄草 3～5 次，中耕时根际周围宜浅，远处可稍深，切勿伤根，浇水和雨后都要松土及拔除杂草。冬季修剪树形，剪除残枝和黄叶。生长 2～3 年后进行 1 次平茬，开花时及时疏花。同时注意炭疽病、叶斑病、锈病、枯叶蛾、蓑蛾、草履蚧、盾蚜等病虫害防治。

3.3.5　南天竹

3.3.5.1　南天竹栽培技术

① 园地选择：选择背风向阳，温暖湿润，土层深厚肥沃、湿润而排水良好的土壤栽植南天竹。南天竹是石灰岩钙质土的指示植物，但在钙质土上生长较慢；在瘠薄干燥处生长不良。

② 整地：南天竹多采用穴状整地，整地规格 30cm×30cm×30cm。

③ 栽植密度：一般栽植株行距为 1m×1m，初植密度 667 株/667m²。

④ 栽植方法：南天竹春秋两季都可以在雨后栽植，小苗可以带土移栽或裸根苗用稀泥浆蘸根移栽，而大苗需带土球移栽。栽植不宜过深，以与苗木原土痕一致即可。

3.3.5.2　南天竹养护技术

南天竹栽植后应及时浇足定根水，平时注意浇水，特别是在干旱季节更应该注意浇水。对于茎干过高的南天竹，一般在秋后将高干剪除，仅留孤根，翌春根基重新萌发新枝；通过修剪使新枝分布均匀，剪后树形既通风透光且又丰满，所结果实也会增多。注意南天竹红斑病、南天竹茎枯病、炭疽病、尺蠖、刘氏短须螨等病虫害防治。

3.3.6 棕竹

3.3.6.1 棕竹栽培技术

① 园地选择：选择温暖湿润和通风良好的半阴潮湿环境，在疏松肥沃、湿润和排水良好、富含腐殖质的酸性土壤栽植棕竹。干旱瘠薄地、盐碱地、低洼积水地均不适宜栽植棕竹。

② 整地：棕竹栽植需全垦整地，整地深度 25cm 以上。

③ 栽植密度：一般栽植株行距 0.5m×1m，初植密度1334株/667m²。

④ 栽植方法：棕竹一般在春季分株栽植，即春季挖起母株切分成数丛带根的植株进行栽植。

3.3.6.2 棕竹养护技术

棕竹新植苗稍遮阴，定期浇水，保持土壤潮湿。每年松土除草3～4次，5～9月追施稀薄腐熟人畜粪水2～3次。夏季定期向植株叶面喷水。及时剪除枯枝败叶。注意芽腐病、叶斑病、煤污病、叶枯病、霜霉病、介壳虫等病虫害防治。

3.3.7 红千层

3.3.7.1 红千层栽培技术

① 园地选择：选择阳光充足、肥沃潮湿的酸性土壤栽植红千层。红千层在−10℃低温和45℃高温、干旱瘠薄地上均能正常生长，但在湿润的条件下生长较快。

② 整地：红千层多采用全垦整地，整地深度20cm以上，栽前施足土杂肥作为基肥，并与回填土混合均匀，上覆5cm土盖面。

③ 栽植密度：一般栽植株行距（1.2～1.5）m×（1.2～1.5）m，初植密度296～463株/667m²。

④ 营造混交林：红千层可与海南蒲桃、尖叶杜英、桂花等园林植物混交栽植。

⑤ 栽植方法：红千层 3～5 月带土球移苗栽植。起苗前先剪除内膛枝和刚抽发的嫩枝，仅保留 2/3 的枝叶。栽植时将植株置于穴中，土球面与地面持平，然后分层填土夯实，使底部不存空隙。

3.3.7.2 红千层养护技术

红千层栽植后及时浇透定根水，同时对枝叶喷水，并用竹子扶正，春秋要保持土壤湿润，同时要疏通排水沟切忌积水。成活后每月施 1 次以氮肥为主的追肥，薄肥勤施，重阳节后停止施肥，以后每年可施 1～2 次优质有机肥。每年花期过后，进行一次修剪和整枝。南方需注意蚜虫、黑斑病、茎腐病、根腐病等病虫害防治。

3.3.8 山茶花

3.3.8.1 山茶花栽培技术

① 园地选择：山茶花生长的最适温度在 18～25℃，适于花朵开放的温度为 10～20℃，因此在夏无酷日、冬无严寒、雨量充沛、空气湿润的暖温带、亚热带地区，选择半阴坡，最好为侧方庇荫，疏松肥沃、湿润但不积水、排水良好、富含有机质的微酸性（pH 以 5.5～6.5 为佳）壤土、沙壤土或腐殖土露地栽植山茶花。中偏碱土壤也可栽植山茶花但不利于山茶花生长。北方多盆栽。

② 整地：山茶花多用全垦整地，整地深度 25cm 以上，将堆肥与土壤混拌均匀。

③ 栽植密度：栽植株行距一般为（50～60）cm×（50～60）cm，初植密度 2853～2668 株/667m^2。

④ 栽植方法：山茶花春秋两季都可栽植，但秋植较春植为好，不论苗木大小均应带土球移栽。

3.3.8.2 山茶花养护技术

山茶花栽植后应及时浇足定根水，成活后分别在每年 2～3 月、6 月、10～11 月施 3 次肥；在花谢后剪去病虫枝、过密枝和弱枝即可，不宜强度修剪；对弱株或弱枝还可摘除一部分花蕾，仅保留花蕾 3 个/枝，对健壮的大树不必摘除花蕾，只需在花朵近凋谢时摘除即可。同时注意茶花炭疽病、茶花饼病、褐斑病、红蜘蛛、介壳虫等病虫害防治。

3.3.9 金丝桃

3.3.9.1 金丝桃栽培技术

① 园地选择：选择温暖湿润的半阴坡、路旁、灌丛中或大建筑物前避风向阳处，疏松、肥沃、排水良好的沙质壤土栽植金丝桃。低温寒冷地区、黏重土、低洼积水地均不适宜栽植金丝桃。

② 整地：金丝桃多用全垦整地，整地深度 25cm 以上。

③ 栽植密度：金丝桃短期定植株行距为 0.5m×0.6m，初植密度 2222 株/667m²；中期定植株行距为 1m×1.2m，初植密度555株/667m²。

④ 营造混交林：金丝桃多生长于稀疏的针阔混交林下，可与多种针阔叶植物混交栽植。

⑤ 栽植方法：金丝桃一般在冬春休眠期分株移栽。移栽前先挖出母株根际周围的萌蘖苗，连根带土栽在穴内，然后覆土压紧、浇水。也可以将整个母株挖出，抖去泥土，用利刀将母株劈成几丛，每丛保留 2～3 个枝干及根。按设计的株行距分丛栽植。

3.3.9.2 金丝桃养护技术

金丝桃栽植后应及时浇足定根水，并做好清沟、培土、松土、锄草工作，在生长季要保持土壤湿润但不可积水，要做到不干不浇，浇则浇透；成活后每月施 2 次粪肥或饼肥等液肥。春秋两季要多接受阳光，盛夏宜遮阴，并要喷水降温增湿。开花之后剪去花头及过老的枝条、残花及果梗，冬季根际培土防寒。春季萌发前对植株进行一次修枝整形。注意防治金丝桃叶斑病、蓑蛾、刺蛾、蚜虫、吹绵蚧等病虫害。

3.3.10 金丝梅

3.3.10.1 金丝梅栽培技术

① 园地选择：选择阳光充足或半阴的山坡或山谷的疏林下、路旁或灌丛中，排水良好、湿润肥沃的沙质壤土栽植金丝梅。低洼积水地不适宜栽植金丝梅。

② 整地：金丝梅一般采用穴状整地，穴的规格要比根系或土球直径大 20～30cm，穴内施足有机肥并与表土混合均匀作基肥。

③ 栽植密度：金丝梅短期定植株行距为 0.5m×0.6m，初植密度 2222 株/667m²；中期定植株行距为 1m×1.2m，初植密度555 株/667m²。

④ 栽植方法：金丝梅多在春季土壤解冻后至萌芽前或秋季大部分叶片脱落后至土壤封冻前，用分株法带土球或打泥浆栽植。栽植前先修剪根部，栽植时根系一定要舒展，分层填土踩实，使根系与土壤密接。

3.3.10.2　金丝梅养护技术

金丝梅栽后立即在周围围成土堰，并及时浇足定根水，3 天后浇第 2 次水，7 天后再浇 1 次透水。成活后在枝芽萌动至开花期内浇 2～3 次水，夏季干旱时再浇 2～3 次水，雨季注意排水防涝，忌积水，入冬时浇 1 次防冻水。每年秋季落叶后沟施腐熟堆肥。夏季干旱季节每 2～3 周松土、除草 1 次，每次灌水后要及时松土。每年夏季或冬季进行整形修剪，剪去徒长枝、弱枝及病虫枝，并根据造型需要短截长枝。注意防治叶斑病、蓑蛾、刺蛾、蚜虫、吹绵蚧等病虫害。

3.3.11　红花檵木

3.3.11.1　红花檵木栽培技术

① 园地选择：在长江流域中下游各地选择温暖湿润的阳坡或半阴坡，肥沃湿润、质地疏松、排水良好的酸性、微酸性或中性土壤栽植红花檵木。阴坡栽植红色叶容易变绿。红花檵木也可在碱性土壤上生长但生长不良。

② 整地：红花檵木一般采用穴状整地，整地规格依苗木大小而定，栽植前施放复合肥 1～2kg/穴作基肥，并与回填土混合均匀。

③ 栽植密度：一般栽植株行距（0.2～0.3)m×0.3m，初植密度 7400～11100 株/667m²。

④ 栽植方法：红花檵木宜在 2～3 月底带土球或用加入生根粉的黄泥浆蘸根栽植。

3.3.11.2　红花檵木养护技术

红花檵木栽植后要及时浇足定根水，随时保持土壤湿润，切不可过干，但也不能过湿。浇水后或雨后适时松土除草。栽植成活后，可用清粪水施 1 次肥，以后以农家肥为主，适当搭配氮肥或适当多施锌肥，促进根系生长。同时要勤修枝、勤打尖、勤除萌，促进红花檵木成形成笼。注意防治炭疽病、立枯病、花叶病、蚜虫、尺蠖、黄夜蛾、盗盼夜蛾等病虫害。

3.3.12 海桐

3.3.12.1 海桐栽培技术

① 园地选择：选择温暖湿润，阳光充足或半阴，土壤疏松肥沃、排水良好且湿润的酸性或中性土壤栽植海桐，但黏土、沙土及轻盐碱土也可栽植海桐。干旱贫瘠土壤不适宜栽植海桐。

② 整地：海桐多采用全垦整地，整地深度 25cm 以上。

③ 栽植密度：一般栽植株行距（0.2～0.3）m×（0.3～0.4）m，初植密度 5600～11100 株/667m²。

④ 栽植方法：海桐可在春季 3 月中旬或秋季 10 月前后栽植，小苗可蘸泥浆移栽，大苗要带土球移栽。

3.3.12.2 海桐养护技术

海桐生长强健，栽植容易，无需特别管护，若要培养成海桐球，应抑制植株生长，待其长至相应高度时剪去枝条顶端，生长期每年修剪 2 次，并注意整形。一般在开春时根据设计的形态进行修剪整形，修剪成优美的树形；如植株出现徒长枝条，使植株长势出现不平衡的，可在秋季植株顶梢生长基本完成时，进行短剪，保持株形。海桐具有较强的抗病虫能力，但若遇通风不良时，则有叶斑病、介壳虫、红蜘蛛等病虫害发生，要注意及时防治。

3.3.13 火棘

3.3.13.1 火棘栽培技术

① 园地选择：选择温暖湿润、通风良好、背风向阳、日照时间长、土层深厚、土质疏松、土壤肥沃、富含有机质、排水良好且湿润、pH 5.5～7.3 的微酸性和中性沙质壤土栽植火棘。火棘也可在干旱瘠薄土壤上生长但生长不良。

② 整地：火棘多采用穴状整地，整地规格 60cm×60cm×50cm，整好地后填入以豆饼、油粕、鸡粪和骨粉等有机肥为主的基肥，并和

表土混合均匀。

③ 栽植密度：植株行距（1～1.5）m×（1.5～2）m，初植密度222～444 株/667m²。

④ 营造混交林：火棘可与西南绣球、绣线菊、构树等园林植物混交栽植。

⑤ 栽植方法：火棘主根长而粗、侧根稀少，较难移栽；宜在 3 月移栽入穴，起苗时要深挖，少伤根，带土球，并需重剪。栽入穴中，分层回土踩实。

3.3.13.2　火棘养护技术

火棘栽后浇足定根水，春季土壤干燥时可在开花前浇 1 次透水，开花期保持土壤偏干，故不要浇水过多，雨季注意挖沟排水；果实成熟收获后，在进入冬季休眠前要浇足越冬水。定植成活 3 个月后可施以氮肥为主的无机复合肥；植株成形后，每年在开花前应适当多施磷、钾肥，开花期可酌施 0.2% 的磷酸二氢钾水溶液，冬季停止施肥。在开花期间当花枝过多或花枝上的花序和每一花序中的小花过于密集时，要注意疏除，短截过繁的花枝，并人工或化学疏除半数以上的花蕾以及过密枝、细弱枝。火棘易成枝，但连续结果差，应对当年生结果枝进行整枝，对多年生结果枝回缩，并适当疏除果枝上过密的果实。果实成熟后就要及时采摘，以免继续消耗植株营养，不利翌年开花结果。注意防治火棘白粉病、褐斑病、蚜虫、粉虱、红蜘蛛、网蝽等病虫害。

3.3.14　月季

3.3.14.1　月季栽培技术

① 园地选择：选择温暖、地势较高，日照充足，空气流通，排水良好，能避冷风和干风，土质疏松、土层深厚、土壤肥沃、富含有机质、排水良好的微酸性至中性壤土栽植月季。低洼积水地不适宜栽植月季。

② 整地：月季多用全垦整地，深翻土地，并施入有机肥料做基肥。

③ 栽植密度：月季栽植密度因品种而异，直立品种一般栽植株

行距 75cm×75cm，初植密度 1186 株/667m²；扩张性品种一般栽植株行距 100cm×100cm，初植密度 667 株/667m²；纵生性品种一般栽植株行距 40cm×50cm，初植密度 3335 株/667m²；藤本品种一般栽植株行距 200cm×200cm，初植密度 167 株/667m²。

④ 栽植方法：月季在春季芽萌动前裸根栽植，栽前行强修剪。

3. 3. 14. 2 月季养护技术

月季栽后浇透水，月季特喜水，常年都不可缺水但又不可积水，生长期要做到见干见湿，不干不浇，浇则浇透；夏季高温期间应该在早晚浇水；休眠期一定要少浇水，保持半湿即可。生长期每半月施 1 次复合肥，开花后剪除干枯的花蕾及开放的残花和细弱、交叉、重叠的枝条，之后 1 周内施 1 次有机肥，夏季炎热要停止施肥，秋季可用腐熟的有机肥；夏季按自然开心形进行修剪整形；同时注意防治白粉病、黑斑病、蚜虫、红蜘蛛、介壳虫、刺蛾、蔷薇三节叶蜂、朱砂叶螨、月季茎蜂等病虫害。

3. 3. 15 冬青卫矛

3. 3. 15. 1 冬青卫矛栽培技术

① 园地选择：选择阳光充足或半阴、土层深厚、土质疏松、肥沃湿润、排水良好的微酸性、中性、微碱性壤土、轻黏土、素沙土栽植冬青卫矛。冬青卫矛在 pH 8.9、含盐量 0.2% 以下的盐碱土中也能正常生长。土壤过黏、低洼积水地、高燥干旱地、过于荫蔽处均不适宜栽植冬青卫矛。

② 整地：冬青卫矛多采用全垦整地，整地深度 25cm 以上，结合整地加施腐熟有机肥 2000kg/667m²，并深翻与土壤混合均匀。

③ 栽植密度：一般栽植株行距 1m×1.5m，初植密度 444 株/667m²。

④ 栽植方法：冬青卫矛多在春季萌芽前移栽，小苗裸根移栽，栽植深度比苗木原土痕深 1~2cm，分层回土踩实。

3. 3. 15. 2 冬青卫矛养护技术

冬青卫矛栽后要经常浇水保持土壤湿润，但也不可积水。夏季高温期要早晚浇水并喷叶面水。生长期 5~8 月施 2~3 次腐熟稀薄的饼肥水，冬季施 1 次沤熟厩肥或干饼肥屑作基肥。生长期随时剪去徒长枝、重叠枝及影响树形的多余枝条。注意防治褐斑病、白粉病、煤污病、日本龟蜡蚧、红蜘蛛、扁刺蛾、黄杨斑蛾、咖啡木蠹蛾、黄杨尺蠖、袋蛾、卷叶蛾、巢蛾、黄杨绢野螟、蚜虫等病虫害。

3.3.16　匙叶黄杨

3.3.16.1　匙叶黄杨栽培技术

①园地选择：选择温暖湿润、空气流通好、阳光充足或半阴的溪边、疏林中，土质疏松、深厚肥沃和排水良好的沙壤土栽植匙叶黄杨。低温寒冷地区不适宜栽植匙叶黄杨。

②整地：匙叶黄杨多用全垦整地，整地深度 20cm 以上，结合整地施足基肥。

③栽植密度：一般栽植株行距（0.4～0.5）m×（1.2～1.5）m，初植密度 889～1390 株/667m^2。

④营造混交林：匙叶黄杨可与广玉兰等园林植物混交栽植。

⑤栽植方法：匙叶黄杨多在春季分株移栽。

3.3.16.2　匙叶黄杨养护技术

匙叶黄杨栽后浇足定根水，生长期要经常保持土壤湿润。每月施 1 次以腐熟人畜粪便为主的稀薄液肥，并修剪使树姿保持一定高度和形式。注意炭疽病、叶斑病、介壳虫、卷叶蛾等病虫害防治。

3.3.17　小叶女贞

3.3.17.1　小叶女贞栽培技术

①园地选择：选择阳光充足的沟边、路旁、河边灌丛中、山坡，在土层深厚、土壤肥沃、排水良好的土壤栽植小叶女贞。低洼积水地不适宜栽植小叶女贞。

②整地：小叶女贞一般采用全垦整地，整地深度 25cm 以上，结合整地施足基肥。

③栽植密度：一般栽植株行距（30～40）cm×（50～60）cm，初植密度 2779～4444 株/667m^2。

④营造混交林：小叶女贞可与红瑞木、龙爪槐、丁香等园林植物块状混交栽植。

⑤ 栽植方法：小叶女贞春秋两季都可以移栽，在春季芽萌动前，将母株根际周围的萌蘖苗挖出，带根分栽；或将整株母株挖出，用利刀将其分割成几丛，每丛有2～3个枝干并带根，分丛栽植。栽植时可剪除地上部分枝叶，无需带完整土球，栽植深度与苗木原土痕相平即可。

3.3.17.2 小叶女贞养护技术

小叶女贞栽植后应浇足定根水，以后遵循"干透浇透"的原则适时浇水，经常保持土壤湿润但不积水。春、夏、秋三季各施1次稀薄的有机液肥。作为自然形的不需多修剪，只需在早春芽萌动前剪除枯枝、病枝、重叠枝、干扰枝、过密枝或细弱枝即可；绿篱栽植时可整形修剪，通过重截促使基部萌发较多枝条，形成丰满的灌丛；在建筑物进出口两侧、花坛中央等栽植时可整剪成球形，一般按照球形轮廓反复多次露枝修剪而形成丰满的球形。注意叶斑病、轮纹病、煤污病、介壳虫、天牛、蚜虫等病虫害防治。

3.3.18 夹竹桃

3.3.18.1 夹竹桃栽培技术

① 园地选择：选择阳光充足、温暖湿润、排水良好、土壤深厚肥沃的中性沙质壤土栽植夹竹桃；夹竹桃在酸性、微酸性、碱性土壤中也能正常生长，但长势要差一些。低温寒冷地区、低洼积水地均不适宜栽植夹竹桃。

② 整地：夹竹桃多采用穴状整地，整地规格40cm×40cm×30cm。

③ 栽植密度：一般栽植株行距（1～1.5）m×（1～1.5）m，初植密度296～667株/667m^2。

④ 营造混交林：夹竹桃可与大叶女贞、黄花槐等园林植物混交栽植。

⑤ 栽植方法：夹竹桃春秋两季皆可移栽，但以春季3月为宜，苗木需带土球移栽，还须适当重剪。

3.3.18.2 夹竹桃养护技术

夹竹桃栽植时必须浇足定根水，生长期需施追肥，一般分别在清明前、秋分后各施 1 次腐熟有机肥。适时修剪，分别在春季谷雨后、7～8 月、10 月、冬季进行 4 次修剪，花谢后还要及时摘除。注意褐斑病、介壳虫、蚜虫等病虫害防治。

3.3.19　栀子

3.3.19.1　栀子栽培技术

① 园地选择：选择温暖湿润、通风良好、背风向阳或半阴（保持全日 60%的光照）、土壤疏松肥沃、排水良好的酸性轻黏性壤土栽植栀子。烈日暴晒之处、过于黏重的土壤、碱性土、低洼积水地均不适宜栽植栀子。

② 整地：栀子多采用穴状整地，整地规格 40cm×40cm×30cm，施放土杂肥 10～15kg/穴，并与回填土混合均匀。

③ 栽植密度：一般栽植株行距（1.2～1.5）m×（1.2～1.5）m，初植密度 296～463 株/667m^2。

④ 营造混交林：栀子可与刺槐、杨梅等园林植物混交栽植。

⑤ 栽植方法：栀子多在春季 3～4 月或梅雨季节带土球移栽。

3.3.19.2　栀子养护技术

栀子栽后浇足定根水，夏季多浇水；花前施磷肥，其他生长期施沤熟的豆饼、麻酱渣、花生麸等呈酸性的稀薄肥水；适时整形修剪，修剪时注意主枝宜少不宜多，及时剪去交叉枝、重叠枝、并生枝；花谢后要及时剪除残花，促使抽生新梢，新梢长至 2～3 个节时，进行第 1 次摘心，并适当抹去部分腋芽，8 月再对 2 次枝摘心，以培育树冠。注意黄化病、叶斑病、刺蛾、介壳虫、粉虱等病虫害防治。

3.3.20　凤尾丝兰

3.3.20.1　凤尾丝兰栽培技术

① 园地选择：选择温暖湿润、阳光充足之处，排水好，除盐碱地之外的沙质壤土栽植凤尾丝兰。瘠薄多石砾的堆土废地也能栽植凤尾丝兰。

② 整地：凤尾丝兰一般采用全垦整地，整地深度 25cm 以上，按设计的株行距挖栽植穴，施放腐熟有机肥作基肥并与土壤混合均匀。

③ 栽植密度：凤尾丝兰多采用大小行栽植，大行距 3.8～4.0m，

小行距 1.0～1.2m，株距 0.9～1.0m，初植密度 250～320 株/667m²。

④ 栽植方法：凤尾丝兰多在春季 2～3 月根蘖芽露出地面时分株栽植，分栽时，每个芽上最好能带一些肉质根，将分开的蘖芽埋入穴中，埋土不要太深，稍盖顶部即可。也可截取茎端簇生叶的部分，带 9～12cm 长的一段茎，摘掉一部分叶片，保留 7 片左右的叶片，埋入 12～15cm 深的穴中并分层填土踩实。扦插及分株育成的植株，起苗时捆扎叶片，掘起后裸根或带宿土栽植，都容易成活。

3.3.20.2 凤尾丝兰养护技术

凤尾丝兰栽植后应及时浇透定根水，解除捆扎物，放开叶片，再浇几次水，即可成活。日常管理要注意适当培土，适时施肥，一般在春秋两季各施 1～2 次氮磷钾复合肥即可，冬夏季节不施肥。随时修剪枯枝残叶，花后及时剪除花梗，刮风下雨后扶整植株，植株生长过高或生长势减弱时重新栽植更新。并注意防治褐斑病、叶斑病、介壳虫、粉虱、夜蛾、襄蛾等病虫害。

3.3.21 苏铁

3.3.21.1 苏铁栽培技术

① 园地选择：选择温暖潮湿、阳光充足或半阴、通风良好之处，土层深厚、土质疏松、土壤肥沃的微酸性沙质壤土栽植苏铁。低温寒冷地区、排水不良的黏重土壤均不适宜栽植苏铁。

② 整地：苏铁栽植需全垦整地，整地深度 25cm 以上，栽前施足底肥。

③ 栽植密度：一般栽植株行距约 1m×1.5m，初植密度445株/667m²。

④ 栽植方法：苏铁多在早春 1～2 月分蘖栽植，在南方冬季温度不低于 2℃的地方才能地栽，北方多盆栽而地栽较少，成年树要保持 12℃以上的温度过冬才可正常开花。分蘖的树苗若无根叶，可以先放进准备好的清水缸中浸 2～3 天，然后用利刀将根茎部削平，放阴凉处吹干处理后用作地栽或盆栽。栽植不宜太深，但泥土与植株根部必须密接，不必大量浇水，只需保持土壤湿润即可。

3.3.21.2　苏铁养护技术

苏铁栽植后要及时浇足定根水，盛夏久旱不雨而土壤十分干燥时于早晚浇足清水，春秋季节雨水较多不必浇水。春夏发叶时施20%～30%腐熟人粪尿或豆饼水＋0.5%硫酸亚铁2～3次，每年3～9月，每周为植株追施1次稀薄液体肥料。冬季温度较低（－4～－3℃）的地方于11月上旬用稻草或草帘从植株基部自下而上地将茎叶包紧防寒，翌年3月天气暖和时再解除包裹物，待新叶萌发以后用剪刀剪去受冻枯黄的叶片。当苏铁茎干生长高达50cm后，即应于春季割去老叶，以后每隔1～3年割1次老叶。注意苏铁斑点病、苏铁坏死萎缩病、苏铁黄叶病、苏铁球蚧等病虫害防治。

3.3.22　蚊母树

3.3.22.1　蚊母树栽培技术

① 园地选择：选择温暖湿润，空气流通，阳光充足或半阴，肥沃湿润、排水良好的酸性、中性或微碱性壤土栽植蚊母树。烈日曝晒之处、低洼积水地均不适宜栽植蚊母树。

② 整地：蚊母树多采用全垦整地，整地深度25cm以上。

③ 栽植密度：蚊母树作色块植物栽植的株行距为20cm×30cm，初植密度11111株/667m²；做灌木状栽植的株行距为1m×1m，初植密度667株/667m²；做乔木状栽植的株行距为2m×2m，初植密度167株/667m²。

④ 营造混交林：蚊母树可与珊瑚树、罗汉松、蜀桧柏、龙柏、枸骨、秋花柳、落羽杉、池杉、南川柳、垂柳等园林植物混交栽植。

⑤ 栽植方法：蚊母树多在秋末或春季用1～2年生裸根小苗或带土球大苗移栽，最好随起苗随栽植，栽植前先适当疏去枝叶。栽植深度略深于植株根际原土痕，然后用细土覆盖，轻轻压实。

3.3.22.2　蚊母树养护技术

蚊母树栽后应及时浇足定根水，夏季除适时浇水保持土壤湿润外还要经常向叶面喷水，每月施腐熟稀薄液肥1次。养护过程中要适时修剪，生长期应经常摘心、打头，剪去影响树形的枝条；春季发芽前对植株进行1次整形，短截过长枝，剪除过密枝、病虫枝以及其他影响树形美观的枝条。并注意防治炭疽病、介壳虫等病虫害。

3.3.23 六月雪

3.3.23.1 六月雪栽培技术

① 园地选择：选择阳光充足或半阴之处，富含腐殖质、疏松肥沃、通透性强、湿润且排水良好的微酸性土壤栽植六月雪。低温寒冷地区、烈日暴晒之处、低洼积水地均不适宜栽植六月雪。

② 整地：六月雪多采用全垦整地，整地深度 25cm 以上。

③ 栽植密度：一般栽植株行距 30cm×35cm，初植密度 6352 株/667m²。

④ 栽植方法：六月雪一般在早春移栽。

3.3.23.2 六月雪养护技术

六月雪栽后浇足定根水，夏季除适时浇水保持土壤湿润外还要经常向叶面喷水，入秋后适量减少浇水。每年入冬之前和花后各施 1 次腐熟的饼肥水。平时注意修剪，在枝叶过密时要及时剪除多余的新枝，在花后修剪突出树冠外的杂乱枝条，以保持良好的树形。注意六月雪锈病、六月雪煤污病、粉虱、蚜虫、介壳虫等病虫害防治。

3.3.24 八角金盘

3.3.24.1 八角金盘栽培技术

① 园地选择：选择温暖阴湿、通风透气，阴坡或半阴坡、林缘、沟边、建筑物北侧等半阴湿润处，肥沃疏松而排水良好的微酸性至中性土壤栽植八角金盘。烈日直射处、过于干旱瘠薄地、低洼积水地均不适宜栽植八角金盘。

② 整地：八角金盘多采用全垦整地，整好地后做成宽 1.2～1.3m、高 40cm 的畦，畦沟宽 40cm。

③ 栽植密度：一般栽植株行距 (0.7～0.8)m×(0.75～0.85)m，初植密度 980～1270 株/667m²。

④ 栽植方法：八角金盘一般在 4 月上旬至 9 月移苗栽植。把原植株丛切分成数丛或数株栽植在穴中，分层填土踩实。

3.3.24.2 八角金盘养护技术

八角金盘栽后要及时浇透定根水，新叶生长期要适当多浇水保持土壤湿润；以后浇水要掌握间干间湿。气候干燥时，还应向植株叶面喷水增湿。雨季要及时清理畦沟和排水沟以防畦床积水。成活后前期浇施 $0.2\%\sim0.25\%$ 的液肥，中后期沟施复合肥 $10\sim15kg/667m^2$。每次大雨过后要及时中耕松土，结合修沟培土。太阳直射的地方要在 6 月高温期前用透光率 40% 的遮阳网遮阴越夏。花后不留种子的要剪去残花梗。注意八角金盘褐斑病、炭疽病、介壳虫等病虫害防治。

3.3.25 茉莉

3.3.25.1 茉莉栽培技术

① 园地选择：选择炎热潮湿、通风透气、光照充足、水源充足、排灌良好、交通方便、土层深厚、土质疏松、土壤肥沃、pH $6\sim6.5$ 的微酸性沙质和半沙质土壤栽植茉莉。低温寒冷地区、黏重土、盐碱土、低洼积水地均不适宜栽植茉莉。

② 整地：茉莉多采用全垦整地，整好地后做成宽 $1.2\sim1.3m$、高 20cm 的畦，畦沟宽 25cm。

③ 栽植密度：茉莉一般栽植株行距 25cm×60cm，初植密度 4447 株/667m²。

④ 栽植方法：茉莉春、秋两季均可移栽，栽植时选择株高 30cm 以上、分枝 2 个以上、根系两层、叶色正常、植株健壮、无病虫害的种苗，剪去 25cm 以上枝叶，剪去过长的根系，同时用 0.1% 施保克＋0.3% 普钙液蘸根处理 $3\sim5min$ 后定植，按株距 25cm 定植在栽植沟内，要栽正、栽直，根系顺直并与土壤紧密结合，不能裸露根系。

3.3.25.2 茉莉养护技术

茉莉栽后浇足定根水，土面覆盖稻草，注意干旱浇水，雨天开挖排水沟防止积水。成活后每年要进行中耕除草 $6\sim7$ 次，采花期要分别施冬肥、夏肥、秋肥，多施有机肥和磷钾肥，如花生饼粉、骨粉、过磷酸钙以及多元素花肥等。同时注意枝条修剪、短截，以及白绢病、枝枯病、茉莉花蕾螟、烟粉虱、卷叶螟、蓟马、介壳虫、红蜘蛛等病虫害防治。

3.3.26 千里香

3.3.26.1 千里香栽培技术

① 园地选择：选择温暖湿润、阳光充足或半阴（每天至少能见5～6h直射光）、地势平坦的丘陵坡地、宅旁、房前屋后等处，土层深厚、土质疏松、土壤肥沃、含腐殖质丰富的微碱性沙质土壤栽植千里香。低温寒冷地区、阳光暴晒之处、低洼积水地均不适宜栽植千里香。

② 整地：千里香定植前需经整地、做畦和挖定植穴，也可利用宅旁、房前屋后，结合绿化栽植成绿篱。一般全垦整地深度25cm以上，并施足底肥。

③ 栽植密度：一般栽植株行距因栽植目的和水肥条件而异。以采花为主的可适当稀植，株行距为50cm×50cm，初植密度2668株/667m²；以收叶为目的并结合绿篱栽植的则可密植，株行距25cm×30cm，初植密度8893株/667m²。

④ 栽植方法：千里香春季或雨季移栽。将苗木放入穴中，分层填土踩实。

3.3.26.2 千里香养护技术

千里香栽后应及时浇透定根水，以后浇水要见干见湿，夏季高温季节浇水不宜过多，但需经常向枝叶上喷水降温增湿而土壤中不能积水，冬季休眠期应少浇水而只要保持土壤湿润即可。生长期间要及时松土除草，适施稀人粪尿1～2次，采叶者以施氮肥为主，采花者增施过磷酸钙，每年至少间隔施2次"矾肥水"以使土壤呈微酸性。生长后期要注意修剪，春季剪除过密枝条或徒长枝，10月下旬至11月进行整形修剪，花期不要强行修剪。同时注意防治九里香叶枯病、白粉病、锈病、蚜虫、红蜘蛛、天牛、介壳虫等病虫害。

3.3.27 瑞香

3.3.27.1 瑞香栽培技术

① 园地选择：选择温暖高燥、地势平坦、通风阴凉的半阴环境，在疏松、通气性好、保水保肥力强、含腐殖质较高、pH 5.5～6.5的微酸性土壤栽植瑞香。烈日暴晒之处、低洼积水地均不适宜栽植

瑞香。

② 整地：瑞香移栽前 1 个月进行整地，撒施磷肥 $100kg/667m^2$ ＋腐熟有机肥 $1000kg/667m^2$ 后精耕细耙整地，做成 $1\sim1.2m$ 宽的畦，将磷肥、有机肥和土壤充分混合。

③ 栽植密度：一般定植株行距 $(25\sim40)cm\times(30\sim50)cm$，初植密度 $3333\sim8893$ 株$/667m^2$。

④ 栽植方法：瑞香春季移栽，定植时先把土挖开，再把苗放在穴里，并把苗周围的土填满，然后轻轻提一下苗，让根须伸展，再把植株周围的土按紧。

3.3.27.2 瑞香养护技术

瑞香露地栽植后应浇足定根水，以后的管理比较粗放，天气过旱时才浇水，夏季高温时宜早晚浇 2 次水，春秋时期浇水相应减少，但秋季孕蕾期，要注意土壤不宜过干；天晴干燥时可常喷叶面水，做到枝叶常湿，雨季注意排涝；春季要施 $2\sim3$ 次以氮钾为主的稀薄腐熟饼肥水，夏季伏天停施，秋后越冬前在株丛周围施以磷为主的腐熟厩肥，花蕾形成后可用浓度为 $0.1\%\sim0.2\%$ 的磷酸二氢钾喷洒枝叶，进行根外施肥，但需将肥水喷在叶背面，以提高肥效，促使花繁叶茂。花后一般可短剪已开过花的枝条，及时剪除徒长枝、交叉枝、重叠枝及影响美观的枝条，以保持一定树形。注意防治茎腐病、根腐病、花叶病、蚜虫、红蜘蛛、介壳虫等病虫害。

3.4 落叶灌木类园林植物的栽培与养护

3.4.1 蜡梅

3.4.1.1 蜡梅栽培技术

① 园地选择：选择背风向阳或半阴之处，在土层深厚、土质疏松、肥沃湿润、排水良好的中性或微酸性沙质壤土栽植蜡梅。风口之地、黏重土壤、盐碱土、低洼积水地均不适宜栽植蜡梅。

② 整地：蜡梅大苗定植采取穴状整地，穴直径 $60\sim70cm$，穴深 $40\sim50cm$；穴底填放腐熟的厩肥、豆饼等作基肥，在基肥上覆盖一层土。

③ 栽植密度：蜡梅短期定植一般株行距为 0.66m×1m，初植密度 1010 株/667m²；中期定植一般株行距 1.6m×2m，初植密度 208 株/667m²。

④ 营造混交林：蜡梅可与香樟、雪松、慈孝竹、红叶李、山茶花等园林植物混交栽植。

⑤ 栽植方法：蜡梅宜在秋季落叶后或春季发芽前带土球移栽。将带有土球的蜡梅植株放入树穴内，使苗木土球表面与地面相平，分层填土踩实。

3.4.1.2 蜡梅养护技术

蜡梅栽后应及时浇足定根水，平时少浇水，雨季及时排水防涝。一般春季每 10～15 天浇 1 次水，如春旱风大，可 2～3 天浇 1 次水，要保持土壤湿润但不积水；夏季高温干旱时适时浇水，适当增加浇水量，要保持土壤绝对湿润；秋冬季只要土壤微微湿润即可。每年早春和初冬各施 1 次肥，施肥后随即浇水。早春花谢后及时剪除已谢花朵，并短截回缩枝条，留枝长 15～20cm，保留基部 3 对芽或在新枝长出 2～3 对芽后摘去顶芽；夏末秋初剪去当年生新枝顶梢。注意防治介壳虫、蚜虫、黑斑病、叶斑病、炭疽病等病虫害。

3.4.2 山梅花

3.4.2.1 山梅花栽培技术

① 园地选择：选择温暖湿润、背风向阳或半阴、肥沃潮湿、不积水、排水良好的沙壤土栽植山梅花。低洼积水地不适宜栽植山梅花。

② 整地：山梅花大苗栽植多采用穴状整地，整地规格 50cm×50cm×40cm。整好地后施入腐熟的农家肥 10～15kg/穴，并与回填土混合均匀。

③ 栽植密度：山梅花大苗一般栽植株行距 1.8m×2.5m，初植密度 148 株/667m²。

④ 营造混交林：山梅花可与丁香、刺五加等园林植物混交栽植。

⑤ 栽植方法：山梅花多在春季萌芽前移栽，将苗木放入穴内，栽植深度与苗木原土痕相平即可，分层填土踩实。

3.4.2.2 山梅花养护技术

山梅花栽后应及时浇透定根水并培土保护。露地栽植的山梅花植株可于冬季在植株周围20～50cm处挖浅沟，施入有机肥，封冻前灌1次透水。冬季休眠期疏剪老枝、枯枝、过密枝，花谢后及时剪除花序。翌年春季3～4月，在植株周围挖浅沟，施以磷钾肥，以满足植株花芽分化所需养分。注意防治刺蛾、大蓑蛾、蚜虫、根锈病、枝枯病、叶斑病等病虫害。

3.4.3 绣球

3.4.3.1 绣球栽培技术

① 园地选择：选择温暖湿润、半阴、土壤疏松肥沃、排水良好、pH4～4.5的酸性沙质壤土栽植绣球。土壤的酸碱度对绣球的花色影响非常明显，土壤为酸性时花呈蓝色；土壤呈碱性时，花呈红色。低温寒冷地区、干旱瘠薄地、低洼积水地均不适宜栽植绣球。

② 整地：绣球栽植前需全垦整地，整地深度25cm以上，并施足基肥。

③ 栽植密度：绣球露地短期栽植株行距一般为（40～50）cm×（40～50）cm，初植密度2667～4167株/667m²；中长期栽植株行距（0.8～1.0）m×（0.8～1.0）m，初植密度667～1042株/667m²。

④ 栽植方法：绣球一般于春季带宿土或土球移栽。

3.4.3.2 绣球养护技术

绣球栽后及时浇透定根水，春季萌芽后充分浇水但不积水，雨季及时排水。花期肥水要足，每15天施1次腐熟稀薄饼肥水或在肥液中加入1%～3%的硫酸亚铁，可使植株枝繁叶绿；孕蕾期增施1～2次磷酸二氢钾，但伏天不宜施用饼肥。夏季要遮阴，花后摘除花茎。为了加深蓝色，可在花蕾形成期施用硫酸铝；为保持粉红色，可在土壤中施用石灰。注意防治萎蔫病、白粉病、叶斑病、蚜虫、盲蝽等病虫害。

3.4.4 麻叶绣线菊

3.4.4.1 麻叶绣线菊栽培技术

① 园地选择：选择温暖湿润、阳光充足或半阴、土壤深厚肥沃、

疏松湿润和排水良好的沙壤土栽植麻叶绣线菊。低温寒冷地区、低洼积水地均不适宜栽植麻叶绣线菊。

② 整地：麻叶绣线菊多用全垦整地，整地深度 25cm 以上，施足底肥。

③ 栽植密度：麻叶绣线菊短期栽植一般株行距（30～40）cm×（50～60）cm，初植密度 2778～4444 株/667m²；中长期栽植一般株行距（0.6～0.8）m×（1.0～1.2）m，初植密度 694～1111 株/667m²。

④ 栽植方法：麻叶绣线菊应在秋季落叶后或早春萌芽前带土球移栽。掘取母株周围的萌生苗，连根带土移栽于穴内，覆土压紧，浇水或将整个株丛带土挖出，劈成几份，每份保留 2～3 个枝干并带些根，分株栽植。

3.4.4.2　麻叶绣线菊养护技术

麻叶绣线菊栽后应浇足定根水，并轻度修剪，适当剪去过密枝条。一般在生长期施 1～2 次追肥，深秋再施 1 次腐熟的有机肥。当麻叶绣线菊的叶芽长至 10cm 左右时，要经常对叶芽进行封顶打杈，并消除基部的蘖芽，从而使树冠丰满。花后宜疏剪老枝及过密枝，树势较差的植株可在休眠期进行重剪更新并加施肥料。注意叶斑病、角斑病、蚜虫、叶蜂等病虫害防治。

3.4.5　珍珠梅

3.4.5.1　珍珠梅栽培技术

① 园地选择：选择阳坡或半阴坡、湿润肥沃、排水良好的沙质壤土栽植珍珠梅。低洼积水地不适宜栽植珍珠梅。

② 整地：珍珠梅多采用全垦整地，整地深度 25cm 以上，施足基肥。

③ 栽植密度：珍珠梅 2 年生小苗一般栽植株行距 40cm×60cm，初植密度 2778 株/667m²；大苗一般栽植株行距 1m×2m，初植密度 333 株/667m²。

④ 营造混交林：珍珠梅可与杜鹃等园林植物混交栽植。

⑤ 栽植方法：珍珠梅一般于早春 3～4 月分株栽植。即将树龄 5 年以上的母株根部周围的土挖开，从缝隙中间下刀，将分蘖与母株分

开，每蔸可分出 5～7 株。分离出的根蘖苗要带完整的根，如果根蘖苗的侧根又细又多，栽植时应适当剪去一些。

3.4.5.2 珍珠梅养护技术

珍珠梅分株后应及时浇足定根水并遮阴，1 周后逐渐放在阳光下进行正常养护。除新栽植株需施少量底肥外，以后不需再旋肥，但需浇水，一般在叶芽萌动至开花期间浇 2～3 次透水，立秋后至霜冻前浇 2～3 次水，其中包括 1 次防冻水，夏季视干旱情况浇水，雨多时不必浇水且要排水。花谢后应剪去残花序，秋后或春初还应剪除病虫枝和老弱枝，对 1 年生枝条可进行强修剪。注意叶斑病、白粉病、褐斑病、金龟子、斑叶蜡蝉等病虫害防治。

3.4.6 棣棠

3.4.6.1 棣棠栽培技术

① 园地选择：选择温暖湿润、光照充足或林缘和疏林中的半阴处、沟渠边、池塘边、草坪中等湿润肥沃、通透性好的中性至酸性沙质壤土栽植棣棠。棣棠在轻黏壤土中也能正常生长，但在黏壤土中则多生长不良。低温寒冷地区、盐碱土、低洼积水地均不适宜栽植棣棠。

② 整地：棣棠多采用穴状整地，整地规格 50cm×50cm×30cm，整好地后施用腐熟发酵的圈肥 5～10kg/穴作基肥，并与底土充分混合均匀。

③ 栽植密度：一般栽植株行距 1m×1.5m，初植密度 445 株/667m^2。

④ 营造混交林：棣棠可与马尾松、栓皮栎、麻栎、山茶、垂丝海棠等园林植物混交栽植。

⑤ 栽植方法：棣棠一般在春季 2～3 月萌芽前带宿土或带土球移栽。分株在春季发芽前将母株掘起分栽，或者由母株周围掘取萌条分栽。栽植时将苗株放正后分三次回填土，每次填土后应进行踩实，穴土全部填完后，应轻轻提苗使植株根系疏展。

3.4.6.2 棣棠养护技术

棣棠栽植完后需立即围堰浇头水，2 天后浇第 2 次水，再过 3 天浇第 3 次水。5～6 月、7～8 中耕除草 2 次，成活后干旱时每 20 天左右浇 1 次水以始终保持土壤湿润，大雨后应及时排水，10 月中旬后控制浇水。棣棠每年施肥 3 次：一是花后施用 1 次以干鸡粪为主的花后肥，二是在秋末落叶前施用 1 次腐熟发酵的牛马粪，三是春季植株萌芽前施用氮磷钾复合肥。在生长季节当发现有退枝（枝条由上而下渐次枯死）时立即剪除枯死枝，在棣棠开花后留 50cm 高而剪去上部枝条，促使地下芽萌生；棣棠落叶后还会出现枯枝，翌年春季 2～3 月选择连续数日晴天时剪枝使当年枝开花旺盛，如想要分枝多则仅保留 7cm 左右长把其余部分剪去。棣棠生长迅速，株丛茂密，每隔 2～3 年应重剪一次，不断更新老枝；在新枝生出以后不要进行短截，也不要摘心，只需将花芽剪掉即可。棣棠作为花篱时不必年年修剪，待老枝过多而有碍新枝发育时再进行疏剪更新。注意防治棣棠黄叶病、褐斑病、红缘灯蛾、美国白蛾、大袋蛾等病虫害。

3.4.7 玫瑰

3.4.7.1 玫瑰栽培技术

① 园地选择：选择阳光充足、凉爽通风、地势平坦、土层深厚、土壤肥沃、土质疏松、排水良好的中性或微酸性轻壤土或壤土栽植玫瑰。土层浅及土质黏重的地块不适宜栽植玫瑰。

② 整地：玫瑰一般采用穴状整地，整地规格（60～80）cm×（60～80）cm×（50～60）cm，栽植穴大小因栽植密度而异，密度越稀则挖穴越大。整好地后施入优质土杂肥 20～30kg/穴＋轧碎的钙镁磷肥 0.5kg/穴，并与土壤混合均匀后回填于坑内。

③ 栽植密度：玫瑰一般栽植株行距大小差异很大，形式多样，各有利弊。密植型株行距（0.5～1）m×1.5m，初植密度 444～889 株/667m²；疏植型株行距 2m×3m，初植密度 111 株/667m²；一般株行距 1.5m×（1.5～2）m，初植密度 222～296 株/667m²。

④ 营造混交林：玫瑰可与杨树、梨、文冠果、百合、杏等园林植物混交栽植。

⑤ 栽植方法：玫瑰多在秋季分株或以扦插苗移栽，栽植前先剪去 1/3～1/2 枝梢和苗木根系中劈裂、有病虫害及生长过长的根系及

压条苗或分株苗腐朽的老根，然后将苗木根系放在清水中浸泡 10～12h，再将苗木根系蘸泥浆后放入栽植穴内，埋土，提苗，踩实。营养泥浆的配制方法是将碎干牛粪 1.5kg＋尿素 50g＋黏土 15～20kg＋水 20kg，反复搅拌至呈稠泥浆状即可，一般在栽苗前 1 天配制，第 2 天使用。栽苗前根系蘸泥浆后，应将根系上过多的泥浆甩去，使根系不被粘连而成松散状。

3.4.7.2 玫瑰养护技术

玫瑰栽植后应及时浇透定根水并封土，每年在发芽前和落叶后施入 1 次有机肥，初冬灌 1 次冻水，干旱严重时注意浇水，雨季注意排水，浇水后或雨后中耕松土。在落叶后剪去无用枝，对直立粗壮的老枝可在离地面 80cm 处短截，对衰弱枝有望再发新枝的在离地面 5～6cm 处强短截，对一些生长中庸的枝条可于饱满芽处短截，玫瑰花谢后要及时剪去残花，8 年生以上的衰老株丛可于秋季平茬。注意白粉病、霜霉病、红蜘蛛、蚜虫等病虫害防治。

3.4.8 郁李

3.4.8.1 郁李栽培技术

① 园地选择：选择温暖湿润、背风向阳或半阴的草坪、山石旁、林缘、建筑物前、庭院路边，富含有机质的腐殖质壤土栽植郁李。

② 整地：郁李一般采用穴状整地，整地规格 40cm×40cm×30cm，穴内施腐熟的堆肥作基肥。

③ 栽植密度：一般栽植株行距（1.2～1.5)m×(1.2～1.5)m，初植密度 296～463 株/667m^2。

④ 营造混交林：郁李可与胡枝子、欧李、悬钩子、锦带花、榆树、棣棠、迎春等园林植物混交栽植。

⑤ 栽植方法：郁李一般在秋季落叶后到春季萌芽前带宿土移栽，栽植时先将苗放入穴中，边填土边踩实，填土应略高于穴面。栽植深度一般深于苗木出土时的高度，待土壤下沉后，可与苗木原土痕相平。

3.4.8.2 郁李养护技术

郁李栽后在树干周围做一土堰，浇足定根水。7～10 天浇第 2 次水，连浇3次，浇后及时封堰。干旱时适当浇水。早春展叶前和4月开花前各施1次有机肥1kg/株，秋季施磷酸二铵或复合肥0.5kg/株。花后及时剪除残留花枝，并疏除株丛内部的枯枝、纤弱枝；生长期应经常清除根部萌蘖。注意防治白粉病、褐斑病、叶穿孔病、枯枝病和蚜虫、黄刺蛾、大蓑蛾、梨小食心虫等病虫害。

3.4.9　黄刺玫

3.4.9.1　黄刺玫栽培技术

① 园地选择：选择地势高燥、阳光充足或半阴、土壤疏松肥沃、排水良好的微酸性沙壤土栽植黄刺玫。黄刺玫在盐碱土、沙土、壤土、轻黏土中也能正常生长。但低洼积水地不适宜栽植黄刺玫。

② 整地：栽植一般采用穴状整地，整地规格70cm×70cm×50cm，整好地后施入腐熟的有机肥5～10kg/穴做基肥，并与回填土混合均匀。

③ 栽植密度：一般栽植株行距1.5m×(1.5～2)m，初植密度222～296株/667m²。

④ 营造混交林：黄刺玫可与杜松、油松、麻栎等园林植物混交栽植。

⑤ 栽植方法：黄刺玫一般在休眠期带土球移栽，栽植时将根系生长良好的黄刺玫苗木放入栽植穴内，先填表土，再填心土，边填土边踩实，栽植深度与苗木原土痕一致。

3.4.9.2　黄刺玫养护技术

黄刺玫栽后及时重剪并浇透定根水，3天后再浇1次透水，以后视干旱情况适时适量浇水，入冬前浇1次防冻水，翌春及时浇1次解冻水，雨季注意排水防涝。成活后可于每年花后施1次追肥。花后及时疏剪残花及枯枝，落叶后或萌芽前剪除干枯枝、老枝、病虫枝及过密的细弱枝，及时短截过长枝。同时注意黄刺玫白粉病、叶枯病、黄刺蛾、天幕毛虫等病虫害防治。

3.4.10　皱皮木瓜

3.4.10.1　皱皮木瓜栽培技术

① 园地选择：选择阳光充足或半阴、土层深厚、质地疏松、土

壤肥沃且富含有机质、排水良好、pH6.5～7.5 的沙壤土、壤土、黏土栽植皱皮木瓜。皱皮木瓜在干旱、瘠薄的坡地、山冈、沟谷、梯田及房前屋后也能栽植，特别是坎边栽植最好。盐碱地、低洼积水地均不适宜栽植皱皮木瓜。

② 整地：皱皮木瓜多采用穴状整地，整地规格 80cm×80cm×60cm，穴内施腐熟的堆肥 15～20kg/穴或硫酸钾复合肥 250g/穴作基肥，并与回填土混合均匀。

③ 栽植密度：皱皮木瓜密植株行距 1.5m×(1.5～2)m，初植密度 222～296 株/667m²。

④ 栽植方法：皱皮木瓜一般在秋季落叶后或春季萌芽前带须根移栽，栽植前先剪去根系受伤的部分并将苗木根系浸泡在清水中12h，栽植时在回填的穴中间挖 30 厘米见方的小穴，然后按"三埋两踩一提苗"的方法定植苗木。

3.4.10.2 皱皮木瓜养护技术

皱皮木瓜栽植后应浇透定根水，干旱时适时浇水，雨季注意排水。成活后每年分别在花芽萌动前后和果实膨大期各浇 1 次透水，入冬前结合施基肥浇 1 次防冻水。4～5 月、7～8 月进行 2 次松土除草并用秸秆和杂草覆盖树盘，或与人参、田七、西洋参、竹节人参、头顶一棵株、江边一碗水、七叶一枝花、八角莲等其他药材或矮秆农作物间作套种实现以耕代抚。结合松土除草，春季施堆肥 10kg/株，秋季施水粪土或草木灰 15kg/株；在花后剪去 1 年生枝条，顶部留30cm；冬季枝叶枯萎时和春季发芽前修剪枯枝、密枝、老弱枝；注意防治叶枯病、天牛、蚜虫等病虫害。

3.4.11 紫穗槐

3.4.11.1 紫穗槐栽培技术

① 园地选择：紫穗槐耐盐碱、耐寒、耐旱、耐湿、抗风沙、抗逆性极强，在背风向阳、水分条件较好的田边地埂和道路旁、土质瘠薄的荒山坡、河岸低湿地、含盐量 0.7% 以下的盐碱地、中性或酸性沙地、黏土均可栽植。

② 整地：紫穗槐多采用穴状整地，整地规格 40cm×40cm×30cm。

③ 栽植密度：紫穗槐一般栽植株行距 1m×(1～1.5) m，初植密度 444～667 株/667m²。以固沙护土为目的或每年采割作绿肥、饲料的以及水土条件差的，可进行密植，栽植株行距 0.8m×0.8m，初植密度 1042 株/667m²。

④ 营造混交林：紫穗槐可与侧柏、樟子松、落叶松、油松、大青杨、沙兰杨、72 杨、69 杨、绒毛白蜡等园林植物混交栽植。

⑤ 栽植方法：紫穗槐一般在秋冬季土壤封冻前或春季土壤解冻后移栽，可采用植苗、插条、直播和分根等方法栽植。栽植不宜过深，要踩实。采用截干（在根颈以上 10～15cm 处截去）栽植法可提高成活率。

3.4.11.2　紫穗槐养护技术

紫穗槐栽后最好浇 1 次透水。栽植当年平茬，并适当在行间进行一季林粮间作以耕代抚，同时进行松土除草、施肥等工作。第 2～3 年，重点是培土，每年松土除草 1～2 次，并对平茬的紫穗槐适时培土以扩大根盘；同时剪除果枝、病虫枝、干枯枝、背后枝，拉吊重叠枝和徒长枝待结果后逐年回缩，培养骨架和树形。并注意防治黑斑病、金龟子、象鼻虫等病虫害。

3.4.12　山麻杆

3.4.12.1　山麻杆栽培技术

① 园地选择：选择温暖湿润、背风向阳或半阴的山麓、庭前、路边、草坪、山石旁，深厚肥沃、湿润疏松的微酸性及中性沙质壤土栽植山麻杆。干旱瘠薄地不适宜栽植山麻杆。

② 整地：山麻杆一般采用全垦整地，整地深度 25cm 以上。

③ 栽植密度：山麻杆短期栽植一般株行距 (30～40)cm×(50～60)cm，初植密度 2778～4444 株/667m²；中长期栽植一般株行距 (60～80)cm×(100～120)cm，初植密度 694～1111 株/667m²。

④ 营造混交林：山麻杆可与接骨草、马桑、五节芒、忍冬、鬼针草、云实、看麦娘、繁缕、抱茎小苦荬等园林植物混交栽植。

⑤ 栽植方法：山麻杆一般在秋季落叶后或春季芽萌动前中小苗带根系蘸泥浆移栽，大苗或芽已萌发的苗木需带宿土或土球移栽，栽

前可疏剪上部枝条。

3.4.12.2 山麻杆养护技术

山麻杆栽后及时浇定根水，春季发芽前和夏季各施 1 次以氮肥为主的追肥，生长期中耕除草 2～3 次，3 年内一般不修剪，过密时适当疏枝，以后每隔 1～3 年截干更新 1 次。注意褐斑病、大蓑蛾、吹绵蚧等病虫害防治。

3.4.13 黄栌

3.4.13.1 黄栌栽培技术

① 园地选择：选择背风向阳或半阴、地势高燥不积水、温差较大的山坡上或常绿树丛前、草坪、土丘，在土层深厚、肥沃而排水良好的沙质壤土栽植黄栌。土壤黏重的内涝地、过黏或保水力强的土壤均不适宜栽植黄栌。

② 整地：黄栌多采用穴状整地，整地规格 (40～60)cm×(40～60)cm×(30～40)cm；对零星地块及土层瘠薄地块可实行见缝插针式的穴状整地，整地规格至少达到 30cm×30cm×30cm。

③ 栽植密度：一般栽植株行距 100cm×100cm，初植密度 667 株/667m²。

④ 营造混交林：黄栌可与油松、侧柏、刺槐、紫穗槐等园林植物混交栽植。

⑤ 栽植方法：黄栌多在 12 月至翌年 2 月选择阴雨天或阴天栽植。裸根苗栽植前要注意修根并做好苗木浆根工作（最好使用 ABT 生根粉），栽植时将苗木放入穴中，做到苗正、根舒、栽紧，不窝根，适当深栽，栽植深度比苗木原土痕深 2～4cm，大苗深一些，小苗可浅一些，先回填表土及湿土埋苗根，填到穴深 2/3 时把苗木向上轻提，使苗根舒展，苗木正直，再埋土使苗木达到栽植所要求的深度，分层踩实。

3.4.13.2 黄栌养护技术

黄栌栽后培 10cm 高的土堆，使栽植穴表面呈"馒头状"，整好树穴，并及时浇水。成活后每年 5～6 月及时松土除草，雨后及时排水；春末、初秋各施 1 次腐熟的有机液肥；春季发芽前进行 1 次修剪，剪除过密枝条和影响造型的枝条，有的枝条要进行适当蟠扎，使枝叶有疏有密，疏密得当。注意防治立枯病、白粉病、霉病、蚜虫等病虫害。

3.4.14　结香

3.4.14.1　结香栽培技术

① 园地选择：选择地势高燥不积水、半阴半阳半湿润的背靠北墙面向南的地方或海拔 600～1000m、坡度较平缓、空气湿度较大、较阴凉的山坡中下部的林荫下以及房前屋后、溪边路旁、田头地角等空闲地、空隙地，在土层厚度 30cm 以上、排水良好、疏松肥沃、透气性好的微酸至酸性沙质壤土栽植结香。过于黏重、干旱瘠薄的红黄壤以及盐碱土、低洼积水地均不适宜栽植结香。

② 整地：结香多在栽植前一年的秋冬季穴状整地，整地规格 50cm×50cm×40cm。挖穴时将表土和心土分开堆放，回填时先将表土放入穴底。整好地后施放复合肥 0.5～1.0kg/穴或腐熟农家肥 25kg/穴，并与回填表土混合均匀。

③ 栽植密度：一般栽植株行距 1m×1m，初植密度 667 株/667m^2。

④ 营造混交林：结香可在林下较为空旷的毛竹林、板栗林、杉木林等林分下进行套种营造混交林，要求上层林木密度适宜，能形成光照强度适中、气温适宜、空气湿度较大的良好小气候。挖穴栽植时要距离上层树种根际 0.8～1.0m。

⑤ 栽植方法：结香一般在冬末、春季萌芽前移栽，幼苗可裸根栽植，大苗应带土球栽植。将表土、心土回穴至略高于地面后进行栽植。多采用 1～2 年生、高度 50cm 以上、地径大于 0.8cm 健壮的苗木栽植，栽植时将苗木放入穴中，分层填土踩实。

3.4.14.2　结香养护技术

结香栽植后应浇 3 次透水，以后则要干透再浇，如遇连续天晴干旱，应每隔 3～4 天浇 1 次水，并在植株四周地面上铺草，减少土壤水分蒸发，保持土壤湿润疏松，多雨季节要注意排水。每年分别在 4～5 月、8～9 月松土除草施肥 3～4 次，春季施复合肥，生长季节施 1 次饼肥渣，花期及秋后入冬前施磷钾肥为主的复合肥，施肥量一般为 0.2～0.3kg/株，施肥方法是结合松土除草在幼树周围开沟施入并覆土。铲除的杂草要覆盖在幼树周围，以保持土壤的通透性和湿润度。不耐修剪，每年仅春季剪去干枯枝、病残枝、徒长枝、交叉枝等，以保持美观的株形。对衰老的枝条则要及时修剪更新。注意防治缩叶病、白绢病及褐刺蛾等病虫害。

3.4.15 沙枣

3.4.15.1 沙枣栽培技术

① 园地选择：沙枣具有抗旱、抗风沙、耐盐碱、耐贫瘠等特点。在≥10℃积温 3000℃ 以上地区，选择背风向阳、地势平坦的山地、平原、沙滩、荒漠等地，在土层深厚、地下水位在 0.5m 以下、土壤有机质含量 1% 以上、含盐量 0.8% 以下（硫酸盐土全盐量 1.5% 以下或氯化盐土全盐量 0.4% 以下）、排水良好的壤土或沙壤土栽植沙枣。过于黏重的土壤、低洼积水地均不适宜栽植沙枣。

② 整地：沙枣在土壤黏重的地方栽植，需要在栽植前一年的春末至晚秋期间耕翻整地，经过耕翻、耙地、复耕、镇压工序，耕翻深度 25～30cm，耙地深度 10～20cm；沙壤土、壤质沙土地、厚覆沙地以及地表盐结皮较厚的盐渍土，都可边挖穴边栽植，不必事先整地。

③ 栽植密度：一般栽植株行距 (1.5～1.8)m×2m 或 1m×3m，初植密度 185～222 株/667m²。

④ 营造混交林：沙枣可与红柳、胡杨、钻天杨、新疆杨、柳树、白蜡等园林植物混交栽植。

⑤ 栽植方法：沙枣春秋两季均可移栽，春季为"清明"至"谷雨"，秋季为"霜降"至"立冬"，但以春季栽植为好。

3.4.15.2 沙枣养护技术

沙枣在土壤水分充足、杂草多的林地，栽植当年 5～9 月要松土除草 2～3 次。秋末或翌年春季进行补植，第 2 年至林木郁闭前，每年在林木生长期要松土除草 1～2 次。林木郁闭后，要清除根部萌生枝条，修剪主干 1/2 处以下的侧枝条和影响主干生长的上部侧枝，以后视林木的生长势，适当隔行、隔株疏伐，并修枝整形。在土壤水分不足的林地，除栽植时浇1次定根水以外，当年还需再浇水1～3次，以后每年需浇水1～2次。同时注意防治猝倒病、锈病、霉污病、沙枣尺蠖、沙枣蜜蛎蚧、沙枣木虱等病虫害。

3.4.16　沙棘

3.4.16.1　沙棘栽培技术

① 园地选择：选择地势平缓、交通便利、水源充足之处，在土质疏松、透气性好、含盐量<0.5%、pH 7～8的微碱性的风沙土、沙壤土、轻壤土栽植沙棘。过于黏重的土壤、年均降水量不足400mm的地区（河漫滩地、丘陵沟谷等地除外）、低洼积水地等均不适宜栽植沙棘。

② 整地：沙棘一般采用穴状整地，整地规格35cm×35cm×35cm。

③ 栽植密度：一般栽植株行距1.5m×2m或1m×3m，初植密度222株/667m²。稀植的植株行距2m×4m，初植密度83株/667m²。

④ 营造混交林：沙棘树是雌雄异株，栽植时按8:1的比例配置雌雄株进行混交栽植。沙棘还可与樟子松、落叶松、云杉等园林植物混交栽植。

⑤ 栽植方法：沙棘在春秋两季均可用2年生嫩枝扦插苗栽植。一般春季在4～5月上旬栽植，秋季在10月中、下旬～11月上旬树木落叶后土壤冻结前栽植。秋季栽植的苗木，翌年春天生根发芽早，等晚春干旱来临时树已恢复正常，增强了抗旱性，秋季栽植比春季栽植效果好。栽树时怕窝根，如根系偏长，可适当修剪，使根长保持在20～25cm即可。在填土过程中要把树苗往上轻提一下，使根系舒展开。树穴填满土后，适当踩实，然后在其表面覆盖5～10cm松散的土。

3.4.16.2　沙棘养护技术

沙棘栽后应浇足定根水，生长季节根据墒情适量浇水，一般每年分别在萌芽期、生长前期、生长后期及入冬前浇4次水。成活后要增施有机肥料，注意灌水或排水，保持适度墒情，要注意适时喷洒新高脂膜保肥水。结果前可充分利用行间空地间作牧草、豆科植物等矮秆作物。每年根据雨水条件需中耕多次，深度 4～5cm。每年施 3 次肥，即 5 月上旬施尿素、磷酸二铵各 40kg/667m²；7 月中旬施尿素、磷酸二铵各 50kg/667m²；收获沙棘后施鸡、羊粪 3000kg/667m²＋草木灰 600kg/667m²，以开沟深施为好。每年休眠期都要及时剪除病虫枝、枯死枝、徒长枝、交叉枝、过密枝，刮除病皮，并在其刀剪伤口处及时涂抹愈伤防腐膜，促进伤口愈合，防止病菌侵袭感染。每年的花芽分化期环刷 1 次促花王 2 号。沙棘长到 2～2.5m 高时剪顶。修剪的要点是：打横不打顺，去旧要留新，密处要修剪，缺空留旺枝，清膛截底修剪好，树冠圆满产量高。注意防治锈果病、干缩病、沙棘木蠹蛾、沙棘蝇、春尺蠖、苹小卷叶蛾、沙棘蚜虫、柳蝙蛾等病虫害，冬季刷白防寒和施底肥。

3.4.17　红瑞木

3.4.17.1　红瑞木栽培技术

①　园地选择：选择温暖潮湿、背风向阳或半阴的杂木林或针阔叶混交林下，土层深厚、土质疏松、肥沃湿润、排水良好的弱酸性土壤或石灰性冲积土壤栽植红瑞木。盐碱地不适宜栽植红瑞木。

②　整地：红瑞木一般采用穴状整地，整地规格 50cm×40cm×40cm。整好地后施放腐熟堆肥或圈肥或人粪尿或厩肥 10～15kg/穴，并与回填土混合均匀。

③　栽植密度：红瑞木一般栽植株行距 1.5m×2m 或 1m×3m，初植密度 222 株/667m²。密植的可在每穴栽植 5 株，初植密度 1111 株/667m²。

④　营造混交林：红瑞木可与白蜡、桧柏、银白杨、油松、国槐、白皮松等园林植物混交栽植，多丛植在草坪上或与常绿乔木相间混交栽植。

⑤　栽植方法：红瑞木一般在秋季落叶后至春季芽萌动前移栽，小苗可裸根移栽，大苗需带土球移栽。在栽植较大的植株时，栽前要重剪，可按栽植需要统一定干高度，把上部树冠全部剪掉。栽植时不要过深，比苗木原土痕深 2～3cm 即可。

3.4.17.2 红瑞木养护技术

红瑞木栽后应连浇 3 次透水，以后适时浇水、松土、除草。定植后的前 3 年，每年冬季或春季萌芽前在根部施放一定量的有机肥，也可酌情施一定量的复合化肥。成活后的红瑞木，每年春季要浇 1 次返青水，以后浇 3～4 次水，在华北地区，封冻前浇 1 次封冻水，雨后要注意排涝。每年秋季落叶后应适当修剪，如果春季萌生的新枝不多，也可在生长季节摘除顶心。注意防治红瑞木根腐病、樱花褐斑穿孔病、叶斑病、白粉病、茎腐病、黄刺蛾、舞毒蛾、蚜虫等病虫害。

3.4.18 四照花

3.4.18.1 四照花栽培技术

① 园地选择：选择海拔 600～2200m，避风向阳或半阴、温暖阴湿的疏林地、灌木林地、荒山荒地中下部及公园、庭院、山谷、溪流边、土层较厚、疏松、湿润、肥沃而排水良好的中性、酸性及石灰性沙壤土或壤土栽植四照花。

② 整地：四照花多采用穴状整地，整地规格为 40cm×40cm×30cm，做到土壤分层堆放、表土还原、栽正踩实。

③ 栽植密度：一般栽植株行距 1m×1m，初植密度 667 株/667m^2；稀植的一般栽植株行距 3m×4m，初植密度 56 株/667m^2。

④ 营造混交林：四照花常与油松、华山松、栎类、榛类等园林植物混交栽植。

⑤ 栽植方法：四照花春秋两季均可用 3 年生苗移栽，春季在芽萌动前栽植，秋季可在落叶后栽植。栽植幼苗时最好带土球，培土要高于根际 1～2cm，根系要自然舒展，扶正踩实。

3.4.18.2 四照花养护技术

四照花栽植后应及时浇足定根水，栽植后前 5 年每年分别在开花、发芽、结果前按树木大小进行松土、追肥和浇水。每年松土除草 2～3 次、定期施肥 3～4 次、浇水 5～6 次。每次施尿素和过磷酸钙混合肥 0.1kg/株。根据需要进行摘心、抹芽、修枝等整形修剪，培养出美观的造型。在园林中一般每年冬季落叶后或春季发芽前主要对枝条进行短截，其次是剪除枯死枝、病虫枝、扫膛枝、柔弱枝及生长不良的枝条。另外，在生长过程中，还要逐步剪去基部枝条，对中心主枝短截。由于四照花萌枝能力较差，不宜行重剪，以保持树形圆整，呈伞形即可。并注意防治角斑病、蚜虫和蛾类等病虫害。

3.4.19 杜鹃花

3.4.19.1 杜鹃花栽培技术

① 园地选择：选择温暖、凉爽、湿润的半阴坡或深根性的乔木林下，富含腐殖质、疏松、湿润、排水性能良好、pH 5.5～6.5 的酸性土壤栽植杜鹃花。碱性土和黏重土壤均不适宜栽植杜鹃花。

② 整地：杜鹃花多采用穴状整地，整地规格 50cm × 50cm × 50cm。整好地后施入适量的优质腐熟农家肥或城市垃圾作基肥。

③ 栽植密度：一般栽植株行距（25～30)cm×(25～30)cm，初植密度 7407～10667 株/667m²。

④ 营造混交林：杜鹃花可与华山松、云杉、冷杉、高山栎、松树、桂花等园林植物混交栽植。

⑤ 栽植方法：杜鹃花春秋两季带土球移栽，分层填土踩实。

3.4.19.2 杜鹃花养护技术

杜鹃花栽植后应及时浇足定根水，成活后常用草汁水、鱼腥水、菜籽饼、矾肥水等薄肥勤施，忌碱性肥料；一般可每 2 周喷 1 次叶面肥；在 2～4 年幼苗期内常摘去花蕾，并经常摘心，促使侧枝萌发；长成大株后，主要是剪除病枝、弱枝，以疏剪为主；对老龄枯株应在春季萌芽前进行修剪复壮，每年剪去 1/3 枝条；花谢后应及时剪去残花，以减少养分消耗。注意防治叶肿病、叶斑病、褐斑病和卷叶蛾、螨类、冠网蝽等病虫害。

3.4.20 连翘

3.4.20.1 连翘栽培技术

① 园地选择：选择温暖干燥、背风向阳的山地、缓坡地、荒地、路旁、田边、地角、房前屋后、庭院空隙地、草坪、角隅、岩石假山下、阶前台下、路旁转角处，土层较厚、土质疏松、土壤肥沃、富含腐殖质、排水良好的沙壤土栽植连翘。连翘在瘠薄的土地及悬崖、陡

壁、石缝处也能正常生长，但低洼积水地不适宜栽植连翘。

②整地：连翘多在栽植前一年秋季全垦整地，整地深度20～25cm，结合整地施圈肥2000～2500kg/667m²作基肥，然后耙细整平，挖掘（30～40）cm×（30～40）cm×（30～40）cm的栽植穴。

③栽植密度：一般栽植株行距（1.3～1.5）m×2m，初植密度222～256株/667m²。

④营造混交林：连翘可与榆叶梅、紫荆、绣线菊等园林植物混交栽植。连翘属于同株自花不孕植物，自花授粉结实率只有4%，如果单独栽植长花柱或者短花柱连翘，均不结实。因此，定植时要将长花柱与短花柱的连翘植株相间混交栽植，才能开花结果，这是增产的关键措施。

⑤栽植方法：连翘一般于春季3～4月或初冬10～11月移栽，栽植前先在事先准备好的定植穴内施入腐熟土杂肥或厩肥5kg/穴并与底土混合均匀，上盖细土，然后将壮苗放入栽植穴内，覆土1/2时，将苗轻轻上提，使根系舒展，苗稳正，再分层覆土踩实。

3.4.20.2　连翘养护技术

连翘栽后浇透定根水，水渗后再覆土高出地面10cm左右呈土堆形，以后注意保持土壤湿润，干旱则及时浇水，雨季开沟排水。成活后每年冬季在连翘树旁中耕除草1次，铲除或用手拔除植株周围的杂草；结合松土除草在连翘株旁挖穴或开沟施入腐熟厩肥、饼肥或土杂肥2～10kg/株，施后覆土壅根培土；如要获得高产，还需在春季开花前增施肥1次，于树冠下开环状沟施入火土灰2kg＋过磷酸钙200g＋饼肥250g＋尿素100g，施后盖土、培土保墒，早期在株行距间间作矮秆作物效果更好。每年冬季还要剪除枯枝、包叉枝、重叠枝、交叉枝、纤弱枝以及徒长枝和病虫枝，生长期适当疏删短截。注意防治叶斑病、缘纹广翅蜡蝉、透明疏广蜡蝉、桑白盾蚧、常春藤圆盾蚧、圆斑卷叶象虫、炫夜蛾、松栎毛虫、白须绒天蛾、天牛、蜗牛、蝼蛄等病虫害。

3.4.21　紫丁香

3.4.21.1　紫丁香栽培技术

①园地选择：选择背风向阳的庭园、建筑物前、公园、园路两

旁或草坪地，土层深厚、土质疏松、肥沃湿润、排水良好的中性沙壤土栽植紫丁香。紫丁香在荫蔽条件下也能生长，但枝条细长较弱，花序短小而松散，花少或无花，花朵无光泽；在瘠薄地上虽然也能生长，但花小而少，且长势瘦弱。强酸性土壤和低洼积水地均不适宜栽植紫丁香。

② 整地：紫丁香大苗移栽多采用穴状整地，整地规格（70～80）cm×（70～80）cm×（50～60）cm。整好地后施入充分腐熟的有机肥料1kg/穴＋骨粉100～600g/穴作基肥，并与土壤充分混合，基肥上面再盖一层细表土。

③ 栽植密度：一般栽植株行距（2～3）m×（2～3）m，初植密度74～167株/667m²。

④ 营造混交林：紫丁香可与小叶忍冬、灰榆等园林植物混交栽植。

⑤ 栽植方法：紫丁香一般在早春芽萌动前选用2～3年生苗带土球移栽。栽植前适当剪去部分枝条，如移栽大苗可从离地面30cm处截干进行强修剪。栽植时将苗木放入栽植穴中，培土要高于根际1～2cm，根系要自然舒展，扶正踩实。

3.4.21.2　紫丁香养护技术

紫丁香栽后应浇足定根水，以后每年春季天气干旱时分别在芽萌动前后、开花前后各浇1次透水；雨季要特别注意排水防涝。成活后一般每年或隔年入冬前施1次腐熟的堆肥以补足土壤中的养分。花谢以后如不留种，可将残花连同花穗下部两个芽剪掉，同时疏除部分内膛过密枝条。落叶后剪除病虫枝、枯枝、纤细枝，短截交叉枝、徒长枝。注意防治叶枯病、凋萎病、萎蔫病、蚜虫、袋蛾、潜叶蛾、刺蛾、大胡蜂、介壳虫等病虫害。

3.4.22　金钟花

3.4.22.1　金钟花栽培技术

① 园地选择：选择温暖湿润、背风向阳或半阴、海拔400～1200m山地半阴坡的平缓地、草坪、角隅、岩石假山下、路边、阶下、树缘、院内庭前等地，土层较厚、土质疏松、土壤肥沃、富含腐

殖质、排水良好的沙质土栽植金钟花。低洼积水地不适宜栽植金钟花。

② 整地：金钟花多在栽植前一年秋季全垦整地，整地深度20～25cm，结合整地施圈肥2000～2500kg/667m² 作基肥，然后耙细整平，挖掘 (30～40)cm×(30～40)cm×(30～40)cm 的栽植穴。

③ 栽植密度：一般栽植株行距 (0.5～1)m×(0.5～1)m，初植密度667～2667株/667m²。

④ 营造混交林：金钟花可与乌桕、珊瑚树、桂花、夹竹桃、海桐等园林植物混交栽植。

⑤ 栽植方法：金钟花一般于春季3～4月或初冬10～11月蘸泥浆并作强度修剪后移栽。栽植时将已蘸泥浆并作强度修剪的壮苗放入栽植穴内，覆土至1/2时，将苗轻轻上提，使根系舒展，苗稳正，再分层覆土踩实。

3.4.22.2　金钟花养护技术

金钟花栽后及时浇好定根水，以后根据土壤需水情况补水，早春及时浇水，干旱时适当浇水，保持土壤湿润，雨季开沟排水。成活后每年松土除草2～3次，早春结合浇水在根系周围施1次有机肥，夏季酌施肥料。每年花后剪除枯枝、弱枝、老枝及徒长枝。注意防治炭疽病、叶斑病、蚜虫、红蜘蛛、介壳虫等病虫害。

3.4.23　海州常山

3.4.23.1　海州常山栽培技术

① 园地选择：选择背风向阳或半阴的庭院、山坡、水边、堤岸、悬崖、石隙及林下，土层深厚、土壤肥沃、湿润、通透性好的沙壤土栽植海州常山。海州常山在沙土、轻黏土、盐碱性较强的地方也能正常生长。低洼积水地不适宜栽植海州常山。

② 整地：海州常山栽植一般采用全垦整地，整地深度15～20cm。结合整地撒施腐熟发酵的牛马粪或芝麻酱渣1000～2000kg/667m²，并与土壤混合均匀。

③ 栽植密度：一般栽植株行距 (30～60)cm×60cm，初植密度1852～3704株/667m²。

④ 营造混交林：海州常山可与棣棠、紫薇等园林植物混交栽植。

⑤ 栽植方法：海州常山一般在秋季落叶或植株枯萎后至翌年春季萌芽前分株移栽，分层覆土压实。

3.4.23.2 海州常山养护技术

海州常山栽后应浇足 3 次水，当年的 4～6 月也应视降水情况和土壤墒情浇透水 1～2 次/月，9～10 月每月浇水 1 次，7～8 月降水丰沛，应少浇水或不浇水，大雨过后应及时排除积水；11 月底或 12 月初浇足浇透防冻水，翌年 3 月初及时浇解冻水；以后每年从萌芽至开花初期，可浇水 2～3 次，如遇夏季干旱时浇水 2～3 次，秋冬时浇 1 次封冻水。除定植时施足底肥外，每年的秋末结合浇封冻水施用一些干鸡粪、牛马粪或芝麻酱渣，翌年早春还要在树木的根际处沟施适量尿素，花前再施磷钾肥或腐熟堆肥 2～4kg/株，覆土后浇水。每年秋季落叶后或早春萌芽前适度修枝整形，疏剪枯枝、过密枝、下垂枝、交叉枝、病虫枝及徒长枝；生长早期剪去主干或摘去顶芽，适当短截过长枝。注意防治煤污病、绿异丽金龟子、蚜虫、介壳虫等病虫害。

3.4.24 接骨木

3.4.24.1 接骨木栽培技术

① 园地选择：选择海拔 1000～1400m、地势高燥、背风向阳或半阴的松林和桦木林中的山坡岩缝、林缘、灌丛、沟边、路旁、宅边、水边、草坪边缘等处，土层深厚、土质疏松、土壤肥沃、富含有机质、排水良好且适当湿润的沙壤土栽植接骨木。低洼积水地不适宜栽植接骨木。

② 整地：接骨木多采用穴状整地，整地规格 30cm × 30cm × (20～25)cm。整好地后施入腐熟有机肥 2～3kg/667m²，并与回填土混合均匀。

③ 栽植密度：一般栽植株行距 (1.3～1.8)m×1.8m，初植密度 206～285 株/667m²。

④ 营造混交林：接骨木可与红松、珍珠梅、山梅、棣棠、蔷薇、荚蒾等园林植物混交栽植。

⑤ 栽植方法：接骨木一般在冬季落叶后或春季发芽前移栽，栽植前先剪除柔弱、不充实和干枯的嫩梢。分层填土压紧，再盖土使培土稍高于地面。

3.4.24.2 接骨木养护技术

接骨木移栽后当年，当苗高长到13～17cm时，进行第1次中耕除草和追肥，6月进行第2次中耕除草和追肥，追肥以人畜粪水为主。接骨木栽植后第2～3年，每年春季和夏季各中耕除草1次。每年生长期施2～3次肥，适当短截徒长枝。注意防治溃疡病、叶斑病、白粉病、透翅蛾、夜蛾、蚜虫、介壳虫等病虫害。

3.4.25 紫叶小檗

3.4.25.1 紫叶小檗栽培技术

① 园地选择：选择凉爽湿润、背风向阳或半阴的坡地、园路角隅、池畔、岩石间、花坛、门厅、走廊等处，土层深厚、土质疏松、土壤肥沃、排水良好的沙质壤土栽植紫叶小檗。低洼积水地不适宜栽植紫叶小檗。

② 整地：紫叶小檗一般采用全垦整地，整地深度25cm以上。结合整地撒施腐熟圈肥或烘干鸡粪等有机肥1000～2000kg/667m² 作基肥，并与种植土充分混合均匀。

③ 栽植密度：紫叶小檗一般短期栽植株行距60cm×60cm，初植密度1852株/667m²；中长期一般栽植株行距1.2m×1.2m，初植密度463株/667m²。

④ 营造混交林：紫叶小檗常与常绿树种块状混交栽植，作块面色彩布置。紫叶小檗常与金叶女贞、大叶黄杨等块状混交栽植，组成色块、色带及模纹花坛。紫叶小檗球常点缀于草坪之中。

⑤ 栽植方法：紫叶小檗多在春季2～3月上、中旬或秋季10～11月留宿土或带土球移栽，如裸根栽植则要保持根系完整，大苗移栽可对地上部分进行重剪。

3.4.25.2 紫叶小檗养护技术

紫叶小檗栽植后应及时浇透定根水，春夏干旱时补水要充足，雨季注意排水。成活后生长期每月施1次有机肥或氮磷钾肥，秋季落叶后在根际周围开沟施腐熟厩肥或堆肥 1 次，然后埋土并浇足防冻水。每年修剪 2 次，一般生长季节进行适当轻剪，休眠季节适度重剪。如作绿篱更应及时修剪整形，多在春季摘心或酌加修剪，冬季落叶后或早春萌芽前整枝，应对茂密的株丛进行必要的疏剪和短截，剪去老枝、弱枝、病虫枝，短截长枝，花后控制生长高度。注意白粉病、大蓑蛾等病虫害防治。

3.4.26 茶条槭

3.4.26.1 茶条槭栽培技术

① 园地选择：选择背风向阳或半阴之地，温暖湿润、土层深厚、土质疏松、土壤肥沃、排水良好的沙质壤土栽植茶条槭。烈日暴晒之处、低洼积水地均不适宜栽植茶条槭。

② 整地：茶条槭一般在栽植前一年的秋季进行穴状整地，整地规格 50cm×50cm×30cm。整好地后施足基肥并与回填土混合均匀，浇透水。

③ 栽植密度：茶条槭栽植时一般株行距（2.0～2.5）m×2.5m，初植密度 107～133 株/667m²。

④ 营造混交林：茶条槭可与色木槭、椴树、侧柏、白皮松、山杨、白桦、油松、辽东栎、红皮云杉、青杆云杉、辽东水蜡树、四季丁香等园林植物混交栽植。

⑤ 栽植方法：茶条槭通常在秋季落叶后至春季萌芽前移栽。起苗时不伤主根，移栽时使根系舒展，不窝根，再分层填土踩实，然后浇水培土。

3.4.26.2 茶条槭养护技术

茶条槭栽植后应及时浇透定根水，5 月人工除草或用化学药剂除草，在 5 月下旬至 7 月中旬喷施叶面肥，并通过疏剪密生枝、重叠枝、病虫枝、枯枝、过多的弱枝，短截结果枝、徒长枝等，调整枝干比例，达到多分枝、多产叶的效果，对伤口过大的主枝要及时用石硫合剂涂抹伤口，以防伤口被病菌浸染。注意枝干腐烂病、叶斑病、红黄蜘蛛、举尾虫、黄毛虫、天牛、枇杷灰蝶、梨小食心虫等病虫害防治。

3.4.27　羽毛枫

3.4.27.1　羽毛枫栽培技术

① 园地选择：选择温暖湿润、气候凉爽、背风向阳或半阴的庭院绿地、草坪、林缘、亭台假山、门厅入口、宅旁路隅或池畔，土层深厚、土质疏松、土壤肥沃、富含腐殖质、排水良好且适当湿润、pH 5.5～7.5 的微酸性土、中性土和石灰性土栽植羽毛枫。阳光直射或西晒之处均不适宜栽植羽毛枫。

② 整地：羽毛枫多采用穴状整地，整地规格 40cm×40cm×30cm。

③ 栽植密度：羽毛枫短期定植一般株行距（60～80）cm×（80～100)cm，初植密度 833～1389 株/667m^2；中长期定植一般株行距(1.6～2.0)m×2.0m，初植密度 167～208 株/667m^2。

④ 营造混交林：羽毛枫可与雪松、广玉兰、三角枫、朴树、栾树、深山含笑、香樟、山茶花等园林植物混交栽植。

⑤ 栽植方法：羽毛枫一般在秋季落叶后至春季萌芽前带宿土或带土球移栽。带宿土移栽的采用"三埋两踩一提苗"方法，即将苗木竖直放入穴中，使根系舒展，位置合适，填土至穴深 1/2 时要先提苗，使苗木根颈处原土痕与地面相平或略高于地面 2～3cm，分层填土、踩实，最后覆上虚土，做好树盘，并浇透定根水，浇水后封土。带土球移栽用分层夯实方法，即放苗前先量土球高度与栽植穴深度，使两者一致；放苗时保持土球上表面与地面相平或略高，位置合适，苗木竖直，边填土边踏踩结实，最后做好树盘，浇透水，2～3 天再浇 1 次水后封土。

3.4.27.2　羽毛枫养护技术

羽毛枫栽后浇足定根水，苗高长至 1.2～1.5m 时在 1.0～1.2m 处定干，抹除下部多余芽，翌春萌芽前短截 1 年生枝至 30cm，同时剪除直立枝、交叉枝、病虫枝，待新梢半木质化时留 30cm 摘心并剪除砧木上的萌芽。春夏施 2～3 次速效肥，夏季保持土壤适当湿润，入秋后以土壤偏干为宜。注意防治锈病、白粉病、白纹羽病、褐斑病、蛴螬、蝼蛄、金龟子、刺蛾、蚜虫、天牛等病虫害。

3.4.28 太平花

3.4.28.1 太平花栽培技术

① 园地选择：选择背风向阳或半阴的草地、林缘园路转角和建筑物前、花坛、庭院、公园等处，土层深厚、土壤肥沃、富含腐殖质、排水良好的潮湿沙壤土栽植太平花。太平花在土壤含盐量 0.12% 以下的盐渍土中也能正常生长，但低洼积水地不适宜栽植太平花。

② 整地：太平花一般采用穴状整地，整地规格 30cm×30cm×(20~25)cm。整好地后施入腐熟的农家肥 2~3kg/穴作基肥，并与回填土混合均匀。

③ 栽植密度：太平花短期栽植一般株行距（60~70)cm×70cm，初植密度 1361~1587 株/667m²；中长期栽植一般株行距（1.2~1.4)m×1.4m，初植密度 340~397 株/667m²。

④ 营造混交林：太平花可作为下木与油松、蒙古栎、辽东栎等园林植物混交栽植。

⑤ 栽植方法：太平花一般在春、秋两季带土球或宿土移栽，穴植，封土后踩实。浇透定根水，最后培土保护。

3.4.28.2 太平花养护技术

太平花栽植后及时浇足定根水，3~4 月每月浇 1 次水、5~6 月每月浇 2 次水，7~9 月的雨季及时排涝，11 月浇 1 次越冬水。成活后每年土壤解冻时就要松土除草，松土深度 10cm，夏季松土 5cm。春季发芽前追施适量腐熟堆肥、有机肥或复合肥 1 次，秋季落叶后施磷肥，夏季不施肥，干旱季节注意浇水并保持土壤湿润。冬春休眠期疏剪老枝、枯枝、过密枝，其余枝条基部保留 2~3 芽短截，花后不留种的及时剪除花序。注意茎腐病、桑刺尺蠖、白粉虱、地老虎、蛴螬等病虫害防治。

3.4.29 牡丹

3.4.29.1 牡丹栽培技术

① 园地选择：选择地势高燥、温暖凉爽的半阴坡，背风向阳或半阴半阳的庭院、草坪、花坛，在土壤深厚肥沃、疏松、排水良好、略湿润、pH6.5~7.5 的壤土或沙质壤土栽植牡丹。牡丹在微酸性、

中性、微碱性的土壤上均能生长，但酸性土、碱性土、低洼积水地均不适宜栽植牡丹。

② 整地：牡丹多采用全垦整地，整地深度25cm以上，结合整地施入饼肥 200～250kg/667m² ＋农家肥 3000kg/667m² 作基肥，并挖掘 (30～50)cm×(30～50)cm×(20～30)cm 的栽植穴。

③ 栽植密度：牡丹生产区一般栽植株行距50cm×60cm，初植密度2222株/667m²；牡丹观赏区一般栽植株行距100cm×100cm，初植密度 667 株/667m²。

④ 营造混交林：牡丹可与雪松、黑松、油松、白皮松、华山松、蜀桧、龙柏、洒金柏、银杏、柿树、栾树、青桐、国槐、皂荚、白玉兰、五角枫、黄杨、大叶黄杨、小龙柏球、石楠、铺地柏、碧桃、棣棠、红瑞木、木瓜、紫薇、金银木、海棠、榆叶梅、黄刺玫、木槿、月季、蔷薇、迎春、紫藤、木香、金银花、凌霄、铁线莲、马蔺、鸢尾、萱草、石竹、景天、地被菊、箬竹、麦冬等园林植物混交栽植。

⑤ 栽植方法：牡丹一般在9月下旬至10月上旬移栽。栽植时将根系放在栽植穴中理顺，保持苗木根颈原土痕与地面平或略低于地面，待土填到穴深的1/2时，轻轻向上提苗，使细土与根密接，保持根系舒展，分层覆土踩实。

3.4.29.2 牡丹养护技术

牡丹栽后应及时浇水和封土，封土一般高出地面15cm左右，保墒保湿，促进发枝。每年花期前后应加强水肥管理，平时注意松土除草，抗旱排涝。牡丹为肉质根，生长过程中既要有充足的水分供应，又怕积水烂根，必须合理灌溉，一般在春季发芽前应灌溉1次，以促进发芽开花，花期正值旱季，风大干燥，在浇透土壤后，每天早晨和傍晚再喷1次叶面水，越冬前再浇1次封冻水，雨后要及时排除积水。每年重点施好秋季落叶后的基肥、早春萌芽后的腐熟有机肥、花后的磷肥或饼肥这3次肥，肥料以腐熟的饼肥为主，也可掺拌化学复合肥，肥量以每次 0.5～1kg/株为宜。3～4月牡丹根颈部萌条长至3～6cm时，扒开根颈部土壤，一次性剪除。从幼年期起，就要有意识地培养5～7个主枝，其余的疏除，冬季要剪去枯死的花枝和各种无用的枝条，并对弱枝进行短剪。同时注意防治褐斑病、介壳虫、金龟子等病虫害。

3.5 藤本类园林植物的栽培与养护

3.5.1 木香

3.5.1.1 木香栽培技术

① 园地选择：选择温暖湿润、阳光充足或半阴、无积水、土层深厚、土质疏松、土壤肥沃、排水良好的沙壤土或壤土栽植木香。烈日暴晒之处、低洼积水地均不适宜栽植木香。

② 整地：木香一般采用全垦整地，整地深度 $25\sim30cm$，结合整地施入腐熟有机肥 $2500kg/667m^2$ 作基肥。也可采用穴状整地，整地规格 $50cm\times50cm\times40cm$，挖好植穴后，先回填表土，配合投放复合肥 $100g/$穴＋钙镁磷 $100g/$穴＋过磷酸钙 $250g/$穴，并与回填土混合均匀作底肥。

③ 栽植密度：木香一般栽植株行距 $2m\times(2.5\sim3)m$，初植密度 $111\sim133$ 株$/667m^2$。

④ 栽植方法：木香在春梢尚未萌动或刚萌动时选择阴雨天裸根或带土球移栽。裸根移栽时要对枝蔓作强修剪，即在起苗前先将苗木下部的侧枝及叶片剪去，留住上部数片叶，并将每片叶剪去 $1/2$。栽苗时植株直立，根系舒展，分层覆土踩实。

3.5.1.2 木香养护技术

木香栽植后要及时浇透定根水，干旱季节要注意浇水，及时浅松土除草。成活后要深耕，每年中耕除草 $3\sim4$ 次。生长前期施氮肥为主的腐熟饼肥 $50\sim100kg/667m^2$ 或农家肥 $1000\sim1500kg/667m^2$，生长后期要多施磷钾肥，干旱或半干旱地区追肥后要及时浇水；生长 2 年后的植株要于秋末割去枯枝叶并结合施肥培土盖苗；冬季需适当修剪，并剪除密生枝、纤弱枝以及不留种的花薹。注意防治根腐病、蚜虫、介壳虫等病虫害。

3.5.2 紫藤

3.5.2.1 紫藤栽培技术

① 园地选择：选择地势高燥、背风向阳或半阴、土层深厚、土

壤肥沃、排水良好且湿润的酸性至中性壤土栽植紫藤。紫藤能耐水湿及瘠薄土壤，但低洼积水地不适宜栽植紫藤。

② 整地：紫藤多采用全垦整地，整地深度 25～30cm，结合整地施入腐熟有机肥 $2500kg/667m^2$ 作基肥。

③ 栽植密度：一般栽植株行距 0.6m×(1～1.5)m，初植密度 741～1111 株/$667m^2$。

④ 营造混交林：紫藤可与松、杉等园林植物混交栽植。

⑤ 栽植方法：紫藤一般在秋季落叶后至春季萌芽前带土球移栽或不带土球但要对枝干实行重剪后移栽。移栽前须先搭架，并将粗枝分别系在架上，使其沿架攀缘。栽植时按设计的株行距挖 (40～50)cm×(40～50)cm×(30～35)cm 的栽植穴。将苗根放入栽植穴中，分层填土踩实。

3.5.2.2 紫藤养护技术

紫藤栽植后应及时浇透定根水，干旱季节适时浇水，雨季排水防涝。一般萌芽前可施氮肥、过磷酸钙等，生长期间追施腐熟人粪尿或复合肥 2～3 次。开花后可将中部枝条留 5～6 个芽短截，并剪除弱枝；休眠期修剪过密枝、细弱枝、枯枝等，回缩当年生新枝 1/3～1/2，并进行人工牵引使枝条分布均匀。同时注意防治软腐病、灰斑病、紫藤脉花叶病、紫藤潜叶细蛾、豆天蛾、黄毒蛾、介壳虫、白粉虱、天牛等病虫害。

3.5.3 葡萄

3.5.3.1 葡萄栽培技术

① 园地选择：选择干燥、温暖、阳光充足、通风和排水良好、地势开阔平坦、土层较厚、疏松肥沃、透水性和保水力良好的中性沙壤土栽植葡萄。葡萄在微酸性、轻碱性沙土上也能正常生长。盐碱土、低洼积水地均不适宜栽植葡萄。

② 整地：葡萄多采用穴状整地，整地规格 80cm×80cm×80cm，整好地后施入腐熟有机肥 10～20kg/穴，与挖出的表土混合均匀后填入穴底，再填入部分土壤。

③ 栽植密度：葡萄栽植密度应根据所用的架形而定，目前南方

多采用单壁篱架、双壁篱架和 V 形架。单壁篱架一般栽植株行距 1.5m×2m，双壁篱架和 V 形架一般栽植株行距 1m×2.5m，初植密度 222～267 株/667m²。

④ 栽植方法：葡萄一般在 9 月落叶后至次年 3 月萌芽前移栽，移栽时将苗木根系舒展后放在穴中土堆上，再填入剩余心土，使苗木根颈原土痕在地面之上，轻轻踩实土壤。

3.5.3.2 葡萄养护技术

葡萄栽后及时浇透定根水。苗木定植当年芽眼萌发时，嫁接苗要及时抹除嫁接口以下部位的萌发芽。待苗高 20cm 时，根据栽植密度进行定枝、疏枝，株距较大的一般留 2 枝壮枝，株距较小的可留 1 枝壮枝。抹除多余的枝和弱枝。当苗高 60～80cm 时进行主梢摘心和副梢处理，首先要抹除距地面 30cm 以下的副梢，一次侧生枝留 2 片叶摘心，二次侧生枝留 1 片叶摘心；顶端副梢一次可留 4～5 片叶摘心，二次副梢一般留 2～3 片叶摘心，三次副梢一般留 1～2 片叶摘心，可多次反复摘心。冬季对充分成熟的枝条进行冬剪时，直径在 1cm 以上的留 1～1.2m 剪截，0.8～1cm 的留 80cm 剪截，0.6～0.8cm 的留 40～60cm 剪截，0.6cm 以下的留 2～4 芽平茬。一般主蔓主梢上抽发的副梢粗度在 0.5cm 时留 1～2 芽短截，作为下年的结果母枝。苗高在 40～50cm 时进行第 1 次追肥，间隔 20～30 天再施 1 次追肥，每年连续追施 2～3 次，前期追肥以氮肥为主，后期追肥以磷钾肥为主，追肥后要及时浇水、松土、中耕除草。注意防治葡萄黑痘病、霜霉病、透翅蛾、蚜虫、介壳虫、金花虫、蛾类等病虫害。

3.5.4 中华猕猴桃

3.5.4.1 中华猕猴桃栽培技术

① 园地选择：选择气候温和、雨量充沛、背风向阳、海拔 800～1400m、植被茂盛的浅山丘陵、背风下坡、沟谷两旁、林缘空地，土壤肥沃、土层深厚、质地疏松、排水良好、湿润中等、具备适当排灌设施、pH 5.5～7 的微酸性黑色腐殖质土、沙质壤土和冲积土栽植中华猕猴桃。强光暴晒之处，黏性重、易渍水及瘠薄土壤，碱性土壤均不适宜栽植中华猕猴桃。

② 整地：中华猕猴桃多在栽植前一年的秋季穴状整地，整地规格（80~100）cm×（80~100）cm×（60~80）cm。整好地后施入腐熟农家肥 50 ~ 100kg/穴 ＋磷、钾、镁等化肥各 0.5kg/穴（或油饼1.5kg/穴）作基肥，并与回填表土混合均匀。

③ 栽植密度：中华猕猴桃栽植密度与栽植架式密切相关，篱架一般栽植株行距 2m×4m，T 形架一般栽植株行距 3m×4m，平顶棚架一般栽植株行距 3m×5m，初植密度44~83 株/667m²。

④ 栽植方法：中华猕猴桃多在秋季 10 月中旬~11 月中、下旬落叶之后至早春 2 月中旬~4 月上、中旬萌芽前移栽，因猕猴桃为雌雄异株，移栽时注意雌雄株的搭配。雄株的选择应注意与主栽品种花期相同或略早，花粉量大，花期长的品种，雌雄株比例 6：1 或 5：1。栽植时将苗木放入定植穴的中央，勿使根系直接接触肥料。用手使根系向四周舒展，并用细土覆盖根部，随后覆土盖平，用脚稍微踩实。栽植深度以苗木根颈部原土痕与土面相平或略高为宜，嫁接口不能埋入土中。

3.5.4.2　中华猕猴桃养护技术

中华猕猴桃栽后及时从嫁接口以上 30~40cm（5~6 个芽眼）处剪断定干并浇足定根水。定植后要经常保持根际土壤的湿润和肥沃。幼苗成活后结合浇水多次少量施追肥，每次施尿素或复合肥 50g/株。夏季高温干旱来临前做好树盘覆盖。幼苗萌发新梢后，要及时在幼树旁垂直插一根长约 1m 的小竹竿，选留 1 个生长旺的蔓为主干，将主干系于竹竿上，防止主干折断，并保持主干的直立姿势，及时除去实生萌蘖，待主干长到架子高时，选 2~4 个分枝作为永久性的主蔓，在棚面上均匀分布。在每条主蔓上，隔 40~50cm 留一条侧蔓，作为结果母枝。夏季分 2 次修剪，第 1 次在 7 月上旬，第 2 次在 8 月下旬，主要剪除徒长枝或过长的营养枝的枝梢，第 2 次剪梢要比第 1 次留长一些。冬季修剪在 12 月至翌年 1 月进行，主要剪除开始衰老的结果枝和过于细长的枝条。注意防治花腐病、炭疽病、蔓枯病、褐斑病、果实软腐病、疫霉病、根腐病、日灼溃疡病、茎腐病、膏药病、金龟子、透翅蛾、花蕾蛆、吸果夜蛾等病虫害。

3.5.5 常春藤

3.5.5.1 常春藤栽培技术

① 园地选择：选择建筑物的阴面或半阴面、林缘树木下、林下路旁、岩石旁，土层深厚、土质疏松、土壤肥沃、排水良好且湿润的中性和微酸性土壤栽植常春藤。低温寒冷地区、烈日暴晒之处、盐碱地、低洼积水地均不适宜栽植常春藤。

② 整地：常春藤多采用穴状整地，整地规格 40cm×40cm×40cm。

③ 栽植密度：一般栽植株行距 1m×（1～1.5）m，初植密度 444～667 株/667m²。

④ 营造混交林：常春藤可与爬山虎、凌霄等园林植物混交栽植。

⑤ 栽植方法：常春藤春末夏初萌芽前带土球穴植。

3.5.5.2 常春藤养护技术

常春藤栽后应及时浇透定根水，对主蔓适当短截或摘心，生长期疏剪过密的细弱枝和枯死枝并立架牵引造型，适当施肥和浇水，一般生长期结合浇水每月施稀薄的人粪尿等有机液肥 2～3 次，干燥时应经常向叶面和周围地面喷水，同时应控制枝条长度。冬季应减少浇水和停止施肥。注意叶斑病、炭疽病、细菌叶腐病、叶斑病、根腐病、疫病、卷叶螟、介壳虫、红蜘蛛等病虫害防治。

3.5.6 凌霄

3.5.6.1 凌霄栽培技术

① 园地选择：选择温暖湿润、阳光充足或半阴、土层深厚、土质疏松、土壤肥沃、排水良好且湿润的中性沙壤土栽植凌霄。酸性土、盐碱地、积涝地、大肥地均不适宜栽植凌霄。

② 整地：凌霄多采用全垦整地，整地深度 25～30cm。

③ 栽植密度：一般栽植株行距 50cm×100cm，初植密度 1334 株/667m²。

④ 营造混交林：凌霄可与爬山虎、常春藤等园林植物混交栽植。

⑤ 栽植方法：凌霄在春秋两季均可带宿土或带土球移栽。

3.5.6.2 凌霄养护技术

凌霄栽植后应及时浇透定根水并立支架诱引攀缘，成活后每年在萌芽前剪除纤弱枝、冬枯枝及过密枝。春季发芽后一般每月应施1～2次稍浓的液肥，施肥后立即浇水。花后不留种的要及时摘掉残花。注意防治凌霄灰斑病、白粉病、根结线虫病、霜天蛾、大襄蛾、蚜虫等病虫害。

3.5.7 忍冬

3.5.7.1 忍冬栽培技术

① 园地选择：选择阳光充足或半阴、海拔200～1000m的山坡、荒地、丘陵、田缘、沟边、堤埂，土层深厚、土质疏松、土壤肥沃、排水良好且湿润、pH 5.5～7.8、腐殖质丰富的黏壤土、壤土、沙土栽植忍冬。

② 整地：忍冬多采用穴状整地，整地规格33cm×33cm×33cm，施入土杂肥3～5kg/穴作基肥，并与回填土混合均匀。

③ 栽植密度：一般栽植株行距（50～75)cm×(100～150)cm，初植密度593～1333株/667m²。

④ 营造混交林：忍冬可与核桃、杨树、苦楝等园林植物混交栽植。

⑤ 栽植方法：春季选择2～3年生忍冬苗2～3株/丛带宿土移栽。将苗木置于栽植穴中心点上，深度与苗木原土痕相平，分层填土踩实。

3.5.7.2 忍冬养护技术

忍冬栽后应及时浇透定根水并搭设攀缘架。成活后遇春季干旱时适当浇水，雨季要注意排水。每年分别在出新叶时、7～8月、秋末冬初霜冻前进行3次松土除草和培土。栽植后1～2年，施有机肥15～20kg/株＋过磷酸钙0.25kg/株＋硫酸钾0.10kg/株。花蕾有半粒米长时用人粪尿50kg＋尿素15g＋水20kg混合进行1次根外追肥，第1次花谢后要对新梢进行适当摘心。每茬收花后结合浇水，追施氮磷钾复合肥0.25kg/株；每年的早春追施碳酸氢铵0.25kg/株。每年春季修剪徒长的"抽条枝"，秋季修剪老枝、弱枝，将萌生的新枝逐渐剪成伞形。注意防治忍冬褐斑病、白绢病、白粉病、炭疽病、蚜虫、咖啡虎天牛、木蠹蛾、尺蠖等病虫害。

3.5.8 扶芳藤

3.5.8.1 扶芳藤栽培技术

① 园地选择：选择温暖湿润，阳光充足或半阴，湖边湿地或干

旱坡地、矮墙角隅、假山石旁、岩石缝中或老树下面或竹园的一侧，土质疏松、土壤肥沃、中性和酸性的沙壤土栽植扶芳藤。烈日暴晒之处不适宜栽植扶芳藤。

② 整地：扶芳藤多采用全垦整地，整地深度 25～30cm，同时拣去草根和石块；结合整地施入充分腐熟的厩肥、土杂肥、草木灰等混合肥 2000kg/667m² 作基肥，并与土壤混合均匀。

③ 栽植密度：扶芳藤用作林下地被，一般栽植株行距 25cm×40cm 或 30cm×30cm，初植密度 6667～7407 株/667m²。

④ 营造混交林：扶芳藤可与银杏、国槐、合欢、海棠、栾树、垂柳、新疆杨、丁香、天目琼花、连翘、金银木、金银花、络石等园林植物混交栽植。

⑤ 栽植方法：扶芳藤一般于 3 月上旬～4 月下旬选择阴雨天或晴天下午小苗带宿土或大苗带土球移栽。

3.5.8.2 扶芳藤养护技术

扶芳藤栽后及时浇足定根水，用细竹竿绑扎牵引，然后对主蔓进行短截。栽后 1 周内如遇晴天需隔天浇 1 次水，此后按照见干见湿的浇水原则进行浇水，华北地区每年入冬前要浇足封冻水，春季及时浇返青水。扶芳藤栽后 2～3 个月内要勤除杂草。春夏两季根据干旱情况，施用 2～4 次肥水，即先在根颈部以外 30～100cm 开一圈小沟（植株越大，则离根颈部越远），沟宽、深都为 20cm。沟内撒 12.5～25kg 有机肥，或者 50～250g 颗粒复合肥，然后浇透水。入冬以后至开春以前，照上述方法再施 1 次肥，但不用浇水。生长期还应及时疏剪过密枝条，短截徒长枝；在冬季植株进入休眠期或半休眠期，剪除瘦弱枝、病虫枝、枯死枝、过密枝等。注意防治炭疽病、茎枯病、蚜虫、夜蛾等病虫害。

3.5.9 南蛇藤

3.5.9.1 南蛇藤栽培技术

① 园地选择：选择背风向阳或半阴的岸堤、水边、山坡、山谷、疏林地，土质疏松、土壤肥沃、排水良好且湿润的沙质壤土栽植南蛇藤。

②整地：南蛇藤多采用穴状整地，整地规格 40cm×40cm×40cm，结合整地施入腐熟有机肥 2～3kg/穴作基肥，并与回填土混合均匀。

③栽植密度：南蛇藤作地被栽植的株行距为 40cm×（40～50）cm，初植密度 3333～4167 株/667m²。

④营造混交林：南蛇藤可作为多种针阔叶树种的下木进行混交栽植。

⑤栽植方法：南蛇藤一般在秋季落叶后或春季萌芽前小苗蘸泥浆或大苗带土球移栽。栽植前搭设棚架或用于墙壁、山石的垂直绿化。

3.5.9.2　南蛇藤养护技术

南蛇藤栽后应及时浇透定根水，成活后每年秋季施一些有机肥，春季萌动前和初冬前各浇 1 次水，生长期若不太干旱，不用浇水，雨后应及时排水。冬季落叶后短截枝藤，培养成灌木型，并剪去病虫枝和弱枝。垂直绿化的则不必短截，需立支架或搭棚架，在它的周围若有其他树木时应随时检查防止被它攀附。注意防治茎枯病、刺蛾、红蜘蛛等病虫害。

3.5.10　迎春

3.5.10.1　迎春栽培技术

①园地选择：选择地势高燥、温暖湿润、背风向阳或半阴的池边、溪畔、悬崖、坟地、台地、庭前阶旁、草坪边缘，土质疏松、土壤肥沃和排水良好的酸性沙质土栽植迎春。碱性土、雨后积水的低洼地均不适宜栽植迎春。

②整地：迎春一般采用穴状整地，整地规格 40cm×40cm×40cm 穴内施入腐熟农家肥或堆肥 1kg/穴作基肥，并与回填土混合均匀。

③栽植密度：一般栽植株行距 0.8m×1m，初植密度 833 株/667m²。

④营造混交林：迎春可与海棠、梅花等园林植物混交栽植。

⑤栽植方法：迎春一般在早春萌芽前选择在下透雨后的阴天带

土球移栽。

3.5.10.2 迎春养护技术

迎春栽后及时浇透定根水，以后按照"不干不浇，浇则浇透"的原则适时浇水，一般春季发芽期间浇水 2～3 次，夏季不旱不浇，入冬前浇 1 次封冻水，雨水多的季节应及时排水防涝。每年入冬前或早春萌芽前施腐熟有机肥 1 次，花谢后追施稀薄液肥 1 次，6～8 月加施 1 次磷钾肥。每年应在 5 月、6 月、7 月各摘心 1 次，花谢后修剪残枝，冬初落叶后或春季萌动前剪除细弱枝、过密枝、枯枝及老枝，或按需要的株形修剪。注意防治叶斑病、枯枝病、蚜虫、大蓑蛾等病虫害。

3.5.11 使君子

3.5.11.1 使君子栽培技术

① 园地选择：选择温暖湿润、背风向阳、土质疏松、排水良好、腐殖质丰富、排水良好、中等肥沃的沙质土壤栽植使君子。过肥的地方则枝叶茂盛，结实反少。低温寒冷地区、低洼积水地均不适宜栽植使君子。

② 整地：使君子多采用穴状整地，整地规格（60～100）cm×（60～100）cm×30cm，穴中施厩肥 5kg/穴，并与回填土混合均匀。

③ 栽植密度：使君子一般栽植株行距（2～2.3）m×（3～3.3）m，初植密度 88～111 株/667m²。

④ 栽植方法：使君子在 2 月中、下旬或雨季定植。每穴栽苗 1 株，分层覆土压紧。

3.5.11.2 使君子养护技术

使君子栽后应浇足定根水。定植后 1～2 年，经常中耕除草，每年松土除草 2～3 次、追肥 2～3 次。进入结果期后，每年于萌芽时及采果后各追肥 1 次。冬季要注意培土或覆盖杂草于基部防寒，或将藤用稻草包好或埋地中过冬，来春取出搭棚。成片栽植的苗长 200cm 以上时应搭棚供其攀缘。每年早春或采果后修剪 1 次，使枝条分布均匀。注意防治立枯病、褐天牛、诃子瘤蚜等病虫害。

3.6 观赏竹类园林植物的栽培与养护

3.6.1 斑竹

3.6.1.1 斑竹栽培技术

① 园地选择：选择坡度平缓、背风向阳、阳光充足、温暖湿润、土层深厚、肥沃湿润、疏松透气、排水良好的酸性至中性乌沙土和沙壤土栽植斑竹。斑竹在静水及水流缓慢、水深20cm以下的浅水中也能正常生长。但盐碱土、黏土、低洼积水地、地下水位高的地方及高山风口等均不适宜栽植斑竹。

② 整地：斑竹以穴状整地为主，整地规格100cm×60cm×(30~40)cm。整好地后回填15cm左右栽植土和10cm左右的有机肥混合均匀作基肥，然后覆盖一层栽植土。

③ 栽植密度：一般栽植株行距3m×(3.5~4)m，初植密度56~63株/667m²。

④ 栽植方法：斑竹一般在早春2月或雨季分蔸移栽，栽植时将泥掺和成稀泥并蘸满根系，将竹苗放入栽植穴中，分层填土踩实，栽植深度比母竹原来的入土部位稍深3~6cm，上部培成馒头形，填土时要防止踏伤鞭根和笋芽，覆土踩实后起围堰。

3.6.1.2 斑竹养护技术

斑竹栽植后应及时浇透定根水，待水渗入后，加盖一层松土，并在母竹周围覆盖稻草等物。成活后每年分别在6~8月中耕除草2次，中耕深度8~10cm，同时培土加速杂草腐烂作肥料，加施含氮肥、磷肥、钾肥、硅肥和有机肥的复合肥250g/丛。笋期干旱应在早晚浇水抗旱，要浇透浇足，并在母竹周围铺些稻草，保湿降温。当年新竹可在6月中旬留枝8~10盘而钩去上部的竹梢，栽植3~5年后可疏去一些老竹秆。注意防治竹丛枝病、竹秆锈病、竹煤污病、竹团子病、竹蝗、竹蚜虫、竹斑蛾、竹螟、竹笋泉蝇、竹介壳虫等病虫害。

3.6.2 早园竹

3.6.2.1 早园竹栽培技术

① 园地选择：选择背风向阳、光照充足、坡度平缓的东南坡、

南坡、土层深厚、疏松肥沃、湿润透气、排水良好、保水性能良好、
地下水位在 1m 以下、pH 4.5～7.0 的微酸性至中性的乌沙土、沙质
壤土栽植早园竹。土壤深度 50cm 以上的普通红壤、黄壤、黄红壤也
适宜栽植早园竹。低洼积水地、风口之地均不适宜栽植早园竹。

② 整地：早园竹多采用穴状整地，整地规格 80cm × 50cm ×
40cm，整地时穴底要平整，表土放在一边，先在穴内放经过腐熟的
厩肥 10kg/穴或菜饼 1kg/穴，再用 10cm 厚的细泥土盖住肥料。

③ 栽植密度：一般栽植株行距（2.5～3）m×3m，初植密度74～
89 株/667m^2。

④ 营造混交林：早园竹可与杨树、桤木等落叶树种混交栽植。

⑤ 栽植方法：一般在梅雨季节选择1～2年生胸径8cm左右的早
园竹带宿土分蔸移栽，挖蔸时注意留好鞭，来鞭10cm，去鞭15cm，
留枝5～7档。栽植时将竹苗放入栽植穴中，先覆表土，再覆心土，
分层覆土踩实，栽植深度比母竹原入土深度略深，一般以竹鞭在土中
20～24cm 为好。

3.6.2.2 早园竹养护技术

早园竹栽植后如遇降水不足，应适当浇水，特别是栽植当年夏秋
季要注意保护竹秆，浇水抗旱，雨季要注意开沟排水。栽植后前2年
以留笋养竹为主，一般每条鞭留种笋1株，一株母竹留种笋2～3株，
第3年后可先挖一部分笋，再留养比母竹多2～3倍的粗壮种笋，同
时对新竹留枝10～15档适当钩梢。栽植后前2～3年可在母竹和新竹
周围施入腐熟的畜肥10～15kg/丛或饼肥1～2kg/丛。栽植后前2年
可在林地空间套种黄豆、豌豆、马铃薯、油菜、西瓜、花生、蔬菜等
矮秆作物，但千万不要套种秸秆高、藤茎长、耗肥多的玉米、南瓜、
番茄、芝麻等，尤其套种芝麻，会引起竹鞭腐烂。同时还要注意竹丛
枝病、竹秆锈病、蚜虫、竹螟、竹小蜂、金针虫等病虫害防治。

3.6.3 紫竹

3.6.3.1 紫竹栽培技术

① 园地选择：选择温暖湿润、水湿阴凉、年均气温 10～18℃、
降雨量 800～1800mm、海拔 500m 以下的山脚地、谷地或缓坡地，

在土壤深厚肥沃、疏松湿润、排灌方便的酸性壤土栽植紫竹。迎风坡、台地、水渍田以及土壤黏重、通透性差的地块均不适宜栽植紫竹。

② 整地：紫竹一般采用穴状整地，整地规格 80cm×60cm×40cm。整好地后施放有机肥 1.5kg/穴或复合肥 0.3kg/穴作基肥，并与回填表土混合均匀。

③ 栽植密度：一般栽植株行距（2～2.2）m×3m，初植密度 101～111 株/667m²。

④ 营造混交林：紫竹可与多种阔叶树混交栽植。

⑤ 栽植方法：早春选 1～2 年生、生长健壮、分枝较低、无病虫害、根须发达、侧芽饱满的优良紫竹母竹，2～3 株大蔸带宿土移栽。挖蔸时要留足鞭长（40～50cm），截去竹梢保留 5～6 盘丫枝。栽植时要深挖浅栽，上松下紧，围土防渍。

3.6.3.2 紫竹养护技术

紫竹栽植后应及时浇透定根水，栽植当年适宜套种花生、豆类等低秆农作物，以耕代抚。栽植后第 2～3 年 6～9 月松土除草 2 次，深 10～15cm，青草壅肥，秋季结合松土除草沟施复合肥或尿素 0.3kg/丛。栽植后第 2～3 年的竹笋应全部留养，以后在出笋盛期选留健壮且长势好、分布均匀整齐和空当竹笋留养成竹，其余竹笋全部挖除。成林后保留立竹 2000 株/667m²，1～3 年生竹的比例为 3：1：1，3 年生以上老竹全部采伐。同时注意防治竹丛枝病、竹枯梢病、竹笋夜蛾、笋泉蝇及竹螟等病虫害，及时钩除病弱枝、枯枝、枯梢，合理整枝，剪除底盘枝，保持枝下高 1.5m 左右。

3.6.4　孝顺竹

3.6.4.1　孝顺竹栽培技术

① 园地选择：选择温暖湿润、背风向阳、海拔 1000m 以下的山坡中下部、溪河两侧、水库四周、房前屋后、庭院中的墙隅、屋角、门旁，土层厚度 50cm 以上、深厚肥沃、湿润、排水良好的土壤栽植孝顺竹。低洼积水地不适宜栽植孝顺竹。

② 整地：孝顺竹多采用穴状整地，整地规格 60cm×60cm×

40cm。整好地后施放腐熟人畜肥 5kg/穴作基肥，并与回填表土混合均匀。

③ 栽植密度：一般栽植株行距（1.5～2)m×(1.5～2)m，初植密度 167～296 株/667m²。

④ 营造混交林：孝顺竹可与杉木、松树、木麻黄等园林植物混交栽植。

⑤ 栽植方法：一般在春季 3 月休眠期选用生长健壮、大小适中、无病虫害、秆茎芽眼肥大、须根发达的 1 年生孝顺竹带土移栽。挖蔸时要连蔸带土以 3～5 秆为 1 丛挖起，母竹留枝 2～3 盘后截去枝梢。栽植时将母竹放入栽植穴中保持竹秆竖直，做到苗正根舒，分层履土踩实，务使鞭根与土壤密接，覆土比母竹原入土略深 2～3cm，呈土丘状。

3.6.4.2 孝顺竹养护技术

孝顺竹栽后浇足定根水，土壤干旱或天气干燥时应浇足水并盖草保湿。栽植后生长期要经常除草。成活后每年 3 月中旬至 4 月上旬进行扒晒，分别在出笋初期和出笋盛期施有机液肥 2 次，停止出笋后在竹丛周围松土除草 1 次，10 月下旬至 11 月上旬对新竹进行砍梢。注意防治竹煤污病、竹丛枝病、竹蚜虫、竹介壳虫等病虫害。

3.6.5 刚竹

3.6.5.1 刚竹栽培技术

① 园地选择：选择坡度平缓、土层深厚、土壤肥沃、酸性至中性壤土栽植刚竹。刚竹在 pH8.5 左右的碱性土及含盐量 0.1% 的轻盐土也能生长，但黏重土、排水不良的地方均不适宜栽植刚竹。

② 整地：刚竹以穴状整地为主，整地规格（60～80)cm×(40～50)cm×(30～40)cm。整好地后先在穴底垫 15cm 左右的栽植土，然后铺一层厚 10cm 左右的有机肥并与先回填的栽植土混合均匀作基肥。

③ 栽植密度：一般栽植株行距 3m×4m 或 3.5m×3.5m，初植密度 54～56 株/667m²。

④ 营造混交林：刚竹可与杉木、松树、多种阔叶树种等园林植

物混交栽植。

⑤ 栽植方法：早春 2 月或梅雨季节选择 1～2 年生刚竹带宿土移栽，栽植时要使鞭根舒展，分层覆土踩实后起围堰，覆土的深度比母竹原来的入土部位稍深 3～6cm，上部培成馒头形。

3.6.5.2 刚竹养护技术

刚竹栽后应及时浇足定根水，待水渗入后再加盖一层松土，并在母竹周围覆盖稻草等物保湿，然后用竹、木桩和麻绳架设支撑架。成活后每隔 3～5 年在夏季施肥压土 1 次（把青草、幼嫩树枝、树叶、堆肥、厩肥或饼肥等均匀地施在林地上，再盖土 5～10cm 厚）；每年出笋期间要护笋养竹，均匀留养健壮竹笋 500～600 株/667m²；新竹抽枝后但未展叶时（5 月中旬至 6 月下旬）适当整枝，常用小木棍或铁钩沿新竹的枝秆分杈处垂直打下竹秆最下的 3～5 盘竹枝；3 年以上的竹株在秋末到初春进行砍伐利用，伐后竹林仍均匀保留 1000 株/667m²左右。注意刚竹毒蛾、竹螟、竹蚜虫、竹煤污病、竹秆锈病等病虫害防治。

3.6.6 毛竹

3.6.6.1 毛竹栽培技术

① 园地选择：选择背风向阳、坡度较平缓的山谷和坡地，在土壤深厚、土质疏松、土壤肥沃，排水和透气性良好的酸性沙壤土和壤土栽植毛竹。荒田需先翻耕后才适宜栽植。

② 整地：毛竹多采用穴状整地，整地规格（1.2～1.5）m×（0.8～1）m×（0.4～0.5）m。同时清除林地杂草、灌木、石头、树根等，改良土壤理化性质，创造适于母竹发鞭长笋、利用养分的林地环境。

③ 栽植密度：一般栽植株行距 4m×5m，初植密度 33 株/667m²。

④ 营造混交林：毛竹可与杉木、枫香、檫树、泡桐、油茶、枪木、木姜子、鹅掌楸、山矾、悬钩子、紫金牛、柔毛绣球、木荷、丝栗栲、马尾松、长柄水青冈、头状四照花等园林植物混交栽植。

⑤ 栽植方法：毛竹一般在冬季和春季（以冬季为最佳），选择阴雨天气就近挖掘胸径 4～7cm 的 1～3 年生母竹栽植，母竹应边挖边

栽。挖掘母竹时先在母竹 60cm 周围轻轻挖开土层，找到竹鞭，再沿母竹的来去鞭两侧开沟，按来鞭 20cm、去鞭 30cm 长度（来鞭：鞭上笋芽方向朝竹秆基部，去鞭则相反）截断竹鞭。截鞭时要求截面光滑，无撕裂现象。竹鞭与基部带球形土球，不可摇动竹秆，以免损伤基部与竹鞭连接处的"螺丝钉"。母竹挖出后截去顶梢，留枝 5～7 盘。母竹挖好后一般采用抬运或挑运法，搬运母竹时保持竹秆直立，不可将母竹秆扛在肩上，这样"螺丝钉"易受伤，泥土易振落。短距离搬运母竹不必包扎；长距离运输一般应用稻草或薄膜袋将鞭包裹。毛竹栽植时一般要求深挖穴，浅种竹，表土回填穴底，一般厚度为 10～20cm，穴底土应耙平，母竹鞭根在土中 20cm 左右位置。母竹放入穴底，鞭根应放平，下部与土密接；两侧从侧方用表土回填，轻轻打实，而后回土到栽植穴，表面做成馒头状。

3.6.6.2 毛竹养护技术

毛竹栽后可在穴面用草覆盖，以利保湿，在天气干旱或土壤干燥地栽后要浇水，浇水时应一次浇透。毛竹从母竹栽植到成林，期间竹园竹株较少，竹园管理的主要目的是扩鞭成林和林地空间利用，除做好除草松土、施肥等管理外，主要是留笋养竹和竹农间作。每年分别在 4～5 月、8～10 月松土除草 2 次，有条件的地方可以施肥，促进竹鞭生长和笋芽分化。栽后的前 3 年可在竹林空地套种豆类、西瓜等矮秆作物，以耕代抚。母竹栽植的第 2 年就可发笋养竹，一般第 2 年每支母竹留养 1 支竹，往后逐年增加。但应留养强壮竹笋，过分细弱的只会消耗竹林养分。留笋时应选择离母竹较远的竹笋。注意防治毛竹枯梢病、竹蝗、竹螟、竹斑蛾、竹笋夜蛾、竹笋蝇、一字竹象等病虫害。

3.6.7 菲白竹

3.6.7.1 菲白竹栽培技术

① 园地选择：选择半阴坡或树阴下或其他无直射阳光处，在含腐殖质丰富、疏松肥沃、透气性良好、排水良好的微酸性土壤栽植菲白竹。低温寒冷地区、烈日暴晒之处、低洼积水地均不适宜栽植菲白竹。

② 整地：菲白竹栽植一般采用全垦整地，整地深度 30～40cm，除去土中大石块和粗的树苑、树根等。

③ 栽植密度：一般栽植株行距 30cm×40cm，初植密度 5556 株/667m²。

④ 栽植方法：菲白竹一般在春季分株或埋竹鞭栽植。分株栽植是在新笋长出时将植株丛从土中挖出，抖掉根部的泥土，用锋利的刀把相连的根茎切断，分成数丛，要求每丛都带有竹笋或幼嫩的小竹，分别栽植，覆土深度比母竹原土痕深 3～5cm，上部培成馒头状并加盖一层松土；埋竹鞭栽植是在春季将根芽饱满的竹鞭挖出，剪成数段，注意多带宿土，保护好竹鞭上的芽，平埋于土壤中，然后覆草保湿，当年就会有细小的竹子长出。

3.6.7.2　菲白竹养护技术

菲白竹栽后应浇足定根水，平时管理较为粗放，天旱时应及时浇水，生长季节注意清除杂草、松土，春季至初夏新笋长出之时追施 2 次腐熟的有机液肥，枝叶老化发黄时应及时剪除，冬季修剪瘦弱枝、枯死枝、病虫枝、过密枝以及生长 3 年以上的老秆。菲白竹病虫害极少。

3.6.8　凤尾竹

3.6.8.1　凤尾竹栽培技术

① 园地选择：选择温暖湿润、半阴、土壤肥沃、疏松、排水良好、pH 4.5～7.0 的酸性、微酸性或中性沙质壤土栽植凤尾竹。烈日暴晒之处、低洼积水地、过于黏重的土壤、盐碱地等均不适宜栽植凤尾竹。

② 整地：凤尾竹多采用穴状整地，穴深 30～40cm，穴大 50cm。整好地后用松软细土先填于穴底，后施入腐熟厩肥与表土混合均匀作底肥，保证足够的营养。

③ 栽植密度：凤尾竹成片栽植一般株行距 (2～4)m×(2～4)m，初植密度 42～167 丛/667m²。

④ 栽植方法：凤尾竹多在早春 2～3 月选 1～2 年生母竹 3～5 株为一丛带土分栽。栽植时将母竹放入栽植穴内，分层盖土压实，覆土

比母竹原着土处略深 2～3cm。

3.6.8.2 凤尾竹养护技术

凤尾竹栽后及时浇足定根水，以后适量减少水量，见湿见干即可。生长期每月施入 1～2 次稀薄氮肥，秋后施入腐熟后的人畜粪肥、垃圾肥及河泥等有机肥作基肥。同时注意防治叶枯病、竹锈病、介壳虫和蚜虫等病虫害。

3.7 垂枝类园林植物的栽培与养护

3.7.1 龙爪槐

3.7.1.1 龙爪槐栽培技术

① 园地选择：选择背风向阳或半阴、土层深厚、湿润肥沃、排水良好的沙质壤土栽植龙爪槐。低洼积水地不适宜栽植龙爪槐。

② 整地：龙爪槐多采用穴状整地，整地规格 50cm×50cm×40cm。

③ 栽植密度：龙爪槐成片栽植一般株行距 1.5m×2m，初植密度 222 株/667m^2；长廊状栽植一般株行距 2m×（3～4）m，初植密度 84～111 株/667m^2；等边三角形或正方形栽植的亭形龙爪槐，一般株距 3m。

④ 栽植方法：龙爪槐多在春季萌芽前带土移栽，采用"三埋二踩一提苗"栽植技术，即把苗木放入穴的中心扶正，并使苗根展开，根系过长时应适当修剪。当填土至 2/3 左右，把苗木向上略提，一要使苗根向下，二要使苗木达到栽植所要求的深度后踩实，再填土至坑满再踩，最后浇足定根水，并在坑表面覆一层松土。

3.7.1.2 龙爪槐养护技术

龙爪槐移栽后浇足定根水。成活后经常抹除多余的萌芽，按照龙爪槐混合式整形的伞形造型进行修剪。6 月中旬、7 月中旬施 2 次以氮肥为主的追肥，并结合追肥浇水。及时清除杂草，注意防治国槐烂皮病、叶焦病、槐花球蚧、国槐尺蠖等病虫害。

3.7.2 垂枝桃

3.7.2.1 垂枝桃栽培技术

① 园地选择：选择地势高燥，阳光充足的低山缓坡，土层深厚、

水源充足、排水良好、通透性好的中性至微酸性沙质壤土栽植垂枝桃。风口地、低洼积水地、重茬地、阴坡和谷地均不适宜栽植垂枝桃。

②整地：垂枝桃多采用穴状整地，整地规格（40～50）cm×（40～50）cm×（20～40）cm。

③栽植密度：一般栽植株行距1.5m×（2～3）m，初植密度148～222株/667m²。

④栽植方法：垂枝桃一般在秋季落叶后至土壤封冻前移栽，栽植前用ABT生根粉等植物生长调节剂对苗木进行蘸浆处理，栽植时将苗木放入栽植穴正中，要求苗木根系舒展，不窝根，更不能上翘、外露，栽植深度比苗木根颈处原土痕高2～3cm。

3.7.2.2 垂枝桃养护技术

垂枝桃栽后应浇足定根水，生长期要及时追施或叶面喷施适量的氮肥，追肥后浇1次透水，并适时松土除草；冬季进行修剪，剪除徒长枝、过密枝、病虫枝、细弱枝。同时注意防治缩叶病、褐腐病、黑星病、炭疽病、穿孔病、食心虫、毛虫、刺蛾等病虫害。

3.7.3 垂枝梅

3.7.3.1 垂枝梅栽培技术

①园地选择：选择阳光充足、空气湿度大、通风良好的高燥地，在排水畅通、透气良好、表土深厚、含腐殖质较多、pH 6.5～7.5的沙壤土、壤土或黏壤土栽植垂枝梅。盐碱地、低洼积水地均不适宜栽植垂枝梅。

②整地：垂枝梅多采用穴状整地，整地规格60cm×60cm×50cm，然后在穴内填入20～25cm厚的肥土作基肥。

③栽植密度：一般栽植株行距（1.5～2）m×3m，初植密度111～148株/667m²。

④栽植方法：垂枝梅一般在深秋落叶后或早春萌芽前移栽，栽植前修剪过长的根系并将根系蘸泥浆（泥浆内可加入生根粉等植物生长调节剂和多菌灵等消毒剂）后栽植。栽植时将垂枝梅直立放在栽植穴的正中，边覆土边踩实。栽植深度与苗木原土痕相平即可。

3.7.3.2 垂枝梅养护技术

垂枝梅栽后应浇透定根水，修剪一般宜轻度，并以疏剪为主，短截为辅，整形修剪成伞形。一般每年施 3 次肥，即秋季至初冬施基肥，含苞前尽早施速效性肥，新梢停止生长后（6 月底、7 月初）要适当控制水分，并施过磷酸钙等速效性"花芽肥"。同时注意防治炭疽病、枯枝流胶病、干腐流胶病、缩叶病、褐斑穿孔病、白粉病、根癌病、锈病、梅毛虫、舟形毛虫、红颈天牛、蚜虫、刺蛾、卷叶蛾、袋蛾等病虫害。

3.7.4 垂枝榆

3.7.4.1 垂枝榆栽培技术

① 园地选择：选择阳光充足、土层深厚、土壤肥沃、土质疏松、排水良好而湿润的沙壤土或壤土栽植垂枝榆。垂枝榆在干旱瘠薄地和盐碱土壤上也能生长，但低洼积水地不适宜栽植垂枝榆。

② 整地：垂枝榆多采用穴状整地，整地规格 60cm×60cm×50cm。

③ 栽植密度：垂枝榆一般栽植株行距（1.5～2）m×（2～3）m，初植密度 111～222 株/667m²。

④ 营造混交林：垂枝榆可与刺槐等园林植物混交栽植。

⑤ 栽植方法：垂枝榆春、秋两季均可栽植，在春季土壤解冻至苗木萌芽前或秋季苗木停止生长到土壤封冻前移栽，栽植时剪去过长主根、病虫根和机械损伤根，然后将苗木放置在栽植穴中，填入细土至穴深 1/3 时，向上轻轻提一下苗，让苗根舒展开来，再分层填土踩实。

3.7.4.2 垂枝榆养护技术

垂枝榆栽后应及时浇足定根水，待水渗完后，再覆一层细土。成活后适时浇水，适量追肥，保证充足的肥水供应；注意松土除草和培土、抹芽、修枝、浇水、保护等工作，同时注意防治榆叶炭疽病、榆紫金花虫等病虫害。

3.7.5 垂柳

3.7.5.1 垂柳栽培技术

① 园地选择：选择温暖湿润、背风向阳或半阴的河边、湖岸、

堤坝，pH 6～8、土层深厚、土壤肥沃、排水良好而潮湿的酸性或者中性沙壤土栽植垂柳；垂柳在地势高燥地也能生长。过于荫蔽之地、过于黏重的土壤均不适宜栽植垂柳。

② 整地：垂柳在栽植前一年或前一季采用穴状整地，整地规格60cm×60cm×50cm。

③ 栽植密度：一般栽植株行距（2～3）m×（3～4）m，初植密度56～111株/667m²。

④ 营造混交林：垂柳可与刺槐、国槐、杨树、香花槐、水杉、池杉等园林植物混交栽植。

⑤ 栽植方法：垂柳一般于冬季移栽定植。栽前先将根系浸水，栽植时根系舒展，适当深栽，分层回土踩实。

3.7.5.2　垂柳养护技术

垂柳栽植后应及时浇足定根水，适时中耕除草、浇水施肥，每年剪枝1次，剪除病虫枝、衰败枝。适时防治柳锈病、叶干腐朽病、蚜虫、柳毒蛾、天牛等病虫害。

4 大树移栽技术

4.1 大树移栽的概念和原则

4.1.1 大树移栽的概念

大树移栽是指对胸径 15～20cm 以上，或树高 4～6m 以上，或树龄 20 年以上的壮龄树木或成年树木所进行的移栽。

4.1.2 大树移栽的目的和意义

4.1.2.1 调整绿地树木密度的需要

在城市绿化中，为了能使绿地建设在较短的时间内达到设计的景观效果，一般来说初始栽植的密度相对较大，一段时间后随着树体的增粗、长高，原有的空间不能满足树冠的继续发育，需要进行抽稀调整。

4.1.2.2 保护建设工地原有树木的需要

在城市建设过程中，妨碍施工进行的树木，特别是对那些有一定生长体量的大树，应作出保护性规划，尽可能保留建设工地原有树木，或采取大树移栽的办法，妥善处置，使其得到再利用。

4.1.2.3 城市景观建设的需要

移栽大树容易尽快形成景观，在绿化用地较为紧张的城市中心区域或城市绿化景观的重要地段，如城市中心绿地广场、城市标志性景观绿地、城市主要景观走廊等，适当考虑大树移栽以促进景观效果的早日形成，具有重要的现实意义。目前我国一些城市热衷于"大树进城"，希望能在短期内形成景观效果，满足人们对新建景观的即时欣赏要求，但过度依赖大树移栽的即时效果，一味集中栽植特大树木，这不仅难以获得满意的景观效果，而且严重破坏了景观美学的协调性。另外，大树移栽的成本高，栽植、养护的技术要求也高，对整个地区生态效益的提升却有限；更具危害性的是，目前我国的大树移栽，多以牺牲局部地区、特别是经济不发达地区的生态环境为代价，因此如果不是特殊需要，不宜倡导多用大树，更不能让大树成为城市绿地建设中的主要方向，而要适度控制大树进城，不能过分强调大树。

4.1.3　大树移栽的特点

4.1.3.1　成活困难

① 树龄大，阶段发育程度深，细胞的再生能力下降，在移栽过程中被损伤的根系恢复慢。

② 树体在生长发育过程中，大树的水平根、垂直根范围大，而且扎入土层较深，挖掘后的树体根系在一般带土范围内包含的吸收根较少，近干的粗大骨干根木栓化程度高，萌生新根能力差，移栽后新根形成缓慢，极易造成树木移栽后失水死亡。

③ 树体高大，根系距树冠距离长，水分的输送有一定困难；而地上部分的枝叶蒸腾面积大且远远超过根系的吸收面积，移栽后根系水分吸收与树冠水分消耗之间的平衡失调，如不能采取有效措施，极易造成树体失水枯死。

④ 大树移栽需带的土球重，土球在起挖、搬运、栽植过程中易造成破裂。

4.1.3.2　移栽周期长

为有效保证大树移栽的成活率，一般要求在移栽前的一段时间就要作必要的移栽处理，从断根缩坨到起苗、运输、栽植以及后期的养护管理，移栽周期需要几个月或几年时间。

4.1.3.3　工程量大、费用高

由于树体规格大、移栽的技术要求高，单纯依靠人力无法解决，往往需要动用多种机械。另外，为了确保移栽成活率，移栽后必须采用一些特殊的养护管理技术与措施，往往需要耗费巨大的人力、财力、物力。

4.1.3.4　限制因子多

影响大树移栽成活的因子较多，如土壤气候条件、移栽的最佳时

期、移栽前的处理、挖穴消毒、挖掘、包装、定植、支撑固定、水肥管理、修枝整形和病虫害防治等，在园林大树移栽过程中，只要能够在以上成活因子中严格把关，加上生根粉、大树输液等现代技术的应用，以及后期的精心养护，就可以大大提高园林大树移栽的成活率。

4.1.3.5 绿化效果快而显著

尽管大树移栽有诸多困难，但如能科学规划、合理运用，也可在较短的时间内迅速显现绿化效果，较快发挥城市绿地的景观功能，因此在现阶段的城市绿地建设中大树移栽还呈现出较高的上升势头。

4.1.4 大树移栽的原则

4.1.4.1 树种选择原则

园林绿化建设中的大树运用和移栽，应遵循客观规律，只有选择合适的树木或树种，并实行规范移栽，才能取得成功。

① 选择适生树种：就是要选择能适应栽植地区环境条件的树种，如乡土树种、经过长期引种驯化能适应该地区生长环境的引进树种、阴生环境中选择耐阴树种等。大树移栽成功与否首先取决于树种选择是否得当。我国的大树移栽经验表明，不同树种间的大树在移栽成活难易上有明显的差异，最易成活的大树有杨属、柳属、榆属、朴树属植株及梧桐、悬铃木、银杏、臭椿、楝树、槐树、刺槐、木兰等，较易成活的有桤木属、椴树属植株及棕榈、紫杉、梨、香樟、女贞、桂花、厚朴、厚皮香、广玉兰、七叶树、槭树、榉树等，较难成活的有马尾松、白皮松、雪松、圆柏、侧柏、龙柏、柏木、柳杉、榧树、楠木、山茶、青冈栎等，最难成活的有云杉、冷杉、金钱松、胡桃、桦木、山核桃、檫木、紫树、白栎等。

② 选用移栽实生树木：尽可能选用经过移栽的实生树木，因为实生树寿命长，对不良环境条件的抵抗力强。

③ 选用青壮龄大树：在树龄上，应选用长势处于上升期的青壮龄树木，移栽后较易恢复生长，并能取得预期观赏效果。而已经衰老的大树，移栽后观赏效果较差，树势不容易恢复，尤其是严重遭受病虫危害的更不适宜移栽。

④ 选择便于挖掘和运输的树木，尤其是选择野生树种时更要注

意，否则很难保证土球完整和及时运出栽植，以致影响成活。如林木生长在密集的地方，不但不便于挖掘和运输，而且还由于突然改变生长环境，移栽后不易成活，或者生长不佳，影响观赏效果。

4.1.4.2　树体选择原则

① 树体规格适中：大树移栽并非规格越大越好、树体年龄越老越好，更不能一味追求树龄，不惜重金从千百里之外的深山老林寻古挖宝，这样移栽的大树极易导致失败，不仅是对大树资源的浪费和破坏，而且是对大树原生地生态资源的野蛮掠夺。特别是古树，由于生长年代久远，已依赖于某一特定生境，环境一旦改变，就可能导致树体死亡。研究表明，如不采用特殊的管护措施，地面30cm处直径为10cm的树木，在移栽后5年其根系能恢复到移栽前的水平；而一株直径为25cm的树木，移栽后需15年才能使根系恢复。同时，移栽及养护的成本也随树体规格增大而迅速攀升。同时，还要严禁破坏自然资源，比如严禁移栽红豆杉、连香树、水青树、珙桐等珍稀植物。

② 树体年龄处于青壮年期：处于青壮年期的树木，无论从形态、生态效益还是移栽成活率上都是最佳时期。大多树木，当胸径在10～15cm时，正处于树体生长发育的旺盛时期，因其环境适应性和树体再生能力均强，移栽过程中树体恢复生长需时短，移栽成活率高，易成景观。一般来说，树木到了壮年期，其树冠发育成熟且较稳定，最能体现景观设计的要求。从生态学角度来讲，为达到城市绿地生态环境的快速形成和长效稳定，也应选择能发挥最佳生态效果的壮龄树木。因此，一般慢生树种应选20～30年生树木，速生树种选10～20年生树木，中生树选15～25年生树木；一般乔木树种以树高4m、胸径15～25cm的树木最为合适。

4.1.4.3　就近选择原则

树种不同，其生物学特性也有所不同，对土壤、光照、水分和温度等生态因子的要求都不一样，移栽后的环境条件应尽量与树种的生物学特性及原生地的环境条件相符，如柳树、乌桕等适应在近水地生长，云杉适应在背阴地生长，而油松等则适应在向阳处栽植。而城市绿地中需要栽植大树的环境条件一般与自然条件相差甚远，选择树种时应格外注意。因此，在进行大树移栽时，应根据栽植地的气候条件、土壤类型，以选择乡土树种为主、外来树种为辅，坚持就近选择为先的原则，尽量避免远距离调运大树，使其在适宜的生长环境中发挥最大优势。

4.1.4.4 科学配置

由于大树移栽能起到突出景观和强化生态的效果，因此要尽可能地把大树配置在主要位置，配置在景观生态最需要的部位，能够产生巨大景观效果的地方，形成主景和视觉焦点，作为景观的重点、亮点。如在公园绿地、公共绿地、居住区绿地等处，大树适宜配置在入口、重要景点、醒目地带作为点景用树；或成为构筑疏林草地的主景；或作为休憩区的庭荫树配置。但切忌在一块绿地中集中、过多地应用过大的树木栽植，因为在目前的栽植水平与技术条件下，为确保移栽成活率，通常必须采取强度修剪的方法，大量自然冠型遭到损伤的树木集合在一起，景观效果未必理想。大树移栽是园林绿地建设中的一种辅助手段，主要起锦上添花的作用，绿地建设的主体应是适当规格的乔木与大量的灌木及花草地被的合理组合，模拟自然生态群落，增强绿地生态效应。

4.1.4.5 科技领先原则

为有效利用大树资源，确保移栽成功，应充分掌握树种的生物学特性和生态习性，根据不同树种和树体规格，制订相应的移栽与养护方案，选择在当地有成熟移栽技术和移栽经验的树种，并充分应用现有的先进技术，降低树体水分蒸腾、促进根系萌生、恢复树冠生长，最大限度地提高移栽成活率，尽快、尽好地发挥大树移栽的生态和景观效果。

4.1.4.6 严格控制原则

大树移栽，对技术、人力、物力的要求高、费用大。移栽一株大树的费用比栽植同种类中小规格树的费用要高十几倍、甚至几十倍，移栽后的养护难度更大。大树移栽时，要对移栽地点和移栽方案进行严格的科学论证，移什么树、移栽多少，必须精心规划设计。一般而言，大树的移栽数量最好控制在绿地树种栽植总量的 $5\% \sim 10\%$。大树来源更需严格控制，必须以不破坏森林自然生态为前提，最好从苗圃中采购，或从近郊林地中抽稀调整。因城市建设而需搬迁的大树，应妥善安置，以作备用。

4.2　大树移栽前的准备

4.2.1　人员准备与方案制订

移栽大树上岗人员必须是有经验的技术人员或经园林部门培训合格的专业技术人员。移栽大树上岗人员应在大树移栽前对移栽的大树生长情况、地理条件、土质、周围环境、地下管线、交通路线及障碍物等进行详细调查研究，以确定是否有条件按规格标准掘起土球，是否具备安全运输条件，然后再制订移栽的技术方案和安全措施。

4.2.2　机具准备与手续办理

对需要移栽的树木，应根据有关规定办好所有权的转移及必要的手续，并做好施工所需的全部工具、材料、吊车、运输车辆、安全标志及通行证准备，指定专人负责。施工前要与交通、市政、公用、电信、供电、环卫等有关部门配合排除施工障碍，并办理必要手续。

4.2.3　树木选择与"号苗"

按设计要求的品种、规格及选苗标准（正常生长幼龄状、未感染病虫害、未受机械损伤、树形美观、树冠完整）由施工人员到树木栽植地选择移栽大树，要求选择经过移栽的、生长健壮、无病虫害、树冠丰满、观赏价值高、易抽发新生枝条的壮龄树木，野生树种宜选在土层深厚或植物群落稀疏地段的树木；具有便于机械吊装及运输的条件，或经过修路后能通行吊车及运输车辆；根据树木生长的环境、土壤结构及干湿情况，确定选苗或采取的有效措施。选定移栽树木后，应在树干南侧方向用红漆做好标志号苗，并将树木品种、规格（高度、分枝点、干径、冠幅）、树龄、生长状况、树木所在地、拟移栽的地点及主要观赏面、地点、土质、交通、存在的问题及解决的办法登记建卡，然后统一编号，以便栽植时对号入座。如需要还可保留照片或录像。

4.2.4　大树切根

当需移栽大树时，宜在移栽前分期断根、修剪，做好移栽准备。断根（回根、切根）技术就是分期切断树体根系，使主要的吸收根系回缩到主干根基附近，以促进侧根、须根生长。切根方法：一般在移栽前一年的春、秋季进行，以树干为中心，以胸径的 3～4 倍为半径，以根颈部为圆心画一圆形，将其分成四等份，分 2 年挖沟，第 1 年先挖相对的两条沟，第 2 年再挖另外相对的两条沟。沟宽 40～50cm，深 50～80cm，挖掘时如遇粗根应用利斧将其砍断，或行环状剥皮，宽约 10cm，涂抹 10mg/kg 生长素（2,4-D 或萘乙酸），埋入肥土，浇水促发新根。第 3 年沟中长满了须根以后挖掘大树，挖时应从沟的外围开挖，尽量保护须根。

4.2.5　平衡修剪

切根后根系受伤严重，需要对常绿阔叶树树冠进行适度修剪，针叶树因无隐芽可萌发，只能适当疏枝以减少蒸腾。

① 全株式平衡修剪：原则上保留原有的枝干树冠，只将徒长枝、交叉枝、病虫枝及过密枝剪去，适用于雪松、广玉兰等萌芽力弱的树种，栽后树冠恢复快、绿化效果好。

② 截枝式平衡修剪：只保留树冠的 1 级分枝，将其上的 2～3 级侧枝截去，如香樟等一些生长较快、萌芽力强的树种。

③ 截干式平衡修剪：只适宜悬铃木等生长快、萌芽力强的树种，将整个树冠截去，只留一定高度的主干。由于截口较大易引起腐烂，应将截口用蜡或沥青封口。

4.2.6　收冠与支撑

大树修剪后至移栽前用麻绳将树冠适当捆扎收紧，并在绳着力点垫软物，以免擦伤树皮，还要注意松紧度，不能折伤侧枝，保护树冠的完整。

大树较高并有倾斜时，挖掘前用毛竹竿将树体支撑牢固，以便挖掘时防止大树倒伏，确保大树和操作人员的安全。

4.2.7　大树移栽时间选择

选择最佳时期，可以提高成活率。

① 春季移栽：以早春为好。早春树液开始流动，枝叶开始萌芽生长，根系容易愈合，再生能力强。

② 夏季移栽：夏季树体蒸腾量大，不利于移栽，需进行加大土球、强度修剪、树体遮阴等处理。

③ 秋季移栽：夏季水分和温度适宜，有利于根系的恢复，移栽成活率高。

④ 冬季移栽：冬季移栽较少，不适于低温、寒冷的地方。南方冬季移栽应保温防冻。

4.3 大树挖掘与包装

4.3.1 大树带土球挖掘与软材包装

按树木胸径的 7～10 倍确定土球的直径，开挖前，以树干为圆心，按比土球半径大 3～5cm 的尺寸为半径画一圆圈，然后沿着圆圈外围垂直挖一宽 60～80cm 的操作沟，并注意根系分布情况。土球厚度为土球直径的 2/3～4/5。当挖至一半深时，修整上半部土球。当遇到 4～5cm 粗根时，应用手锯或利斧将其切断，切口要平滑不得劈裂，禁止裂根或将土球振散的其他操作。土球下半部逐渐向内收缩。挖到底部应尽可能向中心刨圆，当底根露出时，再向土球底部掏挖，一般土球的底径不小于土球上部直径的 1/4，形成上部塌肩形，底部锅底形，对收底的底根在土球壁处进行环状剥皮（宽 0.1m）后保留，涂抹 0.01% 生长素（萘乙酸）等有利促发新根。树根深、沙壤土则土球呈苹果形，树根浅、黏性土则土球呈扁球形，便于草绳包扎心土。包装时用预先湿润过的草绳先在土球腰部捆绕达土球高的 1/4～1/3，边绕边拍打，使绳略嵌入土球，并使绳圈靠拢系牢，接着在土球底部向下挖一宽度 5～6cm 的圈沟，留下土球高度的 1/4～1/5 为球心底座，这样有利草绳绕过底沿不易松脱，然后用草帘或塑料布、蒲包、草绳等材料把土球包裹并用绳扎紧。包扎的方式有橘子式、井字式、五角式三种。包扎好后，将绳头固定在树干基部，最后在土球腰部再扎一道外箍，并打上花扣，固定草绳。土球封底是土球包装的最后一道工序。先顺着树木倒斜的方向，在穴底挖一道小沟，把封底用的草绳一端紧拴在土球中部，另一端沿小沟摆好并伸向另一侧，然后将树木轻轻推倒，把露出的底部用草帘封好，交叉勒紧草绳即可。

4.3.2　大树带土球挖掘与方箱包装

对于必须带土球移栽的树木，胸径 15～30cm 或更大树木的土球规格过大（如直径超过 1.3m 时）、生长在沙性土壤中的大树，很难保证吊装运输的安全和不散坨，应该改用木箱包装移栽。即每株树木选用 4 块梯形壁板、4 块底板和 2～4 块盖板，尺寸视树体土球而定，板厚 5cm。另备打孔铁皮若干，10～20cm 长钢钉足量，钢丝绳和紧线器一套。按树木胸径的 7～10 倍确定土球的直径，开挖前，以树干为圆心，按比土球直径大 5cm 的尺寸为边长画正方形，于外线垂直下挖宽 60～80cm 的沟，直至规定的深度，将土块四壁修成中部微凸，比壁板略大的倒梯形。装箱板时 4 块梯形壁板倒放，下边要保证对齐，上口沿比土块略低，其四角用麻包包好，两边压在箱板下。在箱上下部套钢丝绳套，用紧线器收紧后，用铁皮钉牢四角棱。然后再将沟挖深 30～40cm，从相对的方向用方木将箱体与穴壁支牢。挖空箱底，宽度略大于一块底板的宽，装上底板，装板时用方木支起板的一头，另一头用千斤顶顶起，钉好铁皮，四角支好方木块，再向里挖箱底土，同法钉好剩余底板。最后于土块面上树干两侧钉平行或井字形板条，上板与土壤之间垫一层草帘片。

4.3.3　大树裸根挖掘

落叶大乔木、灌木在休眠期均可裸根移栽。近年来，在适宜植树季节，对大规格樟树断头后采用裸根移栽，成活率较高。大树裸根移栽其根盘大小为胸径的 8～10 倍。掘苗前应对树冠进行重剪，尤其是悬铃木、槐树等易萌芽的树种可在规定的留干高度进行"断头"修剪，但要注意避免枝干劈裂。挖掘裸根大树的操作程序与挖土球苗一样，挖掘过程中土球外围的根系应全部切断，切口要平滑不得劈裂。在土球挖好后用锹铲去表土，再用两齿把轻轻去掉粗根附近的土壤，尽量少伤须根，保留护心土。掘出后应喷保湿剂或蘸泥浆，用湿草包裹等，应保持根部湿润。

4.4　大树吊装和运输

4.4.1　带土球软材包装大树的吊运

带土球软材包装大树用粗绳围捆土球下部3/5处，并垫以木板，用另一粗绳系在树干的重心适当位置，树干要先行包扎保护。起吊时，应使树冠略向上倾斜，防止损伤树冠。土球朝前，树冠向后。当起吊高度超过卡车车箱底板时，缓慢下降放稳于车厢内，用枕木支稳土球，在树干靠车箱板处垫以软物，并将树干和土球固定于车厢内。

4.4.2　带土球方箱包装大树的吊运

带土球方箱包装大树起吊时，可先用一根较粗的钢丝绳，围在木厢下部1/3处，接头扣紧。然后缓缓吊起木箱，使树身慢慢躺倒放于车厢内（其他方法及注意事项与草绳包装法相类似）。

4.4.3　大树运输

大树运输时，运输工具通常都会超长、超宽、超高，因此在运输前必须办理必要的手续，以保证运输过程的畅通，缩短运输时间。挖出包装好的大树应及时运走，越快越好，不得拖延。运输时的天气应以小雨或阴天为佳，多云天气次之，晴天最好选择夜间运输。若遇大雨，应在土球部位加盖草帘或苫布等物，以防止大雨冲淋，土球散包。大风天气也不适合运输，容易造成枝叶及土球和根系大量失水，降低栽植成活率。近距离运输的大树，要定时在树干及树冠上喷水；在长途运输时，树身与树干要覆盖草帘，加盖篷布，以防风吹日晒，并适当喷水保湿，同时在车厢四周喷水，创造一个高空气湿度的环境，从而降低树体水分蒸发的速度。中途休息时车辆应停放在阴凉处，以防日光暴晒。同时，在大树运输过程中，须有专人在车押运，行车要稳，车速宜慢，一般以20～30km/h为宜，路面不好时还要降速。运输过程中应随时观察车辆的运行情况，遇道路不平或有高空线时，押运人员应与司机配合好，使车辆慢行。押运员应随时检查行车过程中土球的绑扎是否松动，树冠是否散开扫地，车厢左右是否影响到其他车辆及行人。同时车上应备有竹竿，以备中途随时注意挑开较低的架空线，以免发生不必要的危险。

4. 4. 4 大树卸车

卸车与装车方法基本相同。在吊树入穴时，树干要用麻包、草袋包好，以防擦伤树皮。为防止土球入穴后树干不能立起，应在树干高 2/3 处系一根 1～1.5cm 粗的麻绳，将麻绳另一端与吊钩相接。若土球落穴时不能直立，可用吊钩一端的麻绳轻轻向树身歪斜的反方向拉动，直至树身笔直。

4.5 移栽大树的定植

按设计图纸准确定好位置，测定标高，编穴号，以便栽植时对号入座，准确无误。

挖穴：按点挖穴，裸根苗穴的规格应较树根根盘直径大 20cm；带土球苗树穴的规格比土球直径大 40cm，深度放大 20cm，穴底挖松、整平。然后回填栽植土，栽植土应加腐殖土混合使用，其比例为 7：3，如需要换土、施肥，应一并准备好，并用充分腐熟的有机肥与回填土拌和均匀，栽植时施入穴内。

大树入穴前，穴边和吊臂下严禁站人。吊装入穴时应转动树冠，最佳形态方向朝主要观赏面。入穴后校正位置，可用四个人站在穴沿的四边用脚蹬土球（木箱）的上沿以保证树木定位于树穴中心。

裸根大树栽植前应检查树根，发现损坏的树根应剪除，树冠剪口处应涂抹防腐剂。栽植深度一般较苗木原土痕深 5cm 左右，分层埋土塌实，填满为止，并立支柱支撑牢固，以防大风吹歪。定植后应采取重修剪，剪去 1/2～2/3 的枝条。

带土球大树吊正后，要尽量取完所扎材料，修剪断根、破根，再分层填土踏实，填土深为土球深度的 1/5，夯实后用毛竹竿支撑，绑扎处采用软材料衬垫，同时放开树冠，进行第 2 次修剪，剪去移栽过程中的折断枝。然后覆土，使落叶树栽植深度与苗木原土痕相平，但常绿树栽植苗木原土痕略高于地面 5cm 左右。

常绿树修剪时应留 1～2cm 木橛，不得贴根剪去。修剪时剪口必须平滑，截面尽量缩小，修剪 2cm 以上的枝条后应及时涂抹防腐剂。珍贵树种和生长季节移栽大树时，树干应采取包裹措施。

定根水分 2 次从四周均匀浇灌，防止填土不匀，造成树身倾斜。第 1 次在支柱、修剪完后满浸淹水至穴面，经浸透后再覆土回填至与地面相平，在穴内边缘筑一高 30cm 的围堰并用锹拍实，再进行 2 次浇水，直至堰土浇水不浸为止，若发现塌陷漏水，应填土堵漏洞。树穴直径 150cm、200cm、250cm、300cm 的定根水浇水量分别为 600kg、700kg、800kg、1000kg。有条件的还可施入生根剂。第 2 次浇水后进行培土封堰，以后酌情再浇。

4.6　大树移栽后的养护管理

大树移栽后，必须设立牢固支撑，分层夯实，防止树身摇动，3 年内应配备专职技术人员做好修剪、抹芽、喷雾、叶面施肥、浇水、排水、包裹树干、防寒和病虫害防治等一系列养护管理工作，在确认大树成活后，方可进入正常养护管理。

4.6.1　树体保护

4.6.1.1　支撑

俗话说"树大招风"，高大乔木栽植后应立即立支柱支撑固定树木，防止大风松动根系，谨防倾倒。正三角桩支撑最利于树体稳定，支柱根部应插入土中 50cm 以上，支撑点以树体高度的 2/3 左右为好，并加垫保护层，以防伤皮。

4.6.1.2　防病治虫

坚持以防为主，根据树种特性和病虫害发生发展规律，勤检查，做好防范工作。一旦发生病虫害，要对症下药，及时防治。

4.6.1.3　施肥

施肥有利于恢复树势。大树移栽初期，根系吸肥力低，宜采用尿素、硫酸铵、磷酸二氢钾等速效性肥料配制成浓度为 0.5%～1% 的液肥或用 100mg/L 尿素＋150mg/L 磷酸二氢钾进行根外追肥，一般 15 天左右选择早晚或阴天进行 1 次叶面喷施，遇降雨应重喷 1 次。根系萌发后，可进行土壤施肥，即将尿素、硫酸铵、磷酸二氢钾等速效性肥料配制成浓度为 0.5%～1% 的液肥并加入少量免深耕土壤调理剂，可有效提高肥料利用率，加快植物吸收能力和减少养分的流失。土壤施肥采用水慢浇法，要求薄肥勤施，谨防伤根。

4.6.1.4 防冻

新植大树的枝梢、根系萌发迟，年生长周期短，积累的养分少，因而组织不充实，易受低温危害，应做好防冻保温工作。一是在入秋后，要控制氮肥，增施磷、钾肥，并逐步延长光照时间，提高光照强度，以提高树体的木质化程度，提高自身抗寒能力。二是在入冬寒潮来临之前，采取在根的周围覆土或覆上堆肥、地面覆盖5cm厚的稻草或草帘等、设立风障、搭制塑料大棚等方法做好树体保温工作。也可在低温寒流来临前3~5天均匀喷施大树防冻剂，给大树穿上防护服，低温造成的冻害必须使用防冻剂来解冻愈伤，恢复树势。

4.6.2 保持树体代谢平衡

大树，特别是断根处理的大树，在移栽过程中，根系会受到较大的损伤，吸水能力大大降低。树体常常因供水不足，水分代谢失去平衡而枯萎，甚至死亡。因此，保持树体水分代谢平衡是新植大树养护管理、提高移栽成活率的关键。为此，我们具体要做好以下几方面的工作。

4.6.2.1 地上部分保湿

① 包干保湿：在大树移栽过程中为防止树体水分过度蒸腾，用草绳等软材料（休眠期也可用塑料）将树干全部包裹，每天早、晚各喷1次水于树干上，保持草绳湿润，对树干进行保湿处理，可避免强光直射和抗干风吹，减少树干水分蒸发，调节枝干温度，减少高温、低温对树体的伤害，将更有利于提高树木移栽的成活率。根据实践经验，包干保湿大致有以下三种方法，在实际操作中要视具体情况再作适当选择：一是裹草绑膜。先用草帘或直接用稻草、蒲包、苔藓等材料将树干和比较粗壮的分枝严密包裹，然后用细草绳将其固定在树干上，接着用水管或喷雾器将稻草等材料喷湿，也可先将草帘或稻草等材料浸湿后再包裹，随后用塑料薄膜包于草帘或稻草等材料外，最后将薄膜捆扎在树干上；树干下部靠近土球处使薄膜铺展开来，将基部覆土浇透水后，连同干苞一并覆盖地膜；地膜周边用土压好，利用土壤温度的调节作用，保证被包裹树干空间内有足够的温度和湿度，省

去补充浇水的劳作。二是缠绳绑膜：先将树干用粗草绳捆紧，并将草绳浇透水，外绑塑料薄膜保湿，树干下部靠近土球处让薄膜铺展开来，将基部覆土浇透水后，连同干苑一并覆盖地膜；地膜周边用土压好，保湿调温效果明显，同样有利于成活。三是捆草绑膜缠布：在一些景观非常优美的环境里，因裹草绑膜会影响景观效果，可在裹草绑膜完成后，再在主干和大树的外面缠绕一层粗白麻布条，既可与环境相协调，防止夏季薄膜内温度太高，也有利于树干的保湿成活。经包干处理后，一可避免强光直射和干风吹袭，减少树干、树枝的水分蒸发；二可贮存一定量的水分，使枝干经常保持湿润；三可调节枝干温度，减少高温和低温对枝干的伤害，效果较好。目前，有些地方直接采用塑料薄膜包干，此法在树体休眠阶段效果是好的，但在树体萌芽前应及时撤换。因为塑料薄膜透气性能差，不利于被包裹枝干呼吸的进行，尤其是高温季节，内部热量难以及时散发会引起高温，灼伤枝干、嫩芽或隐芽，对树体造成伤害。

② 喷水：树体地上部分，特别是叶面因蒸腾作用而易失水，必须及时喷水保湿。喷水要求细而均匀，喷及地上各个部位和周围空间，为树体提供湿润的小气候环境。可采用高压水枪喷雾，或将供水管安装在树冠上方，根据树冠大小安装一个或若干个细孔喷头进行喷雾，效果较好，但较费工费料。对于直径 8cm 以上的树体，有人采取"大树打吊针"的方法，即在树枝上挂上大树吊针营养液，运用人体打吊针的原理，让袋内的水和营养迅速被植物吸收，可极大地提高大树移栽成活率。

③ 遮阴：大树移栽初期或高温干燥季节，要搭荫棚遮阴防日晒，以降低棚内温度，减少树体水分蒸发避免失水。在成行、成片栽植，密度较大的区域，宜搭制大棚，省材又方便管理，孤植树宜按株搭制。要求全冠遮阴，荫棚上方及四周与树冠保持 50cm 左右距离，以保证棚内有一定的空气流动空间，防止树冠日灼危害。遮阴度为70％左右，让树体接受一定的散射光，以保证树体光合作用的进行。以后视树木生长情况和季节变化，逐步去掉遮阴物。

4.6.2.2　促发新根

① 控水：新移栽大树，根系吸水功能减弱，对土壤水分需求量

较小。因此，只要保持土壤适当湿润即可。土壤含水量过大，反而会影响土壤的透气性能，抑制根系的呼吸，对发根不利，严重的会导致烂根死亡。为此，我们在大树移栽后，一是要严格控制土壤浇水量：移栽时定根水要浇透，以后应视天气情况、土壤质地，谨慎浇水；同时要慎防喷水时过多水滴进入根系区域。二是要防止树池积水：栽植时留下的浇水穴，在定根水浇透后即应填平或略高于周围地面，以防下雨或浇水时积水；同时，在地势低洼易积水处，要开排水沟，保证雨天能及时排水。三是要保持适宜的地下水位高度（一般要求−150cm以下）。在地下水位较高处，要做网沟排水，汛期水位上涨时，可在根系外围挖深井，用水泵将地下水排至场外，严防淹根。

② 保护新芽：新芽萌发，是新植大树进行生理活动的标志，是大树成活的希望。更重要的是，树体地上部分的萌发，对根系具有自然而有效的刺激作用，能促进根系的萌发。因此，在移栽初期，特别是移栽时进行重修剪的树体所萌发的芽要加以保护，让其抽枝发叶，待树体成活后再行修剪整形。同时，在树体萌芽后，要特别加强喷水、遮阴、防病治虫等养护工作，保证嫩芽与嫩梢的正常生长。

③ 土壤通气：保持土壤良好的透气性能有利于根系萌发。为此，一方面要做好中耕松土工作，以防土壤板结。另一方面要经常检查土壤通气设施，发现通气设施堵塞或积水的，要及时清除，以保持土壤良好的通气性能。

4.6.2.3 保持树形完整

修补、包扎损伤的树皮，对残枝、伤枝进行疏剪，保持树形完整。

4.7 提高大树移栽成活率措施

4.7.1 生根粉使用

用 ABT 3 号或 GGR 6 号 1g、木醋 948 液肥一瓶、过磷酸钙 500g、黄泥 12.5kg，加水 50kg 搅拌，待黏度适中时，将树根浸入其中 0.5~1h，或随蘸随栽。也可以在大树栽植后立即整修树盘或留好树池，当天用 GGR 调节剂或 ABT 生根粉 1g、木醋 948 液肥一瓶加水 50kg 溶解灌根。2～3 天后，视土壤情况再灌足 1 次水。

4.7.2 保水剂应用

在挖栽植穴时将挖出的土留少部分在一边，其余土与保水剂混合均匀，栽植穴底部回填部分保水剂混合土，将树木置于穴中，回填余下的混合土，根部土球顶部比地面低 5cm，再将先前放置一边的普通土覆盖在表面，培土做好浇水用的贮水穴，然后浇透水（见表 4-1）。

表 4-1　不同规格苗木移栽保水剂参考用量

苗木类型	苗木规格	保水剂用量/株	
	地径/cm	水凝胶/kg	干粒/g
乔/灌木/藤本	0.6～0.8	0.3	2
乔木/灌木	0.8～1.2	0.7	5
乔木/灌木	1.2～2.0	1.5	10
乔木/灌木	2.0～3.0	2.2	15
乔木/灌木	3.0～4.0	7.5	50
乔木/灌木	4.0～5.0	10.0	100
乔木	5.0～6.0	30.0	200
乔木	6.0～8.0	45.0	300
乔木	8.0～10.0	75.0	500
乔木	10.0～15.0	120.0	800
乔木	15.0～20.0	180.0	1200
乔木	20.0～30.0	300.0	2000

4.7.3 输液促活技术应用

移栽大树时，尽管带着土球，但是大树的吸收根仍然多数失去，留下的老根再生能力差，新根发生慢，吸收能力难以恢复，虽然截枝去叶，但是大树仍然要蒸腾大量水分，当供应（吸收）的水分数量小于消耗（蒸腾）的水分数量时，就会导致大树脱水而死亡。为了维持大树移栽后水分供应与消耗的平衡，常采用土壤浇水和树木喷水等外部给水措施，但是往往效果不佳，甚至造成渍水烂根。如果采用树体内给水的输液新技术，就可解决移栽大树水分供需矛盾，从而促其成活。

4.7.3.1 液体配制

大树移栽输液时输入的液体以水分为主，水中可配入微量的植物激素和磷钾矿质元素，为了增加水的活性，可以使用磁化水或冷开水。如以 ABT 5 号生根粉 0.1g＋磷酸二氢钾 0.5g，兑水 1kg。生根粉可以激发树体内原生质的活力以促进生根和发芽，磷钾元素能促进植株生活力的恢复。

4.7.3.2 注孔准备

用木工钻在植株基部钻输液洞孔数个，孔向朝下与树干呈 30°夹角，深至髓心为度。输液洞孔数量多少和孔径的大小应与树体大小和输液插头直径相匹配。一般树干注射器和喷雾器输液的需钻输液洞孔 1～2 个，挂瓶输液的需钻输液洞孔 2～4 个。输液洞孔的水平分布要均匀，垂直分布要相互错开。

4.7.3.3 输液方法

常用的输液方法有三种。

① 注射器注射：将树干注射器针头拧入输液洞孔中，把贮液瓶倒挂于高处，拉直输液管，打开开关，液体即可输入，当无液体输入时即可关上开关，拔出针头，用胶布封住孔口。

② 喷雾器压输：将喷雾器装好配液，喷管头安装锥形空心插头，并把它插紧于输液洞孔中，拉动手柄打气加压，打开开关即可输液，当手柄打气费力时即可停止输液，并封好孔口。

③ 挂液瓶导输：将装好配液的贮液瓶钉挂在洞孔上方，把棉芯线两头分别伸到贮液瓶底和输液洞孔底，外露棉芯应套上软塑管，防止污染，配液可通过棉芯输到植株全身。

4.7.4 注意事项

使用树干注射器和喷雾器输液的，其次数和时间应根据植株需水情况确定。挂瓶输液的可依需要增加贮液瓶内的配液。当植株生出新根抽梢后，可停止输液，并用波尔多浆涂封孔口。冰冻天气不宜输液，以免植株受冻害。

参 考 文 献

[1] 安旭，陶联侦．城市园林植物后期养护管理学 ［M］．杭州：浙江大学出版社，2013.

[2] 陈彦霖．园林植物养护 ［M］．北京：中国农业大学出版社，2012.

[3] 成海钟．园林植物栽植养护 ［M］．北京：高等教育出版社，2009.

[4] 蔡绍平．园林植物栽植与养护 ［M］．武汉：华中科技大学出版社，2011.

[5] 柴梦颖．园林植物栽植与养护 ［M］．北京：中国农业大学出版社，2013.

[6] 傅海英．园林植物栽植与养护 ［M］．沈阳：沈阳出版社，2011.

[7] 贾生平．园林植物栽植养护 ［M］．北京：机械工业出版社，2013.

[8] 郭学望，包满珠．园林植物栽植养护学 ［M］．北京：中国林业出版社，2004.

[9] 龚维红，赖九江．园林植物栽植与养护 ［M］．北京：中国电力出版社，2009.

[10] 李承水．园林植物栽植与养护 ［M］．北京：中国农业出版社，2007.

[11] 罗锢．园林植物栽植与养护 ［M］．重庆：重庆大学出版社，2006.

[12] 吕玉奎，谢刚，吕莫曦，唐静，罗建碧．200 种常用园林苗木丰产栽植技术 ［M］．北京：化学工业出版社，2013.

[13] 余远园．园林植物栽植与养护管理 ［M］．北京：机械工业出版社，2007.

[14] 田建林．园林植物栽植与养护 ［M］．南京：江苏人民出版社，2011.

[15] 万伟忠．园林植物栽植与养护 ［M］．北京：中国劳动社会保障出版社北京市，2009.

[16] 王昆．园林植物栽植与养护 ［M］．哈尔滨：东北林业大学出版社，2001.

[17] 王太平．园林植物栽植与养护 ［M］．上海：上海交通大学出版社，2014.

[18] 王玉凤．园林植物栽植与养护 ［M］．北京：机械工业出版社，2010.

[19] 魏岩．园林植物栽植与养护 ［M］．北京：中国科学技术出版社，2003.

[20] 吴丁丁．园林植物栽植与养护 ［M］．北京：中国农业大学出版社，2007.

[21] 吴亚芹．园林植物栽植养护 ［M］．北京：化学工业出版社，2005.

[22] 严贤春．园林植物栽植养护 ［M］．北京：中国农业出版社，2013.

[23] 杨凤军，林志伟，景艳莉．园林植物栽植养护学 ［M］．哈尔滨：哈尔滨地图出版社，2009.

[24] 叶要妹，包满珠．园林植物栽植养护学 ［M］．北京：中国林业出版社，2012.

[25] 朱加平．园林植物栽植养护 ［M］．北京：中国农业出版社，2001.

[26] 张秀英．园林植物栽植养护学 ［M］．北京：高等教育出版社，2005.

[27] 张养忠，郑红霞，张颖．园林植物与栽植养护 ［M］．北京：化学工业出版社，2006.

[28] 张祖荣．园林植物栽植与养护技术 ［M］．北京：化学工业出版社，2009.

[29] 赵和文．园林植物栽植养护学 ［M］．北京：气象出版社，2004.

[30] 祝遵凌，王瑞辉．园林植物栽植养护 ［M］．北京：中国林业出版社，2005.